Die Darstellung Koreas in deutschsprachigen Zeitungen

Europäische Hochschulschriften
Publications Universitaires Européennes
European University Studies

Reihe XL
Kommunikationswissenschaft und Publizistik

Série XL Series XL
Media et Journalisme
Communications

Bd./Vol. 78

PETER LANG
Frankfurt am Main · Berlin · Bern · Bruxelles · New York · Oxford · Wien

Chang-Woo Oh

Die Darstellung Koreas in deutschsprachigen Zeitungen

Eine Untersuchung mit systemtheoretischem Ansatz:
die
Berichte der
Frankfurter Allgemeinen Zeitung,
der *Neuen Zürcher Zeitung* und
Die Presse

PETER LANG
Europäischer Verlag der Wissenschaften

Die Deutsche Bibliothek - CIP-Einheitsaufnahme

Oh, Chang-Woo:

Die Darstellung Koreas in deutschsprachigen Zeitungen : eine Untersuchung mit systemtheoretischem Ansatz: die Berichte der Frankfurter Allgemeinen Zeitung, der Neuen Zürcher Zeitung und Die Presse / Chang-Woo Oh. - Frankfurt am Main ; Berlin ; Bern ; Bruxelles ; New York ; Oxford ; Wien : Lang, 2002
(Europäische Hochschulschriften : Reihe 40, Kommunikationswissenschaft und Publizistik ; Bd. 78)
Zugl.: Bochum, Univ., Diss., 1999
ISBN 3-631-35566-1

Gedruckt mit Genehmigung der Fakultät für Philosophie, Pädagogik und Publizistik der Ruhr-Universität Bochum.

D 294
ISSN 0176-3725
ISBN 3-631-35566-1

www.peterlang.de

Für meine Eltern.

Inhaltsverzeichnis

Tabellenverzeichnis

Abbildungsverzeichnis

0. Einleitung

0.1. Zielsetzung

Das Ausmaß an Wissen, das zum Leben in unserer komplizierten Welt erforderlich ist, ist so angewachsen, daß die traditionellen Wissensvermittler - Eltern, Schule, Buch, direkte Erfahrung - diesen Bedarf nicht mehr decken können. Informationen können immer noch privaten Quellen entstammen, etwa Gesprächen und Briefen, die meisten kommen aber in einer Gesellschaft mit hochentwickelten Kommunikationssystem aus publizistischen Quellen. Unter diesen Umständen wird die Frage sehr bedenklich: werden wir richtig informiert?[1] Im Grunde bezieht sich die Frage heutzutage auf den Weg zur Konstruktion der Realität.

> Die wirkliche Definition des Realen lautet: das, wovon man eine äquivalente Reproduktion herstellen kann. Sie entsteht zur gleichen Zeit wie die Wissenschaft, die postuliert, daß ein Vorgang unter gegebenen Bedingungen exakt reproduziert werden kann, und wie die industrielle Rationalität, die ein universelles System von Äquivalenzen postuliert (die klassische Repräsentation ist keine Äquivalenz, sie ist Transkription, Interpretation, Kommentar). Am Ende dieses Entwicklungsprozesses der Reproduzierbarkeit ist das Reale nicht nur das, was reproduziert werden kann, sondern das, was immer schon reproduziert ist. Hyperreal. [...] Das Hyperreale ist nicht jenseits der Repräsentation, weil es vollständig in der Simulation ist. [...] Die Realität selbst ist heute hyperrealistisch. Schon der Surrealismus kannte das Geheimnis, daß die banalste Realität surreal werden konnte, aber nur in besonderen Augenblicken, in denen Kunst und Imaginäres sichtbar wurden. Das ist heute anders: von nun an verköpert die ganze alltägliche, politische, soziale, historische und ökonomische Realität die simulierende Dimension des Hyperrealismus: Überall leben wir schon 'ästhetischen' Halluzination der Realität. (Baudrillard 1988: 159)[2]

Die Realität selbst ist mit ihrem eigenen Bild verschmolzen und sie ist vollständig von einer Ästhetik geprägt, die von ihrer eigenen Strukturalität abhängt. Das Simulationsprinzip überholt das Realitätsprinzip. (vgl. ebd.: 162)

Davon ausgehend kann die oben gestellte Frage nochmals an die Massenmedien gerichtet werden: Werden wir durch die Massenmedien richtig informiert? Man könnte sagen, daß die Realität der Massenmedien aus ihren eigenen Operationen besteht. Die Realität ist so hinzunehmen, wie sie von den Massenmedien präsentiert und

---

[1] So lautet der Titel des Sammelwerks mit Beiträgen von Jaspers, Sarraute, Toynbee und Eschenburg. Karl Jaspers u.a. : Werden wir richtig informiert? Massenmedien und Publikum. Zusammengestellt und eingeleitet von Leonhard Reinisch. München 1964.

[2] In der postmodernen Zeitalter werden wir meistens das Image des Objektes als Realität wahrnehmen. Das Zeichen, von dem das Image überliefert wird, ist verschiedenartig von Schriftzeichen, die von der Logik beherrscht werden. Das Image im postmodernen Zeitalter trägt nicht zur Vervollständigung der epischen Darstellungen bei. Vielmehr läßt es durch expressionistischen Formen die epische Darstellungen zerlegen und die Bedeutung des Objektes wieder erscheinen. Als Merkmal des postmodernen Zeitalters nannte Baudrillard die ***Simulation***. Ein langjähriger Beobachter der Szene wie Wolfgang Welsch attackiert dabei 'diskursive Falschmünzerei' und Gauklerei aus dem 'Lunapark' als Merkmal einer als 'feuilletonistischen Postmoderne' charakterisierten Bewegung. (vgl. Welsch 1993: XVII f.) Und Niklas Luhmann (1997: 1143 f., 1096) zeigt bei der Beschäftigung mit der Gesellschaftsbeschreibungen, welche die Silbe 'Post' verwenden, sogar ungewohnte Emotionen, wenn er 'intellektuellen Schrotthandel, der sich um ein Recycling von Ideen bemüht', beklagt." (Scholl / Weischenberg 1998, 13)

rekursiv, auf sich selbst aufbauend, reproduziert wird. (vgl. Luhmann 1996: 9-23) In Kantischer Terminologie formulierte Luhmann, daß die Massenmedien eine transzendentale Illusion erzeugen. "Bei diesem Verständnis wird die Tätigkeit der Massenmedien nicht einfach als Sequenz von *Operationen* angesehen, sondern als Sequenz von *Beobachtungen*, oder genauer: von beobachtenden Operationen. Um dieses Verständnis von Massenmedien zu erreichen, müssen wir also ihr Beobachten beobachten." (ebd.: 14)

Die besondere Leistung von Journalismus besteht in der Auswahl und in der nachfolgenden Bearbeitung von Ereignissen aus neuen 'Verwortungen', 'Verbildlichungen' und 'Vertonungen' alter und neuer Stoffe, Motive, Ideen. Nachrichtenwerte zur Selektion existieren nicht an sich, sondern werden journalistisch konstruiert. Für das Publikum wird Bedeutung unterstellt, dem Ereignis selbst wird Bedeutung zugewiesen. Die Medienrealität wird durch die eigene Thematisierungsstruktur der Medien zusammengesetzt.

Die publizistische Leistung wird in hohem Maße durch den Systemzusammenhang determiniert. Die *reale* Vielfalt des Kommunikationsraumes, die politischen und sozialen Strukturen - z.B. einer Gemeinde - haben beträchtlichen Einfluß auf die tatsächliche Vielfalt der Medieninhalte. Beispielsweise ist ein Journalist, der gleichzeitig mehreren sozialen Systemen angehört, beim Auswählen, Redigieren und bei der Formulierung der Informationen, verpflichtet, die weltanschauliche, politische oder redaktionelle Richtung seiner Zeitung einzuhalten. Er muß auch die Vorstellung und Absichten des Verlegers und der Redaktion berücksichtigen. Mit den holistischen Kommunikationsmodellen, in denen der Journalismus bzw. die Massenkommunikation als ein Teilsystem der Gesellschaft betrachtet werden kann und das gesellschaftliche Teilsystem Journalismus nur im Zusammenhang mit dem übergreifenden sozialen Gesamtsystem im Wesen zu begreifen ist (vgl. Riley / Riley 1959; vgl. auch Maletzke 1963), ermöglicht Systemtheorie, zu identifizieren, Journalismus in funktionaler Abgrenzung von anderen benachbarten Systemen zu erkennen.

> "Systemmodelle suggerieren, die Funktion der Medien bestehe darin, Themen aus den einzelnen gesellschaftlichen Subsystemen aufzugreifen und dann als Medienaussagen diesen Systemen wieder anzubieten. Diese Primärfunktion wird im Prinzip für alle modernen Gesellschaft unabhängig von ihrer politischen und ökonomischen Konstitution unterstellt. Eine solche Vorstellung legt nahe, die Medien quasi als Relaisstationen zwischen sozialen Systemen als Informationssystemen und sozialen Systemen als Erfahrungs- und Handlungssystemen zu verstehen. Dabei würde aber ignoriert, daß der für die aktuelle Medienkommunikation zuständige Journalismus wie alle sozialen Systeme selbstreferentiell operiert. Redaktionen als soziale Systeme transportieren nicht Informationen, sondern machen aus den Informationsangeboten der sozialen Systeme etwas Eigenes; sie konstruieren Wirklichkeit. Gewiß reduzieren Medien aber Komplexität, und sie stellen Zusammenhänge her, die durch die Ausdifferenzierung der modernen Gesellschaft verloren gegangen sind." (Merten / Schmidt / Weischenberg 1994: 436)

Vom systemtheoretischen Ansatz her steht die Massenkommunikation als gesellschaftliches Teilsystem mit dem übergreifenden sozialen Gesamtsystem in Verbindung und erfaßt die objektiven Konsequenzen der Massenkommunikation in einer Gesellschaft. Aus kognitionspsychologischer Sicht wird die Wirkung der Nachrichten mit dem Begriff der Wirklichkeit auf unterschiedlichem Niveau - faktische Wirklichkeit, subjektive Wirklichkeit und mediale Wirklichkeit - beschrieben. Wenn sich die Nachrichtenselektionansätze und die Systemtheorie mehr auf die Dimension des Inputs beziehen, bezieht sich der Begriff 'Wirklichkeit' auf die Dimension der Wirkung.

"Anders als ontologische Sichtweisen, die den Journalismus entweder auf das Wirken unabhängiger journalistischer Individuen reduzieren oder aber als Anwälte der gesellschaftlichen Kommunikation idealisieren, begreift die Systemtheorie den Journalismus als Handlungszusammenhang, der in soziale Prozesse eingebunden ist. In der modernen pluralistischen Gesellschaft läßt sich dieses System vor allem durch eine Funktion empirisch identifizieren: Themen aus diversen sozialen Systemen (der Umwelt) zu sammeln, auszuwählen, zu bearbeiten und dann diesen sozialen Systemen (der Umwelt) als Medienangebote zur Verfügung zu stellen". (Weischenberg 1992: 41) Auch "mit der Anwendung der sozialen Systemtheorie auf die Publizistik- und Kommunikationswissenschaft wird die Hoffnung auf eine eindeutige Eingrenzung des Forschungsgegenstandes und damit der Fachdisziplin verbunden". (Scholl / Weischenberg 1998: 63; vgl. auch Görke / Kohring 1997:12f.)

Der Spielraum für die publizistischen Handlungen ist bei der ausländischen Berichterstattung noch größer und weiter. Da die meisten Zuschauer oder Leser keine direkten Erfahrungen mit solchen Berichtsthemen haben, werden die Berichte der Medien leicht als die reine Wahrheit wahrgenommen. Wir sehen und hören in unserem Wohnzimmer, daß gestern Nacht ein großes Erdbeben in Kobe geschah und O.J. Simpson für 'nicht schuldig' erklärt wurde. Mehr aber können wir gewöhnlich nicht wissen und so erkennen wir die Darstellungen der Medien als real und vollständig an. Auf internationaler Ebene übt die gesamte politische, wirtschaftliche und soziale Systemstruktur auf den Informationsaustausch entscheidende Einflüsse aus. Jede Information erfolgt in praktischer Absicht der medienangehörigen Länder. Sie bleibt daher engagierte Information. Die Input- und Outputprozesse der Informationen zwischen zwei Ländern sollen aus der Sicht der nationalen Wirtschaften sowie der politischen und militärischen Interessen geprägt werden.

Die Journalismusforschung sowie die Kommunikationsforschung interessieren sich vor allem für aktuell beobachtbare Phänomene und Prozesse. Dabei wird der Journalismus meist isoliert von seiner Umwelt betrachtet. Selten werden Rollenebene, Organisationsebene und Systemebene zueinander in Beziehung gesetzt. Sehr selten sind in der Journalismusforschung Modelle, die Entstehung und Entwicklung von Rollen, Organisationen (Systemstrukturen) und Beziehungen zwischen Journalismus und Gesellschaft sowie zwischen Journalismus und Funktionssystemen (Funktionen und Leistungen) im Blick haben. Im Gegensatz zur Betrachtungsweise von bisherigen Untersuchungen, in denen die Nachrichten als Produkte der Gemeinschaft einzelner Journalisten, Redakteure, Kommunikatoren oder persönlicher "Gatekeeper" angesehen werden und deren Persönlichkeit beschrieben wird, versteht die vorliegende Arbeit diese Nachrichtenvermittlung als Produkte von organisierten sozialen Systemen. Die bedeutet: "Redaktionelles Handeln als Herstellen von Zeitungen in einem industriell hochentwickelten Gesellschaftssystem erfolgt nicht nur durch einige Nachrichten sammelnde, redigierende und schreibende Redakteure, sondern vollzieht sich vielmehr als ein durchrationalisierter Produktionsprozeß in einer nicht minder rationalisierten und differenzierten Organisation". (Rühl 1969b: 13)

Aufgrund dieser Ansicht ist in der Forschung das Wesen der Nachrichten zu untersuchen. Die Berichterstattung z.B. über Korea in ausländischen Zeitungen ist deshalb nicht als eines reines Produkt der Selektionsprozesse von Journalisten zu verstehen, sondern als Produkt des organisierten sozialen Systems.

Das Ziel der vorliegenden Arbeit ist es, festzustellen, ob sich in der Korea-Darstellung[3] in der Zeitungsberichterstattung in den deutschsprachigen Ländern und in der heutigen Zeit eine sichtbare Thematisierungsstruktur zeigt. Das Schwergewicht der Untersuchung liegt auf der Fragestellung, ob sich im internationalen Nachrichtenangebot eine Tendenz zur Homogenisierung oder Differenzierung im pressevermittelten 'Koreabild' der ausgewählten Länder zeigt. Bis heute sind die meisten Untersuchungen über das 'Koreabild' in der ausländischen Presse auf amerikanische und japanische Zeitungen beschränkt. Die Darstellungen Koreas in den Medien sind in der Bundesrepublik Deutschland, in Österreich und der Schweiz wissenschaftlich bisher kaum untersucht worden. Diese Untersuchung soll aber nicht von utopischen Zielen, wie: "Alle Nationen sind gleich, alle sozialen Gruppen und Individuen sind gleich und sollten dementsprechend gleich häufig in den Nachrichten erwähnt werden; die Welt und die Menschen sind grundsätzlich gut, daher sollten die Nachrichten nicht alles Negative so sehr herausstellen usw." ausgehen. (Schulz 1976: 27) Die grundlegenden Fragestellungen dieser Untersuchung lauten: **Welche Informationen werden über Korea in den deutschsprachigen Zeitungen vermittelt? Wie werden Informationen über Korea in den deutschsprachigen Zeitungen vermittelt?** Außerdem sollen der Inhaltswandel vermittelter Informationen sowie die Änderung angewandter Darstellungsformen der Berichterstattung über Korea untersucht werden. Die vorliegende Untersuchung verfolgt zwei Ziele: 1) Eine quantitative und qualitative Inhaltsanalyse der Berichte über Korea in ausgewählten deutschsprachigen Zeitungen und 2) Eine Diskussion über die möglichen Wirkungen dieser Berichte auf die gesellschaftliche Wirklichkeit im deutschsprachigen Raum.

Die vorliegende Arbeit umfaßt die Entwicklungen der letzten dreißig Jahre im Nachrichtenangebot des deutschen Sprachraums. Untersuchungsgegenstand sind die Nachrichten aus ausgewählten Tageszeitungen, die sich mit Ereignissen aus Korea oder in Verbindung mit Korea befassen und aus deutscher, österreichischer und schweizerischer Sicht dokumentieren. Es werden in erster Linie die besonderen Eigenschaften der Berichterstattung untersucht. Die Schwerpunkt liegen auf der sachlichen Realisierung, der Interpretation und der Darstellung der Ereignisse, über die in den einzelnen Nachrichten berichtet wird. Im weiteren wird versucht, Verschiebungen der Berichterstattung in den Untersuchungsobjekten und der Untersuchungszeitpunkte zu ermitteln.

Eine Untersuchung der kommunikativen Inhalte der Presse sollte nicht nur die Strategie und Taktik der Nachrichtenvermittler, sondern auch die Reaktionen der Nachrichtenempfänger umfassen. Da die Berücksichtigung der Reaktionen der Nachrichtenempfänger seine sehr umfangreiche empirische Arbeit erfordern würde, die kaum bewältigt werden kann, wird in der vorliegenden Untersuchung haup-

---

[3] Hinsichtlich der Verwendung des Ausdrucks 'Korea-Bild' bzw. 'Korea-Darstellung' erläutere ich im nächsten Kapitel die Termini Image, Stereotyp und Bild. Unter 'Korea-Bild' wird immer ein Bild von Süd- und Nord-korea verstanden.

tsächlich das von den genannten deutschsprachigen Zeitungen vermittelte Bild analysiert.

0.2. Aufbau der Arbeit: Zur Methode der Darstellung

Nach der kurzen Skizzierung des Untersuchungsgegenstandes und der Zielsetzungen der Untersuchung sollen an dieser Stelle noch einige Hinweise auf die Vorgehensweise der Arbeit genannt werden.

Die Arbeit ist in einen theoretischen und einen empirischen Teil gegliedert. Der dieser Einleitung folgende erste Teil (Kap. 1 bis 4) dient der Klärung des minimalen theoretischen Ausgangspunktes und des Ausgangsbegriffs. Zunächst wird Kapitel 1 zu erklären versuchen, welche theoretische Grundlage bei der Inhaltsanalyse verwendet werden soll. Hier werden Entwicklungsschritte und Grundbegriffe der Systemtheorie berücksichtigt. Kapitel 2 setzt sich mit der publizistikwissenschaftlichen Näherung an die Systemtheorie auseinander und erläutert hierzu einige systemtheoretische Massenkommunikationsansätze von Manfred Rühl, Siegfried Weischenberg, Frank Marcinkowski u.a.. Es wird versucht, zu definieren, was das System des Journalismus ist, was binärer Code des Journalismus bedeutet und welche Dimensionen zur Definition des System des Journalismus vorliegen. Das dritte Kapitel bespricht einige Anmerkungen zu Fragen der Struktur und der Rahmenbedingungen. Die Struktur und Rahmenbedingungen wird hier als Einflußfaktoren auf das System des Journalismus berücksichtigt. Während sich die Nachrichtenselektionansätze und die Systemtheorie mehr auf die Dimension des Inputs beziehen, bezieht sich der Begriff 'Wirklichkeit' mehr auf die Dimension der Wirkung. Hierzu werden in Kapitel 4 als Wirkung der Medienwirklichkeit Begriffe wie *Image, Stereotyp* sowie *Vorurteil* eingeführt.

Der empirische Teil beinhaltet die Kapitel 5 bis 6. Das fünfte Kapitel geht einigen Konzeptionen zur Inhaltsanalyse nach, bevor exemplarische Beiträge als Untersuchungsgegenstände im sechsten Kapitel im einzelnen behandelt werden. Im eigentlichen Untersuchungsteil (Kap. 6) dieser Arbeit werden folgende Schwerpunkte gesetzt:

Die Thematisierungsstruktur der Zeitungen im deutschsprachigen Raum wird ist aus Merkmale der Berichterstattung zusammengesetzt,

- die sich nach bestimmten Darstellungsformen orientiert,
- die sich nach eher einer Person/Personen oder Ereignis/Ereignissen als Thema/Themen orientiert,
- die sich nach bestimmten Handlungsbeteiligten orientiert,
- die sich nach einer bestimmten Inhaltsstruktur des Themas orientiert,
- die sich nach bestimmten Themen orientiert.

Kapitel 7 soll zusammenfassen, welche die wichtigsten Ergebnisse der vorliegenden Arbeit sind und wie diese Ergebnisse aus koreanischer Sicht kommentiert werden können. Darüber hinaus soll unter systemtheoretischen Gesichtspunkten ein Ausblick auf eine Nationenbild-Untersuchung realisiert werden.

I. THEORETISCHER TEIL

1. Systemtheorie

1.1. Entwicklungsschritte der Theorie sozialer Systeme

Die Systemtheorie hat dem theoretischen Diskurs in vielen Fächern neue Impulse gegeben[4]. Das Denken in Systemen gehört "zum geschätzten und verbreiteten Erkenntnisinstrumentarium der Wissenschaft" (Rühl 1969a: 185), es handelt sich bei einem sozialen System um "ein theoretisches Konstrukt, ein Beobachterinstrument, das nach seiner wissenschaftlichen Brauchbarkeit (seiner Problemlösungskompetenz) und nicht nach seiner Wirklichkeitsadäquatheit beurteilt werden muß" (Schmidt 1989: 28) handelt. Die Systemtheorie beschäftigt sich mit der Frage, wie und zu welchem Zweck sich Elemente in einer sinnhaften Einheit organisieren, wie sich mehrere Teile zu einem Ganzen anordnen und zu einem System heranreifen. Ulrich Saxer und Manfred Rühl teilen sogar übereinstimmend mit, daß der systematische Ansatz der griechischen Philosophie entstammt und daß schon im antiken Denken die Einsicht angelegt gewesen sei, "daß Systeme keine bloß additiven Gebilde darstellen, sondern ein Ganzes, das mehr als die Summe seiner Teile ist" (Saxer 1992: 91) Im Gegensatz zum atomistischen Prinzip bedienten sich Platon und Aristoteles schon früh eines holistischen Denkens, "dem die Kenntnis einer Doppelheit und Unterscheidung von physischen und analytischen Systemen keineswegs fremd ist." (Gehrke / Hohlfeld 1995: 181)[5]

Die Systemtheorie im eigentlichen Sinn entwickelte sich erst in den 30er Jahren dieses Jahrhunderts. Sie basiert auf der biologischen Kritik an der Physik, welche die Auffassung vertrat, daß "die Welt in deduktiver Weise mathematisch beschrieben werden kann." (vgl. Kneer / Nassehi 1993) Die Biologen begriffen schrittweise, daß durch eine positivistische Wissenschaftsauffassung die komplexe Lebenswelt nicht ausreichend beschrieben werden kann. Dieses Verständnis führte zu einem Paradigmawechsel, in dem die Einzelphänome hinsichtlich ihres Verhältnisses zum Gesamtsystem betrachtet werden. Die zeitliche Entwicklung der Systemtheorie ist von unterschiedlichen Ansätzen geprägt: der allgemeinen Systemtheorie[6], der strukturell-funktionalen Theorie, dem Input/Output-Modell sowie der funktional-strukturellen

---

[4] Unter dem Begriffe "System" versteht man ganz allgemein zusammengesetzte Einheiten, die bestimmte Bedingungen erfüllen. Systeme bestehen aus verschiedenen "Komponenten", die über Komponenteneigenschaften beschrieben werden können. Das Zusammenwirken der Komponenten erzeugt die 'Organisation' des Systems. Zum weiteren Grundprinzip vgl. Niklas Luhmann 1985.

[5] Zu weiteren in der Denkweise von modernen Systemtheorie, der Spätaufklärungs-Philosophie, der Bewußtseinphilosophie und der Sozialphilosophie vgl. Wagner / Zipprian 1992, 394-405, und Kunczik 1983: 438-461.

[6] In der *allgemeinen Systemtheorie* versteht man unter 'System' ein Bündel von Elementen oder Objekten, die in ihrer je konkreten Beschaffenheit untereinander ständig in Beziehung stehen und ein Ganzes darstellen. Das System ist gekennzeichnet und bestimmt durch Strukturen, mit deren das Ordnungsgefüge und die Beschaffenheit des Systemganzen und der Systemteile gemeint ist, und Funktionen, die jene erwünschten und beabsichtigten Leistungen, die das System erbringt und wodurch es sich reguliert und aufrecht erhält, sind.

Theorie.

Das erste grundlegende Paradigma einer soziologischen Systemtheorie bietet die von Parsons schon in den dreißiger Jahren begründete *Sturukturell-funktionale Systemtheorie*. (vgl. Parsons 1969 und Merton 1968) Sie entstammt der allgemeinen Systemtheorie und stimmt hinsichtlich der Definition eines Systems und das Diskussion seiner Umwelt sowie seinen Grenzbedingungen mit der allgemeinen Systemtheorie überein. Dieser Ansatz geht von der Notwendigkeit bestimmter Strukturen aus und fragt danach, welche funktionalen Leistungen von einem System erbracht werden müssen, um es in seinen bereits vorliegenden Strukturen zu erhalten.[7] Das bedeutet, daß die (vorgegebenen und zu erhaltenden) Strukturen, als das (Ordnungs-) Gefüge eines Systems, die Handlungsmuster bestimmen und selbst Leistungen im funktionalen Sinne für das System erbringen. In diesem systemtheoretischen Ansatz wird daher der Strukturbegriff vor dem Funktionsbegriff eingeordnet und die Funktionen sind für die Strukturerhaltung erforderlich. "Die jeweiligen Beziehungen zwischen den einzelnen Elementen bzw. Subsystem werden dabei mit bestimmten Systemerfordernissen begründet. Der Funktionsbegriff bezieht sich auf die internen Leistungen, auf die Beiträge einzelner Subsysteme für das ganze System." (Theis 1994: 63) "Die strukturell-funktionale Analyse neigt offensichtlich dazu, sich mehr an statischen Beziehungen zu orientieren, vor allem am Überleben des Systems, an den Erfordernissen der ständigen Anpassung und/oder an den Beziehungen zwischen Strukturen und Funktionen, soweit sie der Systemerhaltung dienen." (Rühl 1969a: 189) Der Punkt "Fehlschluß der funktionalen Teleologie"[8] (Levy, Jr 1952: 52f.; zit. nach Rühl 1969a: 190), der als Resultat durch die Tendenz strukturell-funktionaler Analyse entsteht, wird von den Gegnern der strukturfunktionalen Systemtheorie kritisiert.[9]

Eine weitere entscheidende Systemkonzeption liegt beim *Input/Output-Modell* oder *der kybernetischen Systemtheorie* vor.[10] Die entscheidenden Aspekte dieses Modells finden wir in der kybernetischen Kommunikationstheorie. Die Systembildung nach diesem Modell ereignet sich durch multikausale Relationen in Form von "Inputs" und "Outputs" mit der Umwelt - und somit mit anderen Systemen. Soziale Systeme nehmen Leistungen aus ihrer Umwelt - aus anderen Systemen und Subsystemen - auf und geben solche auch an die Umwelt zurück. Dazwischen liegt ein Transformationsprozeß, der mittels eine systemeigenen Entscheidungsfähigkeit Inputs in Outputs verwandelt. "Ein Teil der Outputs des Systems gelangt in Form von Wirkungen und

[7] "Die wichtigste Funktionen entwickelter Gesellschaft formuliert Parsons in seinem berühmten "AGIL-Schema" als erforderliche Leistungen für den Systemerhalt: Anpassung an die Umwelt (adaption), das Problem der Zielreichung (goal attainment), der Integration (integration) und die Frage nach der Strukturerhaltung (latent pattern maintenance)." (vgl. Gehrke / Hohlfeld 1995: 194)

[8] Die telelogische Konzeption bedeutet, daß alle Elemente eines Systems in Hinblick auf die Erfüllung notwendiger Aufgaben und Rollen analysiert und dargestellt werden.

[9] Zur konkreten Kritikpunkten gegen die strukturell-funktionalen Systemtheorie vgl. Gehrke / Hohlfeld 1995: 194-196.

[10] Die kybernetische Systemtheorie wird besonders durch Deutsch und Etzioni prominent. Ihr Augenmerk richtet sich auf das Forschungsfeld des politische System. Insbesondere die von Deutsch favorisierte kybernetische orientierte Theorie von Kommunikationssystemen beruht auf einem als makroökonomisches Verteilungskonzept entwickelten Input/Output-Modell. (vgl. Deutsch 1963 - dt. Ausgabe 1970; vgl. auch Etzioni 1970)

Folgen (auch solchen negativer Art, wie etwa Fehlerberichtigung) durch die Rückkopplung (feedback) wieder als Inputs in das System als offen, adaptiv, zweckgerichtet, zielsuchend und von eigener Dynamik erklärt." (Rühl 1969a: 190) Der Ansatz der kybernetischen Systemtheorie leistet trotz der Ähnlichkeit mit der strukturfunktionalen Systemtheorie in einigen Punkten eine Weiterentwicklung. Die theoretische Entwicklung besteht darin, daß Strukturen nun als Variablen betrachtet werden. Die Möglichkeiten zur Strukturänderung und die Fähigkeit der Anpassung bei veränderten Umweltbedingungen werden durch ununterbrochene systeminterne In- und Output-Prozesse im Systeminnern ausgeführt.[11]

Aus dem prinzipiellen Mangel der strukturell-funktionalen Systemtheorie entsteht der funktional-strukturelle Ansatz von Luhmann, der einen Paradigmenwechsel in der Beobachtung von sozialen Systemen bietet. Zu diesem Zweck wurde die Relation zwischen den Grundbegriffen Struktur und Funktion umgekehrt. Die Strukturen nach der funktional-strukturellen Neufassung werden nicht als vorgegebene Bezugsrahmen vorausgesetzt, sondern sollen selbst als Gegenstand der Analyse betrachtet werden. Die funktional-strukturelle Systemtheorie als eine Theorie der Bedürfnisse sozialer Systeme zielt auf "Aussagen über Probleme, die ein System lösen muß, wenn es fortbestehen will" (Luhmann 1964: 3; zit. nach Rühl 1969a: 193) "In Luhmanns Theorie sozialer Systeme gilt deshalb allgemein der Primat der Problemmerkmale vor den Wesensmerkmalen. Für das Theoriekonzept bedeutet das eine radikale Abkehr von ontologischer Epistemologie zur funktionalen Äquivalenz von Problemlösung. Auf das systemtheoretische Verfahren bezogen ist die Folge eine Konzentration auf den Gebrauch von Problembegriffen und nicht von Merkmalsbegriffen auf der allgemeinsten Ebene der Analyse." (Gehrke / Hohlfeld 1995: 199)

Beim ontologischen Systembegriff wird das System als substantielle Einheit, die durch Verbindung der Teile zu einem Ganzen entsteht und das damit auf eine rein interne Ordnung Bezug nimmt, verstanden. Im Vergleich mit dem ontologischen Begriff bringt der Begriff der funktional-strukturellen Systemtheorie deutlich zum Ausdruck, daß die Bildung eines System die Auseinandersetzung des System mit seiner Umwelt umfasst. Das System der funktional-strukturellen Systemtheorie konstituiert sich aus der Differenz zu einer komplexen Umwelt. "Systemtheorie in dieser funktionalen Perspektive muß notwendigerweise System-Umwelt-Theorie sein, denn die Funktion von Systembildung läßt sich nur rekonstruieren, wenn der Bezugspunkt der Analyse

[11] Zum Verständnis des Input-/Output-Modells sind die Abbildungen von Pürer, De Fleur und Reimann sehr zweckmäßig. Pürer formuliert, daß das Massenkommunikationssystem neben andern System ,wie Parteien, Verbänden, Gewerkschaften, Kammern, Kirchen u.a., als ein System gesehen wird. Mit diesen anderen Systemen steht das Mediensystem in Verbindung, gibt Leistungen (als Inputs) an sie ab und empfängt von ihnen auch welche (als Outputs der anderen Systeme). So entsteht ein Rückkoppelungsprozeß, durch den die (zum Teil miteinander konkurrierenden, zum Teil einander ergänzenden) Systeme aufrecht erhalten bleiben und ihre je verschiedenen Funktionen bzw. Leistungen für die Gesellschaft (oder Teil der Gesellschaft) erbringen. Melvin De Fleur und Horst Reimann sehen das Massenkommunikationssystem mit systemtheoretischen Konzeptionen. De Fleur hebt die politische und ökonomischen Rahmenbedingungen von Massenkommunikation hervor, die sich auf den Kommunikationsprozeß auswirken. Das Modell von Reimann kehrt soziales Handeln als Übertragung von Bedeutung zwischen zwischen Sendern und Empfängern hervor. (vgl. Pürer 1990: 145-149; vgl. besonders Abb. 7, 8 und 9)

außerhalb des Systems selbst liegt, und zwar im Verhältnis zwischen dem System und seiner Umwelt. Damit liegt das Schwergewicht der Theoriebildung nun nicht mehr auf den einzelnen Faktoren, sondern den Relationen. Das System ist kein festes, substantielles Gebilde wie noch in der strukturfunktionalen Systemtheorie, sondern ein relatives Gebilde der Umwelt gegenüber." (ebd.) Nach Luhmann kann der Problembestand von modernen Gesellschaftssystemen in der Funktion ihrer primären Binnendifferenzierung betrachtet werden, d.h. die Gesellschaft bildet Teilsysteme aus, um spezifische Probleme zu lösen. Funktionale Differenzierung ist entsprechend ein wesentliches Merkmal der modernen Gesellschaft. Teilsystem und Funktionen dürfen aber keiner hierarchischen Rangordnung mehr unterliegen, jedes System gibt der eigenen Funktion den Primat. Um solche Subsysteme zu suchen, muß man sich auf die Suche nach problemlösenden Funktionen machen, die nur sie und eben kein anderes System erfüllen.[12]

Die Verschiedenheit zwischen dem strukturell-funktionalen und dem funktional-strukturellen Systemansatz, die der publizistik- und kommunikationswissenschaftlichen Theorienbildung besonders große Dienste geleistet hat, läßt sich wie folgt vergleichend darstellen. (Abb. 1)

Das System kann von empirischer Relevanz als ein beobachtbares Handlungssystem verstanden werden, d.h. mit komplexen, aber abgrenzbaren Handlungsabläufen, die sinnvoll einander zugeordnet sind. Ein System wird nicht von beliebigen Additionen oder Kombinationen verschiedenartiger Handlungen gebildet, sondern von Handlungszusammenhängen, die in einer inneren Ordnung zueinander stehen, die aufeinander verweisen und somit als sinnvoll identifiziert werden können. Durch Handlungszusammenhänge wird die Systembildung als Reduktion von Komplexität und Variabilität der Umwelt auf Dimensionen, die sinnvolles menschliches Verhalten erst möglich machen, betrachtet. Träger dieses Handlungssystems sind Personen, die aber nur mit einem Teil ihrer ganzen biologischen Konstitution, ihren psychischen Einstellungen, Bedürfnissen, Wünschen, Erwartungen usw. an dem System beteiligt sind. Jede Person ist gleichzeitig als Träger verschiedenartiger Rollen zu verstehen. Mit den Handlungen dieser Rollen sind die gleichen Personen in verschiedenen anderen Sozialordnungen involviert. Konkrete Handlungen können nämlich auch mehreren Systemen gleichzeitig angehören. Das Sozialsystem besteht in diesem Sinn prinzipiell nicht aus Subjekten, individuellen Personen, sondern aus Handlungen von Personen. Auf der Basis dieses Prozesses betrachtet Luhmann Kommunikation als einen analytischen Grundbegriff der Theorie. Sozialer Tatbestand und soziales Handeln wird stets mit direkter oder indirekter Kommunikation verbunden und nur durch Kommunikationen kann soziales Handeln in das System eingebracht werden. Aus

[12] Um die eigene Funktion eines Systems zu unterscheiden, brachte Luhmann die binären Codierug ein. Zahlung/Nichtzahlung, Recht/Unrecht, Wahrheit/Unwahrheit, Liebe/Haß sind solche binären Codes der symbolisch generalisierten Kommunkationsmedien.. Bei Luhmann zeigt sich die Leitdifferenz eines Systems in der binären Schematisierung des symbolisch generalisierten Kommunikationsmediums. Beispielsweise bieten Geld, Recht, Wahrheit, Liebe als Kommunikationsmedien für das Wirtschaftssystem, das Rechtssystem, das Wissenschaftssystem und das menschliche Beziehungssystem. Anhand ihrer binären Codierung wird eine Zuordnung von Kommunikationsmedien zu (gesellschaftlichen) Teilsystemen erreicht. Der binäre Code erlaubt erst den Aufbau einer funktionsspezifischen System/Umwelt-Differenz.

diesem Grund sind soziale Systeme immer Kommunikationssysteme. Kommunikation ist nicht gleichzusetzen mit dem Transfer von Information, sondern ist als ein dreifacher Selektionsprozeß auszuweisen. Der Kommunikationsakt setzt sich zusammen aus:

- Information, verstanden als eine Selektion aus einem Repertoire von Mölichkeiten;
- Mitteilung, verstanden als Selektion eines Verhaltens, das Information überträgt;
- Verstehen, verstanden als Fähigkeit, den Sinn von Information zu erfassen.

(vgl. Luhmann 1994: 191-241; Künzler 1989: 78; Haferkamp / Schmid 1987: 11; Blöbaum 1994: 75)

Abb.1: Verschiedenheit zwischen dem strukturell-funktionalen und dem funktionalstrukturellen Systemansatz

Strukturell-funktionaler Ansatz	***Funktional-struktureller Ansatz***
Typologisierung nach Wesenheit (Ontologie)	Typologisierung nach Funktion (Alternativen)
System besteht aus Personen (bzw. Strukturen)	System besteht aus Handlungen (bzw. Funktionen)
System ist ein substantielles Gebilde	System ist ein relatives Gebilde der Umwelt gegenüber
System besteht in sich und durch sich	System besteht in der Auseinandersetzung mit der Umwelt
Strukturelemente auf der Ebene von Handlungen	Strukturelemente auf der Ebene von Erwartungen
Strukturen bestimmen das Wesen eines Systems	Strukturen bestimmen die Prozesse eines sozialen Systems auf der Ebene der Verhaltenserwartung in zeitlicher, sachlicher und sozialer Dimension
In Übertragung auf die Medien heißt das:	
Die Strukturen eines Massen-Kommunikationssystemseiner Gesellschaft werden als gegebener Bezugsrahmen für die Funktionen (Leistungen) des Massen-Kommunikationssystems vorausgesetzt.	Die Strukturen eines Massen-Kommunikationssystems einer Gesellschaft werden nicht als Bezugsrahmen vorausgesetzt; sie sind ebenso Gegenstand der Analyse wie die Funktionen.

Quelle: Pürer 1990: 144

Die Strukturänderungen eines Systems, die nur durch Kommunikation geschehen können, treten nicht als Wirkung intendierter Handlungen in der Umwelt auf, sondern als Folge von Kommunikation, die auf der Ebene der Erwartungen im System Impulse auslösen können. "Handelnde im System erwarten bestimmte Ereignisse in der Umwelt, sie erwarten darüber hinaus ihre eigene Reaktion auf diese Handlungen sowie die Umweltreaktionen auf diese Reaktionen usf. Es entsteht demnach zwischen System und Umwelt ein Interaktionsgefüge." (Rühl 1969a: 196). Aus diesem Grund bestehen Systemstrukturen aus *generalisierten Verhaltenserwartungen,* d.h. die im System zusammengeschlossenen Handlungen und Verhaltensweisen werden durch *Erwartungen* stabilisiert.

Die Methode des funktional-strukturellen Ansatzes ist die funktionale Analyse. Die Funktionskonzeption bei traditionellen Systemtheorien wird im Sinne von Kausalitäten verwendet, um bestimmten Ursachen und bestimmte Wirkungen zuzuordnen. Die funktional-strukturelle Theorie bringt Funktion in einem völlig neuem Zusammenhang hervor: "Als 'einen übergeordneten Bezugsgesichtspunkt' zur Steuerung organisierter Sozialsysteme, in Anlehnung an Kants 'regulatives Prinzip', als 'ein regulatives Sinnschema', das den Vergleich zu äquivalenten Leistungen organisiert, so daß im funktionalen Denken jede Leistung von anderen Möglichkeiten her abgewogen wird."(Gehrke / Hohlfeld 1995: 201) Funktionalismus in seiner herkömmlichen Verwendung bei Parsons meint "eine zu bewirkende Wirkung im Hinblick auf Systemerhaltung." (Kiss 1989; zit. nach Gehrke / Hohlfeld 1995: 201) Demgegenüber geht die funktional-strukturelle Systemtheorie davon aus, daß erst die Analyse der Strukturen eines Systems Hinweis auf deren Funktionen gibt. Unter dem Funktionalismus der funktional-strukturellen Systemtheorie versteht man alle denkbaren Alternativen, die ein System zur Lösung von Aufgaben und Problemen zur Verfügung hat, denn der funktional-strukturelle Äquivalenzfunktionalismus zielt auf Aussagen über Probleme, die ein System lösen muß, wenn es fortbestehen will.

1.2. Grundbegriffe der Systemtheorie

1.2.1. System und Umwelt

Um eine zusammengesetzte Einheit eines Systems klar erkennen zu können, muß diese Einheit von ihrer Umwelt eine Abgrenzung aufweisen. "Um den Unterschied zwischen System und Umwelt aufrechterhalten und regulieren zu können, muß ein System Grenzen ausbilden, die es von der Umwelt trennen, aber gleichwohl Verbindungen offenlassen. Die Umwelt kann nur vom System aus bestimmt werden. Da die Umwelt eines Systems in der Regel komplexer ist als das System selbst, muß die Grenze das Komplexitätsgefälle zwischen System und Umwelt zugunsten des Systems ausgleichen." (Schmidt 1991: 21) In diesem Sinne ist die Systemtheorie eine Theorie der Beziehungen zwischen System und Umwelt, nicht herkömmliche analytische Isolierung von Einzelsystemen. "Dies bedeutet zunächst, daß der Systembegriff der neueren Systemtheorie nicht mehr nur ein Netz von Beziehungen bezeichnet, welches Teile zu einem Ganzen zusammenordnet; vielmehr wird unter System ein Netz zusammengehöriger Operationen verstanden, die sich von nicht-dazuhörigen

Operationen abgrenzen lassen. [...] Die spezifische Problematik seiner Umwelt macht für ein bestimmtes System überhaupt erst erkennbar, welche interne Systemstruktur zu welchen Zwecken und mit welchen Stabilisierungs- und Veränderungschancen funktional sein kann." (Willke 1996: 53)

Die Erhaltung eines Systems, wie Luhmann formulierte, bedeutet nicht ein bestimmtes, unveränderliches System, sondern eine bestimmte Differenz zwischen System und Umwelt: "Systeme müssen [...] als Identitäten begriffen werden, die sich in einer komplexen und veränderlichen Umwelt durch Stabilisierung einer Innen-Außen-Differenz erhalten" (Luhmann 1973: 175) und "So ist Stabilität nicht mehr als unveränderliche Substanz zu begreifen, sondern als eine Relation zwischen System und Umwelt, als relative Invarianz der Systemstruktur und der Systemgrenzen gegenüber einer veränderlichen Umwelt." (Luhmann 1971: 39) Um die entscheidende Bedeutung für das Verständnis der Systemtheorie zu erkennen, muß die Formulierung so geschehen, daß der Gegenstand des Systems nicht allein von innen heraus und ebenso wenig allein von außen erfaßt wird und er ist rational konzipiert als Anknüpfungspunkt der Differenz zwischen Innen und Außen, welcher je nach Systemreferenz und Blickrichtung variabel gesetzt werden kann.

Aus folgenden Gründen stellt Willke fest, daß der Begriff Umwelt als Kürzel für den genaueren Ausdruck *relevante Umwelten* aufgefaßt werden kann :

1 Nicht alle Umweltbereiche und -ereignisse sind für das System von gleicher Bedeutung. Was nun relevant ist, hängt vom Einzelfall ab und muß daher im Zusammenhang des jeweiligen Problems bestimmt werden.
2. Es empfiehlt sich, parallel zu verschiedenen Systemebenen auch verschiedene Umwelten zu unterscheiden. [...]
3. In systemtheoretischer Perspektive gehören die Mitglieder eines sozialen Systems als Personen zur Umwelt dieses Systems; denn sie gehören nie »mit Haut und Haaren«, sondern nur in bestimmten Hinsichten, mit bestimmten Rollen, Motiven und Aufmerksamkeit dem System zu. (Willke 1996: 55f.)

Unter Berücksichtigung dessen unterscheidet er die Umwelt in *Innenwelt* und *Außenwelt*. Er nennt die von den Mitgliedern eines Sozialsystems gebildete spezielle Umwelt aufgrund ihres besonderen Bedeutsamkeit für das System *Innenwelt* und alle anderen relevanten Umwelten *Außenwelt*. "Die Innenwelt umfaßt die Beziehungen zwischen dem System als Kollektiv (und seinen Kollektiveigenschaften) mit seinen Mitgliedern als Personen (mit ihren Individualeigenschaften) [...] Außenwelt umfaßt die externen Relationen des Systems, also -abgesehen vom Bereich der Mitglieder - alle input- und output-Beziehungen des in Frage stehenden Systems." (ebd.: 56ff.)[13]

---

[13] Um die externen Beziehungen zu unterscheiden, führt Willke drei Dimension ein: "Erstens die Relationen anderen (Teil-)systemen eines umfassenden Gesamtsystems (horizontale Außenbeziehung); zweitens die Beziehungen zum umfassenden Gesamtsystem (vertikale Außenbeziehung); drittens die Relationen zu anderen Systemen, mit denen das fokale System in einem sekundären systemischen Gesamtkontext steht (laterale Relation). Beispiel: Das Land A der Bundesrepublik hat horizontale Außenbeziehungen zu anderen Länder B, C ... der Bundesrepublik. Es hat vertikale Außenbeziehungen zum Bund als Gesamtsystem. Aber es hat laterale Außenbeziehungen etwa mit Frankreich oder mit dem Vatikan, wenn es in isolierten Bereichen wie etwa Französischunterricht oder Konkordatsfragen Beziehungen aufnimmt, die kein neues

1.2.2. Selbstreferentialität und Selbstorganisation

Je weiter entwickelt (ausdifferenziert) ein System ist, um so komplizierter wird das System. Um mit dieser erhöhten Komplexität Probleme zu lösen, wird ein System generell selbständig operierende Teilsysteme ausbilden. Durch die Ausbildung der autonomen Teilsysteme haben alle Systeme ihre eigene Struktur und Organisation. Die zwei Begriffe "Selbstreferentialität" und "Selbstorganisation" besitzen wesentliche Bedeutung in der Systemtheorie.[14]

Roth verstand unter dem Konzept *selbstreferentielles System* "solche Systeme, deren Zustände wesentlich durch die Interaktion ihrer Komponenten (also ‚von innen') und nicht wesentlich durch die Beeinflussung durch ihre Umwelt (also ‚von außen') bestimmt werden. Selbstreferentielle Systeme sind daher der Umwelt gegenüber *autonom,* selbstbestimmt." (Roth 1987: 400) Ein System definiert für sich selbst diejenige Grenze, die es ihm erlaubt, die eigene Identität nach intern produzierten und prozessierten Regeln zu erzeugen und gegenüber einer externen Realität durchzuhalten. Luhmanns Beschreibung liegt auch darin, daß "eine Ausdifferenzierung von Systemen nur durch Selbstreferenz zustandekommen kann, das heißt dadurch, daß die Systeme in der Konstitution ihrer Elemente und ihrer elementaren Operationen auf sich selbst (sei es auf Elemente, desselben Systems, sei es auf Operationen desselben Systems, sei es auf die Einheit desselben Systems) Bezug nehmen. Systeme müssen, um dies zu ermöglichen, eine Beschreibung ihres Selbst erzeugen und benutzen." (Luhmann 1994: 25) Diese Leistung ist alles andere als selbstverständlich. Das Konzept der *Autopoiese*, das von den Biologen Humberto Maturana und Francisco Varela entwickelt ist, stellt fest, daß "es offensichtlich Systeme gibt, die sich selbst reproduzieren; und zwar sich selbst reproduzieren nicht nur im herkömmlichen Sinne der genetischen Replikation in der Generationenfolge, sondern in dem spezifischeren Sinne einer kontinuierlichen gegenwärtigen Selbsterzeugung des eigenen Systems." (Willke 1996: 61) Durch eine andere Formulierung ausgedrückt: "ein autopoietisches System reproduziert die Elemente, aus denen es besteht, mit Hilfe der Elemente, aus denen es besteht. Eine Zelle oder ein Organismus ersetzen in einem kontinuierlichen Prozeß die Bestandteile, aus denen sie bestehen." (ebd.) Autopoietische Systeme sind aber entgegen dem systemtheoretischen Grundriß der notwendigen Offenheit lebender Systeme in ihrer inneren Steuerungsstruktur als geschlossene Systeme zu identifizieren. Als geschlossene Systeme sind Systeme mit ihrer inneren Selbststeuerung vollkommen unabhängig und unbeeinflußbar von ihrer Umwelt. Das bedeutet: Die Steuerung des systemspezifischen Operationsweise von außen ist nicht möglich. Wird diese operative Geschlossenheit zerstört, so bricht ihre Autopoiese zusammen, sie hören auf, als lebende Systeme zu existieren.

Soziale Systeme bestehen nicht aus Menschen, sondern aus den Prozessen von Kommuni- kationen. Für ihre Kontinuität ist kontinuierliche Kommunikation unerläßlich. Um soziale Systeme als operative Geschlossenheit zu begreifen, ist die

übergreifendes Gesamtsystem in dem Sinne schaffen oder voraussetzen, daß das Land aus dem Kontext Bund herausfiele." (Willke 1996: 58)

[14] In der vorliegenden Arbeit wird der Begriff '*Selbstreferentialität*' mit '*Autopoiesis*' äquivalent behandelt, in gleicher Weise seine Adjektivform '*selbstreferentiell*' mit '*autopoietisch*'.

zeß sozialer Systeme, der die Elemente produziert, aus denen diese Systeme bestehen, kann unter diesen Umständen nur Kommunikation sein." (Luhmann 1994: 192) Autopoietische Systeme haben wie Organismen oder Nervensysteme Umweltbeziehungen. Als strukturdeterminierte und selbststeuernde Systeme von Umweltereignissen werden sie nur zu ihren eigenen Operationen angeregt oder angestoßen, können aber nicht determiniert werden, denn externe Determination wäre das Ende ihrer Autopoiese. Zusammenfassend gesagt: "Ein autonomes System ist mithin ein System, das auf der Grundlage autopoietischer Selbststeuerung spezifische, durch seine Leitdifferenz und seinen Operationsmodus vorgezeichnete Umweltbeziehungen unterhält." (Willke 1996: 69)

Der Begriff Selbstorganisation bezog sich jedoch auf die Strukturen eines Systems. Wenn die Komponenten und die Organisation, die vom Zusammenwirken der Komponenten eines Systems erzeugt sind, so interagieren, daß "die Systemorganisation die Komponenten verändert und diese Veränderung wiederum auf die Systemorganisation zurückwirkt, so kann von einem 'Selbstorganisierenden' System gesprochen werden. Selbstorganisierende Systeme erzeugen ihre Ordnung selbst, und sie erzeugen sie spontan." (Schmidt 1991: 21)

1.2.3. Kommunikation und Handlung

Als das unauflösbare letzte Element und eine grundlegende Option von sozialen System nannte Luhmann Kommunikation. Folglich sind soziale Systeme als Kommunikationssysteme konzipiert. Bei ihm ist Kommunikation kein Ergebnis menschlichen Handelns, sondern ein Produkt sozialer Systeme. Im Kommunikationsprozeß verliert der Mensch seine privilegierte Position und kann entgegengesetzt Kommunikation praktizieren. Luhmann stellt fest, daß Kommunikation keineswegs allein bedeute, daß Kommunikation Nachrichten und Informationen vom Absender auf den Empfänger übertragen. "Die Übertragungsmetapher legt das Wesentliche der Kommunikation in den Akt der Übertragung, in die Mitteilung. Sie lenkt die Aufmerksamkeit und die Geschicklichkeitsanforderungen auf den Mitteilenden. Die Mitteilung ist aber nichts weiter als ein Selektionsvorschlag, eine Anregung. Erst dadurch, daß diese Anregung aufgegriffen, daß die Erregung prozessiert wird, kommt Kommunikation zustande." (Luhmann 1994: 193f.) Luhmann sah Kommunikationen immer als ein selektives Geschehen. Er beschreibt die Kommunikation sozialer Systeme als dreistelligen Selektionsprozeß, der aus Information, Mitteilung und Verstehen besteht. Der erste Bezeichnung "Information" meint die Selektivität der Information selbst, die zweite die Selektion ihrer Mitteilung, die dritte Erfolgserwartung, die Erwartung einer Annahmeselektion. Mit anderen Wörter ausgedrückt : "Kommunikation liegt vor, wenn eine Informationsauswahl, eine Auswahl von mehreren Mitteilungsmöglichkeiten und eine Auswahl von mehreren Verstehensmöglichkeit getroffen wird." (Kneer / Nassehi 1993: 81)[15]. Kommunikation entwickelt sich nicht von einem monologischen Subjekt

[15] Damit beschreibt Luhmann, daß die Selektion in der Kommunikation aktualisiert wird und ihren eigenen Horizont konstituiert. Als eine Voraussetzung zum Selektionsprozeß beschreibt er den Begriff *Codierung* . Mit der Information muß die Mitteilung entscheiden, ob sie einer-

aus sondern von mehrseitigen (mindestens einer Zweiheit von) physischen Systemen. “Diese sind allerdings auch nicht vollständige Elemente des sozialen Kommunikationssystem, vielmehr gehören sie nur durch ihre Beiträge partiell dazu. Sie können die Kommunkation bloß reizen oder anregen, denn bei den drei genannten Komponenten Information, Mitteilung und Verstehen handelt es sich nicht um Operationen von psychischen Systemen, sondern einzig um Bestandteile der Kommunikation, also um Konstrukte sozialer Systeme.” (Gehrke / Hohlfeld 1995: 208)

Luhmann stellt aber eine Frage : Wie sich dieser Kommunkationsprozeß zu den Handlungen, den Elementen des Systems verhält, die er produziert? Besteht ein soziales System letztlich aus Kommunikationen oder aus Handlungen? Hinzukommt, daß “Kommunikation nicht direkt beobachtet, sondern nur erschlossen werden kann. Um beobachtet zu werden oder um sich selbst beobachten zu können, muß ein Kommunikationssystem deshalb als Handlungssystem ausgeflaggt werden.” (Luhmann 1994: 226) In diesem Sinne kann die Handlung als eine ‘Vereinfachung von Kommunikation’ verstanden werden.

Entsprechend der Unterscheidung von Information und Mitteilung führt Luhmann Handeln in zwei verschiedenen Kontexten ein:

> “Als Informationen bzw. als Thema einer Kommunikation oder als Mitteilungshandeln. Es gibt, anders gesagt, sehr wohl nichtkommunikatives Handeln, über das die Kommunikation sich nur informiert. Auch dessen soziale Relevanz wird jedoch durch Kommunikation vermittelt. Kommunikationssystemen steht es frei, über Handlungen oder über etwas anderes zu kommunizieren; sie müssen jedoch das Mitteilen selbst als Handeln auffassen, und nur in Selbstproduktion des Systems von Moment zu Moment. Deshalb ist es nie falsch, wohl aber einseitig, wenn ein Kommunikationssystem sich selbst als Handlungssystem auffaßt. Erst durch Handlung wird die Kommunikation als einfaches Ereignis an einem Zeitpunkt fixiert. Auf der Basis des Grundgeschehens Kommunikation und mit ihren operativen Mitteln konstituiert sich ein soziales System demnach als Handlungssystem. Es fertigt in sich selbst eine Beschreibung von sich selbst an, um den Fortgang der Prozesse, die Reproduktion des Systems zu steuern” (Luhmann 1994: 227) [16]

Zusammenfassend gesagt : “Ein soziales System konstituiert sich mithin als Handlungssystem, aber es muß dabei den kommunikativen Kontext des Handelns voraussetzen ; beides muß laufend zusammenwirken, um die Reproduktion aus den Elementen der Reproduktion zu ermöglichen. [...] Reproduktion heißt nur: Produktion

---

seits draußen gelassen wird oder sie andererseits zur Mitteilung verwendet wird. Ereignisse müssen nämlich in codierte und nichtcodierte unterscheiden werden. Codierte Ereignisse wirken im Kommunkationsprozeß als Information, nichtcodierte als Störung (Rauschen, Noise). Zur Leistung der Kommunikation formuliert Lumann : “ daß Kommunikation nicht als systemintegrierende Leistung, nicht als Herstellung von Konsens begriffen werden kann. [...] Zu den wichtigsten Leistungen der Kommunkation gehört die Sensibilisierung des Systems für Zufälle, für Störungen, für »noise« aller Art. Mit Hilfe von Kommunikation ist es möglich, Unerwartetes, Unwillkommenes, Enttäuschendes verständlich zu machen.” (Luhmann 1994: 237)

[16] In der Literatur findet man wenig Sinn für die Differenz zwischen Kommunikation und Handlung. Luhmann sieht, daß das Problem darin liegt, daß “Kommunikation und Handlung in der Tat nicht zu trennen sind und daß sie ein Verhältnis bilden, daß als Reduktion eigener Komplexität zu begreifen ist. Der elementare, soziales als besondere Realität konstituierende Prozeß ist ein Kommunikationsprozeß. Dieser Prozeß muß aber, um sich selbst steuern zu können, auf Handlungen reduziert, in Handlungen dekomponiert werden.” (Luhmann 1994: 193)

aus produziertem; und im Falle der autopoietischen Systeme besagt sie, daß das System sich mit der gerade aktuellen Aktivität nicht beendet, sondern weitermacht" (ebd.: 233) Das Weitermachen ist aber möglich, wenn Handlungen jedenfalls Kommunikationswert haben.

1.2.4. Funktionale Differenzierung

Die moderne Gesellschaft ist funktional differenziert. "Aus angebbaren Gründen und in angebbaren Zeiträumen beginnt die Gesellschaft Funktionssysteme auszudifferenzieren, die bestimmte gesellschaftliche Funktionen bedienen und sich wechselseitig Leistungen abnehmen, die im Dienst der je eigenen Reproduktion stehen." (Fuchs 1992: 11) Jedes Teilsystem ist auf eine bestimmte Funktion spezialisiert. Kein System kann das andere vertreten, obwohl jedes von allen anderen abhängig ist, da die Gesellschaft nur bestehen kann, wenn alle dazu notwendigen Funktionen erfüllt werden. Politik kann nicht die Funktion von Wirtschaft erfüllen, genau wie Wirtschaft nicht die Funktion von Politik erfüllen kann. Jedes Teilsystem der Gesellschaft hat seine eigene Funktion, die nicht die Funktionen anderer Teilsysteme erfüllen kann. "Für das gesellschaftlichen Zusammenleben muß eine Vielzahl von Funktionen erfüllt werden, die sämtlich relativ zum Entwicklungsstand der Gesellschaft notwendig und insofern gleichmaßen wichtig sind." (Luhmann / Schorr 1988: 35) Da eine Gesellschaft ihre wichtigsten Teilsysteme in Hinblick auf spezifische Probleme bildet, welche dann in dem jeweils zuständigen Funktionssystem gelöst werden müssen, ist es unmöglich, eine feste Rangordnung der Funktionen festzumachen. Es kann daher nicht ein für allemal festgelegt werden, daß Politik wichtiger ist als Wirtschaft, Wirtschaft immer wichtiger als Recht, Recht immer wichtiger als Wissenschaft, Wissenschaft immer wichtiger als Erziehung, Erziehung immer wichtiger als Gesundheit.

Differenzierungstheorie bedeutet ein heuristisches Schema zur Beschreibung gesellschaft- licher Wandlungsprozesse. Colomy hat allgemein für die Differenzierungstheorie festgestellt : "Differentiation theorie will increase its conceptual richness and empirical specificity by borrowing from other intellectual traditions." (Colomy 1990: 491)

Die Theorie autopoietischer sozialer Systeme erweitert die Möglichkeit, mit Hilfe der Differenzierungstheorie[17] Genese und Wandel, Funktion und Struktur sozialer

[17] Blöbaum stellt Merkmale der allgemeinen Differenzierungstheorie dar. Sie bietet folgende Vorteile; "1 Ganz allgemein ist die Differenzierungstheorie ein Versuch, 'komplexe moderne Gesellschaften überhaupt noch begrifflich zu denken. [...] Alternative Konzepte - kritische Theorie, marxistische Ansätze - haben entweder systemtheoretische Überlegung adaptiert [...] oder sind weit angeschlagen zurückgeblieben oder [...] haben das Vorhaben, eine Gesellschaftstheorie zu entwickeln, ganz aufgegeben und sich aufs Detail konzentriert und auf die Frage der Einbettung sozialer Einzelphänomene in die Gesellschaft verzichtet. 2. Differenzierungstheorie ist Theorie der Gesellschaft und des Individuums. Als solche ist sie geeignet, das Verhältnis von Person und Sozialsystem ebenso zu beschreiben wie Entwicklungen in der Gesellschaft. 3. Differenzierungstheorie ist eine soziologische Geschichtstheorie. Als solche kommt sie nach historischer Analyse zu der Deutung moderner Gesellschaften als funktional ausdifferenzierte Sozialsysteme. Dieser allgemeine Befund hat in der Forschung zur Moderne hohe Anschlußfähigkeit. 4. Differenzierungstheorie hat den Anspruch, soziologische Konzepte für

Teilsysteme der Gesellschaft zu beschreiben. (vgl. ebd.: 465-496)[18]

Luhmann unterscheidet historisch drei Differenzierungsmuster anhand der jeweils vorherrschenden Differenzierungsform, nämlich die segmentäre, stratifikatorische und funktionale Differenzierung. (vgl. Luhmann 1981: 178-197) Die segmentäre Differenzierung gliedert die Gesellschaft in gleiche Teile auf der Grundlage gleicher Kristallisationspunkte der Systembildung. Verwandschaft und räumliche Nähe benennen diese Form gesellschaftlicher Differenzierung. Stratifikatorische Differenzierung gliedert die Gesellschaft nach Schichten. "Schichten werden auf der Basis der Ungleichheit der Teilsysteme gebildet, und zwar so, daß die ungleichen Teile durch eine Rangordnung aufeinander bezogen werden. Prinzip der Rangdifferenzierung kann Landbesitz oder sonstiger Wohlstand, politische Herrschaft, Zugang zu Berufen oder anderes sein." (ebd.: 208) Schließlich gliedert funktionale Differenzierung die Gesellschaft in ungleiche Teilsysteme, die sich jeweils primär an einer eigenen spezifischen Funktion orientieren. Eine eigene spezifische Funktion in jedem Teilsystem hat die Fähigkeit, die eigenen Probleme lösen. "Eine Gesellschaft kann als funktional differenziert bezeichnet werden, wenn sie ihre wichtigsten Teilsysteme im Hinblick auf spezifische Probleme bildet, die dann in dem jeweils zuständigen Funktionssystem gelöst werden müssen." (Luhmann 1987: 34) Diese Unterscheidung der primären gesellschaftlichen Differenzierungsmuster ermöglicht in grober historischer Periodeneinteilung die Abfolge von archaischen (segmentär differenzierten), hochkulturellen (stratifikatorisch differenzierten) und modernen (funktional differenzierten) Gesellschaftsystemen abzuleiten. (vgl. Luhmann 1981: 190)

1.2.5. Codes und Programme

In einer funktional differenzierten Gesellschaft treten Codes an die Stelle eines obersten Wertes oder die Stelle von Prinzipien, die als Unterscheidungsregeln, mit deren Hilfe die Grenze zwischen System und Umwelt gezogen wird, fungieren. Mit Hilfe der Codes werden Kommunikationen strukturiert und die Funktionssysteme können präzise unterscheiden, welches systemeigene und welches Operationen in der Umwelt des Systems sind. Nach Luhmann kommt Differenzierung zwischen Syste-

---

Sozialstruktur oder Semantik zu übergreifen und sie gerade deshalb in ihren Funktionen für die Bildung von Systemen analysieren zu können. 5. Differenzierungstheorie kann anschließend an Differenzen in sozialer Kommunikation. Insofern ist sie keine Fremdbeschreibung des Gesellschaftssystems, sondern sie berücksichtigt, daß "Prozesse der Systembildung wesentlich durch Selbstbeschreibungen des Systems mittels Differenzen getragen werden. Das macht deutlich, daß jede Untersuchung über soziale Klassifikationsschemata und differenzierungstheoretische Analysen füreinander unmittelbar relevant sind. 6. Differenzierungstheorie übergreift die in soziologischer Analyse gemeinhin übliche Trennung von Struktur und Prozeß verknüpft werden (Ausdifferenzierung) und welche Strukturen charakteristisch für das zu beschreibende System sind (Differenzierungsform). 7. Differenzierungstheorie ist mit anderen Theorieangeboten in den Sozialwissenschaft kompatible. So geht die Rollentheorie weitgehend in der Differenzierungstheorie auf." (Blöbaum 1994: 78f.; vgl. zum obigen v.a. Stichweh 1988: 46ff.)

[18] "The master trend of differentiation identified the replacement of multifunctional institutions and roles be more specialized units as one of the most theoretically and empirically significant aspects of modern social change." (Colomy 1990: 466f.)

men nicht als Dekomposition einer vorgegebenen Menge von Operationen zustande, sondern als Ausdifferenzierung von Teilsystemen unter der Führung eines Codes innerhalb des Gesellschaftssystems. (vgl. Luhmann 1990: 75-88)

Codes, die immer in Form eines binären Codes auftreten, erlauben den Funktionsystemen, "alle Operationen, die ein solcher Code verwendet, dem dafür zuständigen System zuzuordnen - und dies nicht nur als Belieben eines externen Beobachters [...], sondern als Erkennungsverfahren, als Bedingung der Selbstidentifikation, als Bedingung des autopietischen Operierens des betreffenden Systemselbst." (Luhmann 1990: 26) Entwickelte binäre Codes von einzelnen Funktionssystemen sind: Recht/Unrecht im Rechtssystem, Haben/Nichthaben im Wirtschaftssystem, Sieg/Niederlage im Sportsystem, Gesund/Krank im Gesundheitsystem, Wahr/Unwahr im Wissenschaftssystem sowie Literarisch/Nicht-literarisch im Literatursystem. (vgl. Schmidt 1989: 427ff.)

"Dem Programmbegriff läßt sich der Begriff der Strategie zuordnen. Programme lassen sich als Strategien bezeichnen, wenn und soweit vorgesehen ist, daß sie im Laufe des Vollzugs aus gegebenem Anlaß geändert werden können. Der Vorteil der festen Vorwegselektion wird dann ersetzt durch eine Spezifikation der Informationen, die Anlaß geben können, das Programm in bestimmten Hinsichten zu ändern" (Luhmann 1994: 432). Auf der Ebene von Programmen können die Strukturen des Systems ausgewechselt werden, ohne daß das System seine Identität verliert. Programme erfüllen in sozialen Systemen die Funktion, jene Bedingungen vorzugeben, unter denen die Code-Werte und Ereignisse einander zugeordnet werden. Soziale Systeme sind auf der Code-Ebene geschlossen, auf der Programm-Ebene treten sie als offene Systeme auf. Differenzierung von Codierung und Programmierung ist im Theoriedesign notwendig, um Systeme als geschlossen und offen zugleich, als selbstreferentiell und fremdreferentiell (vgl. Luhmann 1996, 24-31)[19] zu kennzeichnen. "Die Programme sind dagegen vorgegebene Bedingungen für die Richtigkeit der Selektion von Operationen. Sie ermöglichen einerseits eine gewisse 'Konkretisierung' (oder: 'Operationalisierung') der Anforderungen, die an ein Funktionssystem gestellt werden, und müssen andererseits eben deshalb in gewissem Umfange änderbar bleiben." (Luhmann 1986: 91) "Anhand des Codes kann der Journalismus entscheiden, welche Ereignisse in der Umwelt des Systems als relevant behandelt werden sollen. Um Ereignisse dem Code zuordnen zu können, haben Systeme Entscheidungsregeln entwickelt, die in Form von Programmen die Bedingungen für die Einordnung von Kommunikationen angeben." (Blöbaum 1994: 256f.) Dementsprechend geben Programme Entscheidungsregeln an. Als Entscheidungsprogramme und, auf der Ebene von Handlungen, als Handlungsprogramme legen sie fest, wie im System operiert wird. Programme sind veränderbar, auf der Programm-Ebene ist das System mithin lernfähig.

---

[19] "Der Begriff Selbstreferenz bezeichnet die Einheit, die ein Element, ein Prozeß, ein System für sich Selbst ist. »Für sich Selbst ist« heißt, unabhängig vom Zuschnitt der Beobachtung durch andere. Der Begriff definiert nicht nur, er enthält auch eine Sachaussage, denn er behauptet, daß Einheit nur durch eine relationierende Operation zustandekommen kann; daß sie also zustandegebracht werden muß und nicht als Individuum, als Substanz, als Idee der eigenen Operation immer im voraus schon da ist" (Luhmann 1994: 58; vgl. auch 57-70)

Tab.1: Ebenendifferenzierung von Code und Programm in den Funktionssystemen Politik, Recht, Wissenschaft und Journalismus

SYSTEM	MEDIUM	BINÄRER CODE	PROGRAMM
Politik	Macht	Regierung/ Opposition (Oben/Unten)	Politisches Prgramm, Ideologie
Recht	Recht	Recht/Unrecht	Geltende Rechtsnormen
Wissenschaft	Wahrheit	Wahr/Unwahr	Methodologisches Programm, Theorie
Journalismus	Publizistik	Öffentlich/ Nicht öffentlich	Redaktionelle 'Linie'

Quelle: Marcinkowski 1993: 107

1.3. Fazit

Kernpunkte der Theorie sozialer Systeme ist der Ansicht, daß mit deren Hilfe Zusammenhänge zwischen dem gesellschaftlichen Teilsysteme und dem übergreifenden sozialen Gesamtsystem betrachtet werden können, daß die Teilsysteme lediglich als Elemente dieses Ganzen zu verstehen sind. Die zeitliche Entwicklung der allgemeinen Systemtheorie ist von unterschiedlichen Ansätzen geartet: der strukturell-funktionalen Theorie, dem Input/output-Modell sowie der funktional-strukturellen Theorie.

Die strukturell-funktionale Systemtheorie ist gekennzeichnet, daß der Strukturbegriff dem Funktionsbegriff vorgeordnet ist. Ausgangspunkt ist die Annahme, daß alle sozialen Systeme notwendigerweise bestimmte Strukturen aufweisen, und die forschungsleitende Frage ist dann: welche funktionalen Leistungen müssen vom System erbracht werden, damit dieses System mit seinen gegebenen Strukturen erhalten bleibt.

Der besonders von Niklas Luhmann ausgearbeitete funktional-strukturelle Ansatz verschärft die funktionale Analyse zur Frage nach der Funktion von Systemen eigentlich. Die Strukturen nach des funktional-strukturellen Ansatz werden nicht als vorgegebene Bezugsrahmen vorausgesetzt, sondern sollen selbst als Gegenstand der Analyse betrachtet werden. Damit wird in aller Deutlichkeit herausgestellt, daß die Bildung eines System die Auseinandersetzung des Systems mit seiner Umwelt umfasst. Das System der funktional-strukturellen Systemtheorie konstituiert sich aus der Differenz zu einer komplexen Umwelt. Systemtheorie in dieser funktionalen Perspektiven muß notwendigerweise System-Umwelt-Theorie sein; denn die Funktion von Systembildung läßt sich nur rekonstruieren, wenn der Bezugspunkt der Analyse außerhalb des Systems selbst liegt, und zwar im Verhältnis zwischen dem System und seiner Umwelt. Damit liegt das Schwergewicht der Theoriebildung nun nicht mehr auf den einzelnen Faktoren, sondern den Relationen.

Mit dem funktional-strukturelle Ansatz wird die analytische Kapazität der Systemtheorie ganz wesentlich hinaufsetzt; denn zum ersten Mal die Umwelt wird nicht nur als bedingender, sondern als konstitutiver Faktor der Systembildung betrachtet. Systeme haben überhaupt nur ihren Sinn durch die Abgrenzung von einer nichtdazugehörigen Umwelt. Der Systembegriff dieser entwickelten Systemtheorie meint nicht mehr nur ein Netz von Beziehungen, die Teile zu einem Ganzen zusammenordnen; sondern er zielt auf eine sinnhaft strukturierte Transformation von Komplexitäten, auf die Auseinnandersetzung des Systems mit seiner Umwelt.

In der Systemtheorie werden System, Umwelt, Selbstreferentialität, Selbstorganisation, Kommunikation und Handlung, Code und Programm u.a. als wichtige Grundbegriffe aufgenommen.

2. Publizistikwissenschaftliche Annäherung

2.1. Systemtheoretische Massenkommunikationsansätze

Diejenigen theoretischen Erklärungsversuche anglo-amerikanischer Kommunikationsforscher, durch die Lasswell-Formel repräsentiert werden, legen ihren Schwerpunkt auf solche Theorien, die versuchen, publizistische bzw. Massenkommunikation theoretisch bzw. modellhaft darzustellen und zu erklären. Obwohl sie zur Entwicklung theoretischer Modelle beigetragen haben, wurden die Leistungen der anglo-amerikanischen Publizistik- und Kommunikationswissenschaft Zielscheibe der Kritik. Sie betrachten aktuell beobachtbare Phänomene und Prozesse als von ihrer Umwelt isolierte Elemente und sie mißachten entscheidende Zusammenhänge ihres Forschungsgegenstandes. Selten werden Rollenebene, Organisationsebene und Systemebene miteinander in Beziehung gesetzt. Sehr selten sind in der Journalismusforschung Modelle, die die Genese und Entwicklung von Rollen, Organisationen (Systemstrukturen) und Beziehungen zwischen Journalismus und Gesellschaft sowie zwischen Journalismus und Funktionssystem (Funktion und Leistungen) berücksichtigen.

In jüngster Zeit gab es eine Reihe von Versuchen, eine funktionale Analyse des Journalismus (bzw. der 'Publizistik' oder der 'Massenmedien') unter der Nutzung neuerer systemtheoretischer Ansätze weiterzuentwickeln und so für die empirische Forschung zugänglich zu machen. Journalismus als System zu beschrieben heißt, die spezifische Funktion des Journalismus in der Gesellschaft zu identifizieren sowie jene Leistungen zu benennen, die Journalismus für andere Teilsysteme erbringt, die dadurch in ihren Vollzügen entlastet werden. "Das soziale System 'Journalismus' stellt Themen für die Medienkommunikation zur Verfügung, die Neuigkeitswert und Faktizität besitzen und an sozial verbindliche Wirklichkeitsmodelle gebunden sind. Zu den Funktionen dieses Systems gehört somit, den Menschen Erlebnis- und Erfahrungsmöglichkeiten zu vermitteln. Als weitere mögliche Funktionen sind die Befriedigung von Bedürfnissen nach sozialer Teilhabe und Unterhaltung, Kritik und Kontrolle, Bildung und Erziehung zu nennen." (Weischenberg / Hienzsch 1991: 54) Es wird betont, daß Journalismus ein Funktionssystem der Gesellschaft ist, daß "es sich bei einem sozialen System nicht um einen Weltsachverhalt handelt, sondern um 'ein theoretisches Konstrukt, ein Beobachterinstrument, das nach seiner wissenschaftlichen Brauchbarkeit (seiner Problemlösungskompetenz) und nicht nach seiner Wirklichkeitsadäquatheit beurteilt werden muß." (Blöbaum 1994: 256)

Unter den älteren systemtheoretischen Ansätzen war vor allem die strukturfunktionalistische Systemtheorie von Merten und Parsons einflußreich. "Sie führte zu der Frage nach dem funktionalen Beitrag von Massenkommunikation für Bestandserhaltung und Regulierung sozialer Systeme und letztlich zu den bis heute immer wieder variierten Taxonomien von Medienfunktionen, die als mehr oder weniger systemnotwendig für das 'normale' Funktionieren moderner demokratischer Gesellschaften bezeichnet worden sind." (Marcinkowski 1993: 21) Ebenso läßt sich das wichtigste kommunikationswissenschaftliche Ergebnis der kybernetischen Systemtheorie als der Theorie der kommunikationalen Regelung von und in Systemen in der Übernahme und Adaption des Rückkoppelungskonzepts sehen. Dies hat viele Input/Output-Analysen angeregt, einiges zur Zerstörung der Lasswell-Formel "Who says What in

Which Channel to Whom With What Effect?" als prozessualem Orientierungsmodell der Kommunikationswissenschaft beigetragen und unter anderem auch den Blick für die institutionelle Bedeutung der Publikumsforschung geschärft. Riley und Riley hatten bereits im Jahr 1959 den Gedanken angeregt, daß "der einzelne Kommunikator als Bestandteil eines umfassenderen sozialen Systems verstanden werden muß und journalistisches Handeln insofern nur im Rahmen dieser systemischen Bezüge adäquat zu analysieren ist." (vgl. Riley / Riley 1959: 537-538; zit. aus Marcinkowski 1993: 21) Mit der Betonung der Wechselseitigkeit des kommunikativen Prozesses zwischen Kommunikator und Rezipient weisen Riley / Riley ebenfalls explizit auf die Rückkopplung hin. Im kybernetischen Denken organisiert sich der kommunikative Prozeß jedenfalls in zwei Subsystemen, zwei eigenständigen größeren sozialen Strukturen, die jeweils von Kommunikator und Primärgruppen bzw. Rezipient und Primärgruppen gebildet werden.

In der Kommunikationswissenschaft hat die funktional-strukturelle Systemtheorie eine andere Wendung genommen. Insofern: verschiebt sich die Perspektive, der Akzent von der strukturfunktionalen auf die funktional-strukturelle, ist die Kommunikationswissenschaft vorwiegend nur Übernahme der Formel von der Reduktion von Umweltkomplexität durch (Medien-) Kommunikation. Analysen, die wie diejenigen von De Fleur / Ball-Rokeach (1982) oder Wright (1964) von bestehenden Strukturen als verfestigten gesellschaftlichen Problemlösungen ausgehen und den funktionalen bzw. dysfunktionalen Beitrag der von diesen veranlaßten Prozesse an der Lösung und Schaffung gesellschaftlicher Probleme ermitteln, lassen die Einflußfähigkeit der funktional-strukturellen Systemtheorie auf der Kommunikationswissenschaft-nutzbringend beobachten.

In der Zeitungskunde, Zeitungswissenschaft, Publizistik, der Kommunikationswissenschaft und Journalistik werden systemtheoretische Ansätze als Erklärungsinstrument unter sehr verschiedenen Aspekten verwendet, um publizistische Phänomene in ihrem Bereich erklären zu können. Auf einen frühen Vertreter funktionalen Denkens in der Zeitungskunde, den 1888 geborenen Alfred Peters, hat Manfred Rühl aufmerksam gemacht. (vgl. Peters 1930) In der Einleitung zu einem Einführungsbuch zur Publizistik- und Kommunikationswissenschaft stellt Langenbucher fest: "Eine typische [...] Basistheorie ist bei vielen Kommunikationswissenschaftlern heute die Systemtheorie." (Langenbucher 1986: 5) Und Faulstich kommt in einem Überblick über "Medientheorien" zu dem Schluß: "Systemtheoretische Medientheorien müssen heute als die wohl zukunftsträchtigsten Beiträge und eigentlichen Nachfolger der Einzelmedientheorien besondere Beachtung erfahren." (Faulstich 1991: 152) Nach Saxer hat der Historiker Wolfgang Riepl bereits Anfang dieses Jahrhundert "*den Systemzusammenhang zwischen Medien* im Original" (Saxer 1992: 97) erkannt.

Im Laufe der publizistik- und kommunikationswissenschaftlichen Theorienbildung setzt das Systemdenken auch voraus, daß publizistische Kommunikation als gesellschaftliches Phänomen und als gesamtgesellschaftliche Notwendigkeit zu erkennen ist. Systemtheoretische Denkansätze, insbesondere der funktional-strukturelle Ansatz, werden daher auch als Theorien sozialer Bedürfnisse gesehen. Im funktionalpublizistischen Ansatz nach Prakke und im massenkommunikativen Ansatz nach

Maletzke ist funktional-strukturelles Systemdenken enthalten.[20]

Daß der Journalismus seinen Schwerpunkt auf systemtheoretische Ideen legt, ist zum Teil darin begründet, daß innerhalb der Kommunikationsforschung zunächst die Massenkommunikation im Vordergrund des Interesses stand. Daher werden die Systemkonzeptionen bevorzugt zur Analyse von Massenkommunikationen herangezogen. Gleichzeitig sind jedoch auch Anstrengungen zu beobachten, systemtheoretisches Gedankengut über den Bereich der Massenkommunikation hinaus für die Analyse von Kommunikationsprozessen fruchtbar zu machen.[21]

Das soziale System Journalismus wird durch Faktoren bestimmt, die sich in folgende Fragen fassen lassen (Weischenberg / Hienzsch 1991: 55):

- Welche Gesamtbedingungen schafft das Mediensystem?
- Welche spezifischen Zwänge gehen von den Medieninstitutionen aus?
- In welchem Leistungs- und Wirkungszusammenhang stehen die Medienaus sagen?

---

[20] Die besondere Leistung des funktionalpublizistischen Ansatzes Prakkes liegt darin, daß publizistische Kommunikation als gesellschaftliches Phänomen und als gesamtgesellschaftliche Notwendigkeit erkannt zu haben. Der funktionalpublizistische Modell stellt die publizistischen Funktionen heraus, die wir folgt charakterisiert werden: Publizistik als Funktion bedeutet nicht Aussage, sondern Kommunikation; nicht Aussageträger, sondern Kommunikation; nicht Aussageempfänger, sondern Rezipient; nicht Öffentlichkeit, sondern Soziales System, nicht Empfangsbereitschaft des Publikums, sondern Reaktion und Inspiration durch das Publikum, nicht publizistische Ziele des 'Senders', sondern publizistische Funktionen zwischen Rezipient und Kommunikator ; nicht Führung und Leistung des Publikums, sondern Spiegelung und Prägung gesellschaftlicher Bedürfnisse ; nicht öffentliche Aufgabe, sondern Erwartungsorientierung ; nicht Struktur, sondern System ; nicht publizistisches Handeln des 'Senders', sondern kommunikatives Verhalten durch Rezipient und Kommunikator. Die funktionale Publizistik hat wesentlich zu einem sozialwissenschaftlich ausgeprägten Selbstverständnis der Publizistik- und Kommunikationswissenschaft geführt. Dazu vgl. Henk Prakke (1960, 1964 und 1968); Im massenkommunikativen Ansatz Maletzkes sind tragende Elemente demzufolge: Massenkommunkation integriert in ein gesellschaftliches, vielschichtiges Beziehungsgeflecht und Massenkommunkation erfaßt in ihrer gesellschaftlichen Erscheinung und Ausprägung sind relativ wertneutral und konkret. Der Rezipient wird verstanden als Persönlichkeit mit eigenem Selbstbild, aber in einem vielschichtigen sozialen Beziehungsgeflecht und vor allem als Glied des diversen Publikums. Der Kommunikator wird ebenfalls als Persönlichkeit gesehen innerhalb eines sozialen Beziehungsgeflechts, vor allem aber auch unter den Zwängen in Team einer Redaktion, den Zwängen der Redaktion innerhalb der Medieninstitution sowie unter dem Zwang der Öffentlichkeit. Dazu vgl. Maletzke (1972 und 1988) und Merten (1977)

[21] Ausgangspunkt der bisherigen Forschungen, die auf der Makro-Ebene das Verhältnis von Journalismus und Gesellschaft untersuchen, ist vorwiegend eine normative Argumentation, nach der den Massenmedien demokratietheoretisch eine Funktion zugeordnet wird. Journalistische Leistungen werden danach beurteilt, ob sie die zugemessenen Aufgaben erfüllen. Journalismus wird in diesen Untersuchungen meist auf das politische System bezogen. Dort werden die Bindungen und Normen für journalistisches Handeln formuliert. Typisch für diese Argumentationsfigur ist der Ausdruck 'Wächterfunktion der Presse' oder die Vorstellung von der Presse als 'Vierter Gewalt'. Nur selten wird ein konsistenter Rahmen entwickelt, der die Ebene von Gesellschaft und Journalismus ebenso umfaßt wie beobachtbares journalistisches Handeln. Um Journalismus in Beziehung zu Gesellschaft zu setzen als auch einzelne journalistische Leistungen zu identifizieren, entwickelt Max Weber auf dem ersten Deutschen Soziologentag 1910 einen Orientierungsrahmen, in dem die Massenmedien normativ an ihren Leistungen für die Demokratie gemessen werden können. Dazu vgl. Weber (1911) und Arnulf (1988).

• Welche Merkmale und Einstellungen der Produzenten besitzen bei der Aussagenentstehung eine Bedeutung?

Eine systemtheoretische Orientierung eröffnet noch andere Chancen für eine Journalismustheorie. Statt Definitionen, die Journalismus nur als das Handeln von Journalistenketten verstehen und sich auf Werte beziehen, ermöglicht es der funktionalistische Ansatz, Funktion, Leistungen und Strukturen zu identifizieren. Der funktionale Versuch und die Systemtheorie stellen theoretische Ansätze dar, von deren Gesichtspunkten Zusammenhänge zwischen dem gesellschaftlichen Teilsystem Massenkommunkation und dem übergreifenden sozialen Gesamtsystem analysiert werden können.

"Das Gros der deutschsprachigen Adepten systemtheoretischen Gedankenguts hat zweierlei gemein : Es bezieht sich zum einen auf Luhmanns Arbeiten und zum anderen verhandelt es Fragen der Interdependenzen von Mediensystem und politischem System." (Gehrke / Hohlfeld 1995: 219) Innerhalb des deutschen Sprachraum beschäftigen sich **Franz Ronnerberger**, **Ulrich Saxer**, **Siegfried Weischenberg**, **Hans Mathias Kepplinger**, **Klaus Merten** und vor allem **Manfred Rühl** mit der systemtheoretischen Annäherung für die Erklärung des Journalismus. Die führenden Systemtheoretiker haben aber ihrerseits nur geringe Beiträge zum Massenkommunikationssystem geleistet. Die Weiterentwicklung systemtheoretischer Ansätze der Medienanalyse gilt demsprechend aus heutiger Sicht noch vielfach als Zukunftsaufgabe der theoretisch orientierten Forschung. (vgl. Faulstich 1991: 152)

2.2. Der Funktionalismus in der Massenkommunikationsforschung

2.2.1. Die Zeitungsredaktion als soziales System bei Manfred Rühl

Bezüglich systemtheoretischer Ansätze im Bereich Publizistik soll vor allem eine Person erwähnt werden, die den Systemcharakter großer publizistischer Felder hervorgehoben hat. Bereits im Jahr 1969 erschien die erste deutschsprachige Untersuchung, die auf komplexere systemtheoretische Konzepte zur Analyse publizistischen Handelns zurückgriff und dabei den damaligen Stand der Journalismusforschung revolutionierte. Manfred Rühl verwendet das Systemmodells nach den theoretischen Ansätzen der funktional-strukturellen Systemtheorie von Luhmann. Seine Betrachtung begann mit dem Denkansatz, daß es in der bisherige publizistik- bzw. zeitungswissenschaftliche Literatur über die Redaktion offenbar nicht darum geht, Funktionen und Strukturen zu erfassen, sondern sich um die Darlegung der Aufgaben und der Verantwortung der in ihr Tätigen bemüht. Er betrachtet das System Zeitungsredaktion als Leistungseinheit, "so sichert es, ganz allgemein, seinen Bestand in der vielfältigen Umwelt durch die Reduktion der Komplexität und Veränderlichkeit dieser Umwelt. Die Redaktion vereinfacht sie, sie reduziert die Umwelt auf Ausmaße, die ein sinnvolles Reagieren auf die Umweltereignisse ermöglicht. Jeder sinnvollen Handlung des Systems geht ein Prozeß der Vereinfachung der Umwelt voraus. [...] Die Basis für diese Selektion von Informationen und Handlungen und somit für die Erhaltung der Grenzen des Systems bildet seine Struktur." (Rühl 1969b: 38) Als wichtigste Funktion formuliert Rühl unter Anlehnung an Luhmann: "Die besondere Leistung und die besondere Wirkung des Journalismus, durch die sich sein Handeln von anderen Sozialsystemen unterscheidet, besteht in der Ausrichtung auf die Herstellung und Bereitstellung von Themen zur öffentlichen Kommunikation." (Rühl 1980: 322f.) Er sieht Journalismus als soziales Teilsystem innerhalb eines umfassenden Gesellschaftssystems und er nennt als Primärfunktion des modernen Journalismus die Herstellung und Bereitstellung von Themen zur öffentlichen Kommunikation. Um diese Funktion erfüllen zu können, hat der Journalismus eine Reihe von Strukturen aufgebaut, die es ihm erlauben, Umweltkomplexität zu verarbeiten. Durch seine gesellschaftliche Primärfunktion reduziert der Journalismus die Turbulenz und den vielfältigen Wandel in der Welt auf eine relevante Unsicherheit. Durch den Journalismus werden bestimmte Ereignisse aus aller Welt zu konkreten Mitteilungen selektiert und thematisiert. Es werden von ihm gleichzeitig die aktuellen Themen der öffentlichen Kommunikation begrenzt und vorstrukturiert. "Journalismus konstituiert in konkreten sozialen Situationen eine symbolische Wirklichkeit durch die kontinuierliche Thematisierung bestimmter Ereignisse. Mit dieser Primärfunktion wird Journalismus 'gesellschaftsfähig' in dem Sinne, als moderne Gesellschaftsordnungen zunehmend erkennen und anerkennen, daß für ihr Leben und Überleben journalistische Leistungen und Wirkungen unentbehrlich geworden sind." (ebd.: 325) Journalistische Thematisierung ist weltgesellschaftlich orientiert, jedoch auf ein bestimmtes Gesellschaftssystem gerichteter Kommunikationsprozeß, für seine Einzelleistungen, aber nicht durch einseitige politische, wirtschaftliche, weltanschauliche oder ideologische Umwelteinflüsse determiniert. "Eine rigide Einengung des journalistischen Kommunikationsraums hat in jedem Falle langfristige Folgen für die Gesamtgesellschaft. Journalismus ist für sie kein Luxusartikel, sondern er stellt durch seine Funktionen für entwickelte Gesellschaftsordnungen längst ein Überlebensproblem dar. Das wird von modernen Gesellschaften auch erkannt und anerkannt." (ebd.: 343) Durch seine Primärfunktion verfügt Journalismus über die Möglichkeit der Ausdifferenzierung und der Selbststeuerung im Rahmen der Gesellschaft.

Der Prozeß journalistischer Primärfunktion wird jedoch in modernen Sozialordnungen in der Regel organisatorisch geleistet, d.h. durch organisierte Sozialsysteme von intern meist hochkomplexen Strukturen. Als die für Journalismus heute üblichen Organisationsformen zählt Rühl Redaktion und Ressorts von Tageszeitungen, Nachrichtenagenturen, Wochenzeitungen, Magazinen, Zeitschriften sowie Hauptabteilungen und Abteilungen von Rundfunkanstalten auf. Ihrem Organisationszweck ist gemeinsam, die Varietät und Komplexität der ereignishaften Welt für die Weltgesellschaft zu verarbeiten und die überwiegend gesellschaftlichen Dauerprobleme zu lösen. Er behauptet, daß die Zeitungsredaktion als ein organisiertes soziales System untersucht werden sollte. Ein solches Vorhaben bedeutet: "Redaktionelles Handeln als Herstellen von Zeitungen in einem industriell hochentwickelten Gesellschaftssystem erfolgt nicht nur durch einige Nachrichten sammelnde, redigierende und schreibende Redakteure, sondern vollzieht sich vielmehr als ein durchrationalisierter Produktionsprozeß in nicht minder rationalisierten und differenzierten Organisationen." (Rühl 1969b: 13) Die Redakteure, die als Rollenträger im System Zeitungsredaktion handeln, handeln durch Rollen und ihre journalistische Tätigkeit besteht aus einer Struktur von Erwartungen, aus einer elementaren Ordnungsform sozialen Zusammenlebens, in die der einzelne durch sein Rollenverhalten nur partial einbezogen ist. Rühl rechnet zur Umwelt des Systems Zeitungsredaktion die Informatoren, das Publikum, die anderen Massenkommunikationsmittel, das Verlagsunternehmen mit seinen Unterabteilungen[22], das Personal der Redaktion und das Presserecht.[23] "Informationen, die durch Informatoren oder das Publikum auf die Redaktion eindringen, werden gefiltert, geprüft, und es wird entschieden, ob und wie sie ihren Niederschlag in der Zeitung finden. Die Redaktion kontrolliert durch ihre Ressorts, daß persönliche Anliegen von Mitgliedern zurückgedrängt oder ausgeschaltet werden. Die Umweltsphären Verlagsunternehmen, die anderen Massenmedien oder das Presserecht stellen für die Redaktion Orientierungshorizonte und Einflußquellen dar, ohne daß sie sich jedoch vorbehaltlos deren Interessen ausliefert." (ebd.: 149). Umwelt sind für ihn nicht nur andere soziale Systeme oder einfache Aktionen und Interaktionen außerhalb der Redaktion, sondern auch die private Sphäre der Redakteure, denn zum System Redaktion gehören die Redakteure allein mit ihrer Mitgliedschaftsrolle und ihren Arbeits- und ihren informalen Rollen, soweit sie sich auf die Mitgliedschaft beziehen. Bei dieser Umweltbezogenheit der Redaktion um unterschiedlich starke Einflußmöglichkeiten und um verschiedenartig intensive Orientierungsweisen erweist sich als Primäres das Verhältnis zwischen Redaktion und Verlagsunternehmen, also in bezug auf alle Aktionen und Interaktionen, die zum geschäftlichen Bereich, aber auch zur Technik und zum Anzeigenwesen gerechnet werden müssen.[24] Nicht deduktiv von einer Idee der Zeitungsredaktion, sondern aus den empirischen Befunden im Wege der Hypothesenbildung leitet er die Kriterien der Mitgliedschaftrolle der Redakteure ab: Zustimmung zu den Redaktionszwecken, Anerkennung der Redaktionsleitung, Informationsverarbeitung nach dem Entscheidungsprogramm der Redaktion, Identifizierung mit der Redaktion, Ausschluß der Mitarbeit bei Konkurrenzmedien, Wahrung der redaktionellen Diskretion, Orientierung am relevanten Recht. Zusammenfassend gesagt: Der Journalismus als soziales System nimmt im Rahmen der funktionalen Arbeitsteilung in der modernen Gesellschaft vor allem eine Funktion wahr, "aktuelles Wissen aus den diversen sozialen Systemen (Umwelt) zu sammeln, auszuwählen, zu bearbeiten und dann diesen sozialen Systemen (Umwelt) wieder zur Verfügung zu stellen. Dies geschieht mit den ökonomischen, organisatorischen und technischen Mitteln der modernen Massenmedien. Dabei wird aber nicht die Welt abfotografiert, sondern jeweils ein Entwurf der Welt geliefert bzw. ein Weltbild neu konstruiert. Journalisten - auch Fotoreporter - sind in diesem Sinne keine Fotografen, sondern Konstrukteure." (Weischenberg / Hienzsch 1991: 54)

---

[22] Als ein weiteres Subsystem des redaktionellen Umweltsbereichs Verlagsunternehmen sieht er die Anzeigenabteilung, die Technologie und das Redaktionsarchiv.

[23] Zu den Grenzbeziehungen zwischen Journalismus und gesellschaftlicher Umwelt vgl. Rühl (1980: 345-394) und zur Umwelt des Systems Zeitungsredaktion vgl. Rühl (1969b: 109-150).

[24] Es ist umstritten, ob Massenmedien eine Organisation nach dem Gemeinwohl oder nach dem unternehmerischen Gewinn sind. Die Wissenschaftler, die Messenmedien als ein Unternehmen betrachten, stehen auf dem Standpunkt, daß das Motiv aller Aktionen der Massenmedien schließlich der Gewinn ist. Die in der Publizistik- und Zeitungswissenschaft herkömmlich behandelte Differenzierung des Zeitungsunternehmens gewinnt dadurch eine weitere Dimension wissenschaftlicher Erklärungsmöglichkeit.

2.2.2. Die Struktur des Journalismus bei Siegfried Weischenberg

Um die Fragen, die Journalismus definieren und zu einer Systematik führen können, zu beantworten, müssen die Normen, Strukturen, Funktionen und Rollen des Journalismus angesprochen werden, die jeweils definieren sollen, was Journalismus ist. Zur Veranschaulichung der Elemente des Journalismus kann die Zwiebel-Metapher von Weischenberg ein guter Hinweis sein. Die Schalen dieser Zwiebel stehen jeweils für die Faktoren, welche die Aussagenentstehung beeinflussen. Ihre Zuordnung zeigt die Hierarchie der Einflüsse und damit ihre unterschiedliche Verbindlichkeit. Anders ausgedrückt, berücksichtigt das Modell Weischenbergs, daß die Einflußfaktoren das System Journalismus systematisieren sollen.

Die äußere Schale repräsentieren die Normen, die den Journalismus umschließen: “die sozialen Rahmenbedingungen, die historischen und rechtlichen Grundlagen, die Maßnahmen der Kommunkationspolitik sowie die weniger formalisierten professionellen und ethischen Standards für die journalistische Berufstätigkeit.” (Weischenberg 1992: 69)

Die nächste Schale steht für die Strukturzusammenhänge des Journalismus. “Damit sind die Zwänge der Medieninstitutionen gemeint, in denen Journalismus zustande kommt: die – Journalisten ihr Material, und in welche Abhängigkeiten begeben sie sich gegenüber ihren Informationsquellen? Welchen Mustern folgt die Berichterstattung, welche Darstellungsformen werden wann und wie von den Journalisten verwendet? Welche Konsequenzen hat das, was Medien, was Journalisten produzieren? Eine zentrale Frage in Zusammenhang mit den journalistischen Leistungen betrifft schließlich die Effekte von Medienangeboten für Meinungen, Einstellungen und Handlungen des Medienpublikums und ihre Rückwirkungen auf die Kommunikatoren.” (Weischenberg / Hienzsch 1991: 55)

Die vierte Schale steht für die Medienakteure, Journalisten und ihre Rollenzusammenhänge. “Letztlich autonom bei ihren Wirklichkeitskonstruktionen, sind sie doch eingeschlossen in Normen-, Struktur- und Funktionszusammenhänge, die ihr Handeln bis zu einem gewissen Grade vorprägen. Journalistisches Handeln spielt sich unter den Bedingungen moderner Medienkommunikation stets in einem festen Rahmen ab, der auf historisch gewachsenen Bedingungen beruht. Themen sind bei der Beschäftigung mit den Medienakteuren, ihren Rollenstereotypen und Beziehungsmustern, ihren Merkmalen und Einstellungen und schließlich die Professionalisierung und Sozialisation der journalistischen Berufsgruppe.” (Weischenberg 1992: 62f.)

Nach Weischenberg strukturiert Journalismus, der durch die Rangordnung und Interdependenz dieser vielfältigen Faktoren zustande kommt, ein eigenes Genre, das nach seinen Bedingungen und Regeln Wirklichkeitsentwürfe liefert. Diese Bedingungen und Regeln zu rekonstruieren und durchschaubar zu machen gehört zu den Aufgaben der Journalistik. Aufgabe der Journalistik ist es aber auch, Regeln für guten Journalismus zu formulieren, zu begründen und zu vermitteln.

2.2.3. Die Publizistik als autopoietisches System bei Frank Marcinkowski

Frank Marcinkowski hat sich in seiner Studie über Publizistik als autopoietisches System die Aufgabe gestellt, die zentrale gesellschaftstheoretische Hypothese der Theorie selbstreferentieller Systeme auf dem Feld des Massenkommunikationssystems durchzusetzen. Marcinkowski hat die Diskussion um das Verhältnis zwischen politischen System und den Massenmedien neu angeregt. Er benutzt das Instrumentarium der funktional-strukturellen Systemtheorie, um das Massenkommunikationssystem (das publizistische System) als einen funktional spezialisierten und operativ geschlossenen Funktionsbereich der Gesellschaft zu beschreiben . Sein Buch setzt sich aus drei Teilen zusammen. Im ersten Teil seiner Arbeit geht es um die Hauptrichtungen systemtheoretischer Massenkommunikationsanalyse als theoretisches Fundament. Im zweiten Teil der Arbeit versucht Marcinkowski eine exemplarische Untersuchung des Verhältnisses von Politik und Publizistik am Beispiel des Rundfunks. Marcinkowski begreift mit Luhmann soziale Systeme als Kommunikationssysteme und nicht als Handlungssysteme. Systeme bestehen danach aus nichts anderem als aus Kommunikationen. In einer sehr abstrakten Verwendung bedeutet Kommunikation die Weitergabe von aktuellen Sinninhalten mittels unterschiedlicher Instrumente (Medien). Dadurch, daß sich Kommunika tionsbereiche verselbständigen, kommt es also zur Systembildung. (vgl. Marcinkowski 1993: 47) Marcinkowski wendet sich der besonderen Funktion des publizistischen Systems seine Aufmerksamkeit zu. Nach ihm besteht die Funktion nicht in der Herstellung von Themen für öffentliche Kommunikation, sondern in der Publikation von Themen. "Erst die Ausstattung von Themen mit Publizität, also die Verwendung der Unterscheidung von öffentlich und nicht öffentlich, stellt eine teilsystemische Besonderheit dar. Die 'systematische', operative Verwendung dieser Unterscheidung für gesellschaftliche Kommunikation etabliert eine spezifische System/Umwelt-Differenz und kenn zeichnet insofern den Ausgangspunkt der Herausbildung eines publizistischen Systems." (ebd.: 53)

Abb. 2: Modell zur Identifikation von Journalismus-Systemen

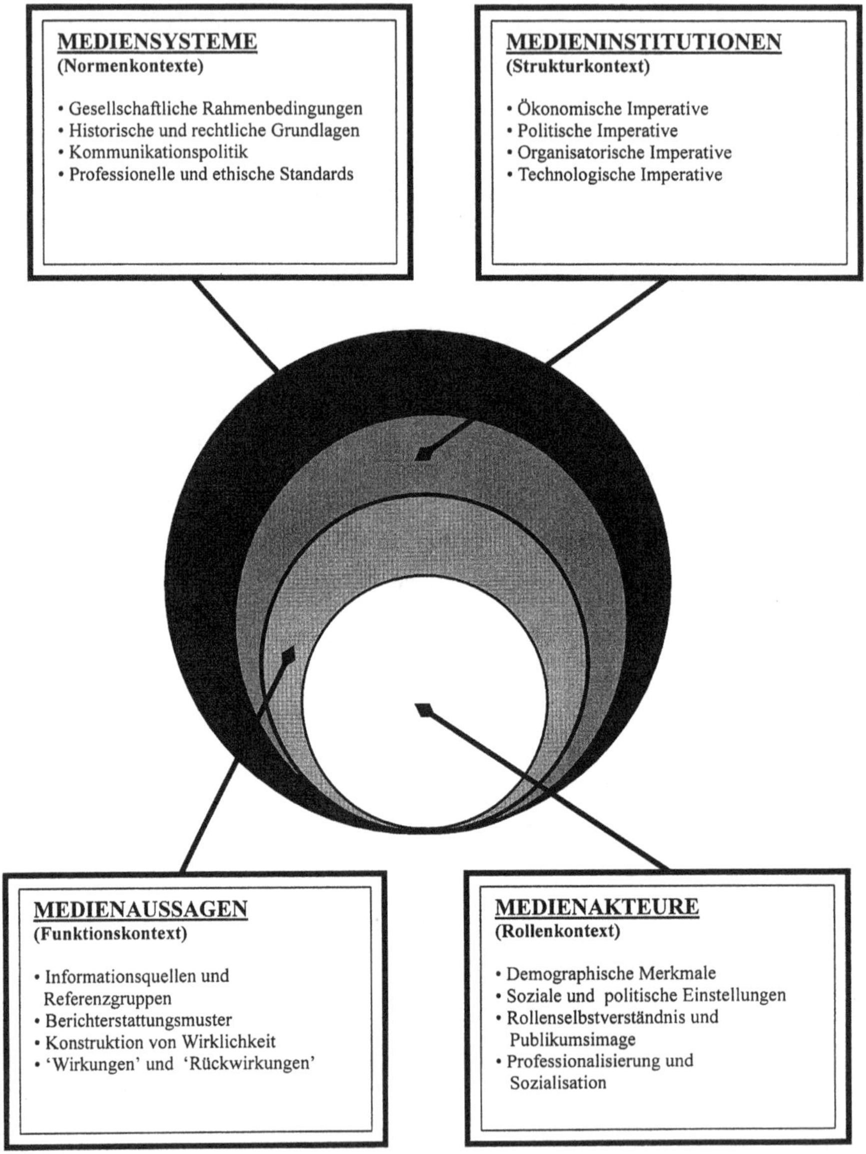

Quelle: Weischenberg 1992: 68

Als symbolisch generalisiertes Kommunikationsmedium des publizistischen Systems schafft Publizität für das publizitische System thematisch geformte und gebündelte Aufmerksamkeit (bei hoher zugeschriebener Glaubwürdigkeit) und unterscheidet zwischen (potentiell) bekannten und unbekannten Sachverhalten. Mit der Frage von Entstehung, binärer Codierung und Systemgrenzen der Publizistik, wendet er sich binären Binnendifferenzierung des publizistischen Systems zu. Für ihn gehören nicht nur die Absender (Journalismus), sondern auch die Empfänger (Publikum) zum System. Mit diesem Verständnis beschreibt sich die zirkulär-geschlossene Operationsweise des Gesamtsystems wie folgt : "Publizistik ist selbstreferentiell, weil sich ihre Operationen und Prozesse auf sich selbst beziehen, also redaktionelle Entscheidungsprämissen des Journalismus auf Erwartungsstrukturen des Publikums und diese wiederum rekursiv auf erwartbare publizistische Outputs bezogen sind. Selbstreferenz auf der Ebende von Strukturen ist Selbstorganisation bzw. Selbststeuerung. [...] Publizistik ist schließlich selbstreproduktiv (autopoietisch), wenn und insoweit sie die Elemente des Systems (Veröffentlichungen) ausschließlich mit den Mitteln des Systems, Entscheidungsprogramme und materielle Ressourcen (Form) einerseits, ungerichtete Aufmerksamkeit (Medium) andererseits, unter operativer Verwendung einer Selbstbeschreibung (Publikumsforschung) im System produziert und rekursiv miteinander verknüpft (neue Veröffentlichungen im Anschluß an erfolgreiche Veröffentlichungen produziert."[25] (ebd.: 149) Auf diese Weise stabilisiert sich das System nicht nur selbst, es modifiziert sich auch, und zwar in sachlicher, zeitlicher und sozialer Hinsicht. Nachdem Marcinkowski im ersten Teil der Arbeit die systematische Modellierung von Publizistik vorgenommen hat, versucht er im zweiten Teil, die aus seinem theoretischen Ansatz resultierenden Konsequenzen für medienpolitische Steuerungsversuche zu ziehen. Er begreift, daß beispielsweise Gesetze beabsichtigte Wirkungen in anderen Teilsystemen erzielen können. Er beschränkt sich dabei auf den Rundfunk, den er als Subsystem der Publizistik einführt. Bei ihm hat der Rundfunk eine besondere Bedeutung hinsichtlich seiner Nutzung, der ihm zugeschriebenen Glaubwürdigkeit und seiner dynamischen Entwicklung. Marcinkowski spricht von einer "jahrzehntelangen, schleichenden Integration des Rundfunks in die politisch-administrative Funktionslogik" (ebd.: 156), die erst mit der Einführung

[25] Die Theorieentwicklung in der Wirkungsforschung, insbesondere die Entwicklung der Ausgangsfrage "Was machen die Medien mit den Zuschauern?" zu der ergänzenden Fragestellung "was machen die Zuschauer mit den Medien", kann als Hinweis auf einen notwendigen Paradigmenwechsel in der theoretischen Modellierung des Massenkmmunikationsprozesse gelesen werden. Mit solcher Entwicklung der Medienwirkungsmodelle betrachtet Marcinkowski das Publikum als innere Umwelt des Journalismus. Die duale Binnendifferenzierung des Systems unterscheidet zwischen Leistungslieferanten und -abnehmern. In publizistischen Systemen stehen sich insofern formal organisierte Handlungssphären in Form professioneller Institutionensysteme (als 'Journalismus' bezeichnet) und als deren innere Umwelt eine Sphäre unorganisierter Komplexität (als 'potentielles Publikum' bezeichnet) gegenüber. Publizistik ist selbstorganisierend/selbststeuernd, wenn und insoweit im Zuge dieser zirkulären systeminternen Kommunikationsprozesse wechselseitig Erwartungsstrukturen verändert werden, sei es, daß sich die Erwartungen des Publikums aufgrund zuvor erfahrener oder neu zu lernender Themenselektion ändern, sei es umgekehrt, daß redaktionelle Entscheidungsprämissen an beobachtbare Veränderung der Aufmerksamkeitswerte des potentiellen Publikums angefaßt werden. Zum weiteren Verständnis vgl. Marcinkowski 1993: 78-98.

des privatkommerziellen Rundfunks unterbrochen werden konnte. Die partielle Deregulierung des Rundfunksystems begreift er als einen Prozeß der Systemdifferenzierung, die Verselbständigung des Rundfunks zu beschleunigen: "1. Die Leistung- und Funktionsexpansion des freigesetzten Rundfunks geht weit über das zuvor von interessierter Seite intendierte Maß hinaus. Sie ist insoweit das Ergebnis selbstreferentiellen und ausschließlich systemrationalen Operierens, nicht etwa das gewünschte Resultat gezielter Steuerung durch relevante Umweltsysteme. 2. Der selbstreferentielle Publikationsprozeß ist in einem expandierenden und differenzierten Rundfunksystem nur wesentlich schwerer (politisch, rechtlich, ökonomisch) zu kontrollieren und zu regulieren als der vormals öffentlich-rechtlich Monopolrundfunk mit seiner quasi-etatistischen Einbindung in zentrale Staatsfunktionen und parteipolitische Eigeninteressen." (ebd.: 165f.)

Mit der Einführung privat-kommerziellen Rundfunks sind jetzt 'zwei strukturell eigenständige Subsysteme mit je spezifischer Systemrationalität' entstanden. Marcinkowski differenziert die Struktur nach innerer Funktionslogik, Organisationsform und Finanzierungsmodus :

> "· an der inneren Funktionslogik, die durch die Unterscheidung von öffentlichem Programmauftrag und Gewinnerzielungsinteresse gekennzeichnet ist, eine Unterscheidung, die idealtypisch einen Einfluß auf die jeweiligen redaktionellen Entscheidungsprogramme haben müßte (vor allem hinsichtlich Breite, Tiefe, Vielfalt und Attraktivität der Programme),
> · an der Organisationsform, insbesondere an der Unterscheidung von Intendantenprinzip vs. Geschäfts- leitung,
> · an dem Finanzierungsmodus, nämlich ausschließliche Werbefinanzierung hier und Mischmodell-finanzierung aus staatlicher Alimentierung und Werbefinanzierung dort. Auch wenn Zweifel daran geäußert worden sind, ob sich die funktionale Differenzierung von Grundversorgung und Zusatzversorgung auf der Angebotsseite langfristig wird aufrechterhalten lassen, kann gleichwohl nicht bestritten werden, daß die genannte Unterscheidung bis auf weiteres zwei strukturell eigenständige Subsysteme mit je spezifischer Systemrationalität bezeichnet." (ebd.: 166)

Er faßt die Differenzierung von der Dualisierung des Rundfunks als einen Übergang von zweigliedriger (hierarchischer) zu dreigliedriger (retikularer) Differenzierung und er sieht die systeminternene Unterscheidung in Journalismus und (potentielles) Publikum nun um einen neuen dritten 'Adressaten systeminterner Kommunikation', den privat-kommerziellen Rundfunk erweitert. Ein dritter Adressat beginnt typischerweise hierarchische Zweier-Beziehungen zwischen Sender und Empfänger tendenziell aufzulösen und zwar zum Vorteil einer mehr kreislaufförmigen Kommunikationsstruktur zwischen gleichgeordneten Akteuren im System. Das Publikum erreicht eine Position eines einem Höhepunkt zutreibenden Kommunikationspartners, der passive Rezipient wird zunehmend zum 'aktiven Rezipienten'. Damit hat das Publikum eine zusätzliche Differenzierungsmöglichkeit gewonnen. Das Publikum kann nicht mehr nur zwischen ein-/und ausschalten wählen, sondern, in einer Art Vier-Felder-Tabelle, zwischen öffentlich-rechtlich / privat-kommerziell ein oder aus. Umgekehrt verliert der vormalige Monopolist auf der Leistungsseite einen Teil seiner Anbietermacht. Seine Kommunikationen in Form von Programmentscheidungen sind jetzt nicht mehr ausschließlich an das Publikum gerichtet, sondern insbesondere auch an die andere Anbietersäule. (vgl. Marcinkowski 1993: 166ff.)[26]

Die im zweiten Teil der Arbeit entwickelten Steuerungsüberlegungen von Marcinkowski greifen nicht zuletzt aufgrund der vorab erkennbaren theoretischen Probleme teilweise zu kurz. Die Notwendigkeit von Steuerung in funktional ausdifferenzierten Gesellschaften begründet Marcinkowski zunächst in Anlehnung an Helmut Willke. (vgl. Willke 1989: 61-81) Eine 'Zivilisierung der Evolution' hält er für nötig, um die Bereichsegoismen der einzelnen Teilsysteme wechselseitig aufeinander abzustimmen (Rationalitätsproblem), um die Undurchschaubarkeit für einander abzumildern (Komplexitätsproblem) und um die Integration nicht-hierarchisch organisierter Gesellschaften zu leisten (Identitätsproblem). (vgl. Marcinkowski 1993: 186ff.) Marcinkowski begreift den Rundfunk als dreistellig differenziertes System, das zwischen öffentlich-rechtlicher und privat-kommerzieller Organisation von Rundfunkjournalismus einerseits und seinem potentiellen Publikum andererseits unterscheidet. Dem politischen Machtkreislauf steht insoweit die zirkulär angelegte publizistische Kommunikation des dualen Rundfunksystems gegenüber. "Das Steuerungsziel von Rundfunkpolitik kann folglich unter systemtheoretischen Prämissen immer nur das Programm sein. Von Systemsteuerung kann man offensichtlich nur dann sprechen, wenn - wie etwa bei der Programmpolitik- durch externe Eingriffe die thematisch-inhaltliche Struktur des Kommunkationssystem Rundfunk zielgerichtet verändert wird." (ebd.: 190) Darauf bezogene Steuerungserfolge erscheinen Marcinkowski angesichts der zunehmend selbstreferentiell-autonomen Operationsweise der Rundfunkpublizistik in wachsendem Maße unwahrscheinlich. Aufgrund dieser Vorstellung von Steuerung behauptet er, daß mit den klassischen Herrschaftsmitteln wie Recht und Geld (Finanzpolitik, Technologie- und Infrastrukturpolitik, regulatives Rundfunkrecht) kaum konkret nachweislich Erfolge hinsichtlich der publizistischen Inhalte erziehlt werden können. Das Recht kann nicht entscheiden, was nur systemintern in der Rundfunkpublizistik entschieden werden kann und "Politik kann ihre Zweck mit regulativen Mitteln gegenüber einem selbstreferentiellen System nicht durchsetzen, ohne in dessen Tiefenstruktur einzugreifen und es dadurch zu zerstören oder zumindest die Gefahr zu beschwören, daß es sich auflöst." (ebd.: 215)

Seine Argumentation beruht darauf, daß es einen Punkt in der bundesdeutschen Entwicklung gibt, an dem sich ein Sprung zu mehr Autonomie - vielleicht sogar zu autopoietischer Geschlossenheit - vollzieht, nämlich die Einführung des privat-kommerziellen Rundfunks. Mit der Einführung des privat-kommerziellen Rundfunks wird die Einbeziehung des Publikums notwendig zur 'Schließung' der Produktionszyklen in der Publizistik. Erst wenn sichergestellt ist, daß sich Kriterien für die Veröffentlichung ausschließlich in Prozessen zwischen Kommunikatoren und Rezipienten aushandeln, ist der Kreislauf geschlossen. Die autopoietische Geschlossenheit - oder zumindest eine höhere Stufe der Autonomie - ist erreicht, wenn die Entscheidungen des Publikums über Annahme oder Ablehnung eines Veröffentlichungsangebots in das Entscheidungsprogramm für künftige Veröffentlichungen eingehen.[27]

---

[26] Zum dualen System als dreistelliger Kommunikationszirkel von Marcinkowski vgl. Abb.4 (1993: 168).

[27] Angesichts der enormen Mühen, dies theoretisch nachzuweisen, ist sein Ausgangspunkt, daß sich das publizistische System durch Einführung privat-kommerziellen Rundfunk zunehmend autonomisiert, nicht selbstverständlich. Die zunehmende Autonomie eines Teilsystems muß

2.2.4. Kommunikationswissenschaftliche Systeme bei Ulrich Saxer

Ulrich Saxer versuchte in einem grundlegenden Aufsatz, die neuere Systemtheorie auf kommunikationswissenschaftliche Traditionen und Probleme zu beziehen. (vgl. Saxer 1995: 91-100) Mit der Einführung des systemtheoretischen Denkens in die Kommunikationswissen- schaft sei seiner Meinung nach, "die Kommunikation auf dem Wege, in ihrer Forschung und Theorienbildung zumindest der elementaren und der kontextualen Systemhaftigkeit von Kommunikation besser Rechnung zu tragen" (ebd.: 107), sei "die Binnenstrukturierung der Kommunikationswissenschaft in Kommunikator-, Medien-, Aussagen- und Rezipienten- forschung durch integrale Strukturen überlagert. Solche entwickeln sich vor allem bei der vermehrten Bearbeitung institutionsreferentieller, namentlich eben der politischen Kommunikation, aber auch in Ansätzen wie in der Wissenskluftforschung, in der Sozialstruktur und Kommunikationsprozesse über verschiedene Themen, also Makro- und Mikroperspektive, systematisch zusammengesehen werden." (ebd.) Daraus läßt sich schließen, daß systemtheoretisches Denken in der Kommunikationswissenschaft sich künftig noch stärker bewähren wird, weil es der Gegenstand selber verlangt.

Saxer unterscheidet selbst *reflexive Systeme, Produktions- und Rezeptionssysteme, raumerschließende Systeme, institutions- und situationsreferentielle Systeme bezüglich der Kommunikationswissenschaft.* Insbesondere nehmen *reflexive Systeme* Bezug auf die Mediengesellschaft. Reflexive Systeme thematisieren sich selber und verstehen 'sich selbst als geeignete Umwelt anderer lebender Systeme', ein Mechanismus zur Bewältigung von Adoptionsproblemen. Mit dem Begriff der Mediengesellschaft bezeichnet man letztlich einen sehr hohen Grad von Reflexivwerden derselben in Gestalt ihrer Medien. Dabei kommt es aber darauf an den Begriff 'Medienereignisse' mit denen die Medien, statt Weltstoffe einzufangen und diesen in publizistische Aussagen umzusetzen, selber an die Wurzel von Ereignissen rücken. "Als 'Medienereignisse' können mithin Prozesse und Tatbestände definiert werden, die von Medien ausgelöst bzw. im Hinblick auf diese in Gang gesetzt werden. [...] Dabei ist Reflexivität in jeder Redaktion angelegt, die ja in ihren Ressorts Strukturen der Umwelt abbildet und darum, von einer gewissen Größe an, ihre Binnenstrukturen oft als Umwelt zu behandeln beginnt. [...] Als reflexive Systeme lassen sich aber auch z.B. *diejenigen der internen Journalistenaus- und -fortbildung* oder der Medienpolitik begreifen, wenn auch wieder in ganz anderen Funktionenzusammenhängen. Diese anstalts- oder verlagsinternen Journalistenaus- und -fortbildungssysteme sind deshalb grundsätzlich problematisch, als sie letztlich kaum höhere Standards instruieren können als die in der betreffenden publizistischen Organisation üblichen, womit aber deren Produktqualität ständig reproduziert statt verbessert wird." (ebd.: 102f.)

---

nicht zwingend mit Beifall bedacht werden. Luhmann läßt Zweifel daran zu, ob die Funktionsübertragung an autopoietische Systeme in jedem Fall einen Gewinn darstellt. Obwohl Marcinkowski zu dem Problemen des Verhältnis von Medien und Politik Antworten liefert, bleibt seine Analyse der innersystemischen Prozesse und damit auch die Frage nach der autopoietischen Geschlossenheit noch diskussionswürdig. Zur weiteren kritischen Bemerkungen am Ausgangspunkt von Marcinkowski vgl die Einschätzung von Frank Marcinkowskis *'Publizistik als autopoietisches System'* von Grothe / Schulz 1993/4: 562-576.

Saxer faßt *Produktions- und Rezeptionssysteme,* die neben den raumerschließenden im Mittelpunkt der bisherigen kommunikationswissenschaftlichen Theorienbildung stehen, so: "Darin spiegelt sich zum einen die im tatsächlichen Forschungsbetrieb nach wie vor dominierende Ausrichtung an einzelnen Elementen des publizistischen Prozesses im Sinne der Lasswell-Formel: Kommunikator, Medium, Aussage, Rezipient. Zum anderen war die intensive räumliche Bestimmtheit der Bereitstellungsqualität der Presse seit der Ära der Zeitungswissenschaft für die Pressetypologie im Sinne von lokaler, regionaler und überregionaler Presse wegleitend." (ebd.:103)

Dagegen stehen *institutionsreferentielle Kommunikationssysteme*, die beispielweise als 'politische Kommunikation'[28], 'Religionspublizistik', oder 'Wirtschaftsjournalismus' konzep- tualisiert werden und *situationsreferentielle Kommunikationssysteme,* die wie z.B. Katastro- phenberichterstattung, Droh- oder Innovationssysteme desgleichen konzeptualisiert werden. Das institutionsreferentielle Kommunikationssystem mag damit zusammenhängen, daß "in Politologie und Wirschaftswissenschaft selber Kommunikationsprobleme lange Zeit kaum aufgegriffen wurden und damit auch für die Kommunikationswissenschaft ein Impuls entfiel, Kommunikationssysteme auf ihren institutionellen Kontext bezogen zu untersuchen - mit dem Resultat disziplinärer Isolierung. [...] *Situationsreferentielle Kommunikationssysteme*, also durch wechselnde zeitliche, räumliche und soziale Konstellation konstituierte, gibt es andererseits so unendlich viele, daß deren systematische Erhellung gegenwärtig außer Betracht fällt." (ebd.)

Bei Saxer liegt der Diskussionspunkt um die Leistungsfähigkeit kommunikationswissenschaftlicher Systeme darin, in wieweit sie dem 'law of requisite variety'[29] genügen und ausreichende strukturelle Komplexität aufweisen, um die beschriebene Gegenstandskomplexität valide, objektiv und verläßlich zu reduzieren. Er sieht die Kommunikationswissenschaft als problemlösendes System konzipierbar, das seinerseits aber auch eigene Probleme überwinden muß. Um kommunikationswissenschaftliche Systeme klar zu erläutern, hat Saxer drei Punkte herausgehoben, die das System Kommunikationswissenschaft besonders nachhaltig prägen, nämlich die *Grenzproblematik*, die *Problemorientierung* und das *Integrationsproblem.*

Von den disziplinären Etikettierungen her betrachtet Saxer die Zeitungs-, Publizistik- und Kommunikationswissenschaft als Entgrenzungen. "Dies mag als Flexibilität eingeschätzt werden, gewissermaßen dem expandierenden Materialobjekt, nämlich dem Mediensystem entwickelter Gesellschaften, selber nachzuwachsen, oder aber

---

[28] Saxer betrachtet Publizistik und Politik als interdependente Systeme. "Politik und Publizistik stehen mit anderen Worten in einem gegenseitigen Problemlösungs - freilich auch - schaffungszusammenhang; das richtige Stichwort lautet: Interdependenz. Der funktionale Bezug der beiden solchermaßen ineinander verschränkten Systeme ist dabei sowohl ein struktureller wie ein prozessualer; die politischen Funktionen der publizistischen Medien sind demzufolge hinsichtlich Personen wie Systemstrukturen zu konzipieren. Sie verlaufen zwar zwischen Journalisten und Publika, aber sie betreffen auch Strukturen des politischen Systems ganz unmittelbar." (Saxer 1981: 502; vgl. auch 501-514)

[29] Der Begriff 'law of requisite variety' ist durch Ross W. Ashby bekannt geworden. Systemtheoretisch bedeutet er, daß sich mit der Umweltkomplexität nur ein System mit entsprechend angemessener Eigenkomplexität erfolgreich, d.h. im Sinne eigener Ziele oder auch der Erhaltung der eigenen Strukturen, auseinandersetzen kann. (vgl. Ashby 1968: 129-136)

kritisch als Unvermögen taxiert werden, sich überhaupt Grenzen als wissenschaftliches System zu setzen und damit sich als unterscheidbarer und effizienter Wissenschaftszusammenhang zu konstituieren. Das doppelte Problem immer wieder variierender bzw. sich erweiternder Grenzen besteht ja darin, daß dadurch sowohl die Kontrolle der Interaktionen mit der Umwelt als 'Grenzkontrolle' durch das System als auch der Aufbau entsprechender Binnenkomplexität erschwert werden." (ebd.: 105) Saxer formuliert, daß genügende Systemkomplexität bei ständiger Ausweitung der Grenzen und damit zusätzlichen Interaktionen mit der Umwelt und steigendem innerem Organisationsbedarf nur mit zusätzlichen Ressourcen, personellen wie wirtschaftlichen, entwickelt werden kann und das Totalphänomen der Kommunikation in diesem Zusammenhang zumindest auf drei Ebenen beleuchtet werden muß : "derjenigen von Personen bzw. von Personenkategorien als der Mikroebene, derjenigen der zweckrealisierenden Sozialgebilde, der Organisation als des für moderne Gesellschaften besonders charakteristischen und darum ständig expandierenden Typus von Sozialsystem, und derjenigen der gesellschaftlichen Sozialstruktur, die maßgeblich Unterschiede im Kommunikationsverhalten mitverursacht." (ebd.: 105f.)

Saxer führt an, daß sich die *Problemorientierung* der Kommunkationswissenschaft exemplarisch am Medienwirkungs-Forschungssystem erkennen läßt. Als eine Kondition der Intensivierung dieser Forschungsrichtung begreift er, daß die Aktivitäten von einflußreichen Medien als sozial problematisch perzipiert werden müssen. "So nahm und nimmt das durch sehr durchlässige Grenzen charakterisierte und aus Ressourcenmangel auf Legitimation durch gesellschaftliche Brauchbarkeit angewiesene System Kommunikationswissenschaft dominante gesellschaftliche Medienerfahrungen zum Ausgangspunkt seiner Theorienbildung. Vor allem die Befürchtungen, durch Medienkommunikation manipuliert oder brutalisiert zu werden, haben immer neue Systeme der Medienwirkungsforschung gezeitigt." (ebd.: 106) Die Problemorientierung verschiebt sich im Verlaufe der internen Strukturbildung in Richtung des institutionell-organisatorischen Kontextes. "In viel höherem Maß als alle anderen kommunikationswissenschaftlichen Teildisziplinen ist die Medienwirkungsforschung durch *Systemdifferenzierung und -pluralisierung* charakterisiert. Dieser unter externem Erwartungsdruck bezüglich Erkenntnissen der Rezeptionsforschung realisierte unbestreitbare wissenschaftliche Gewinn verteilt sich freilich, zufolge ihrer verschieden großen Ressourcen, sehr ungleichmäßig auf die *verschiedenen Forschungssysteme*." (ebd.)

Zur *Integrationsproblematik* gehört bei Saxer sowohl die steigende Beachtung ökologischer Betrachtungsweisen in der Kommunikationswissenschaft als auch deren wachsendes Interesse für weitgespannte Forschungs- und Theoriekomplexe wie z.B. an der Sozialisation. Ein sozialtechnisches Engagement allerdings, nämlich das medienpädagogische, ist an beidem nicht beteiligt. Die Bemühungen, "die extreme Fragmentarisierung in der Theorienbildung durch den Anschluß an anderswo entwickelte Theoriensysteme oder durch die Integration kommunikationswissenschaftlicher Theoriestücke unter übergeordneten Konzepten und Ansätzen zu überwinden" (ebd.: 107), leisten Dienste zur Lösung der Integrationsproblematik in den kommunikationswissenschaftlichen Systemen. Saxer nennt als hierfür bezeichnend die Kommunikationsraumanalyse, die "die ursprüngliche Fixierung auf Medien weit hinter sich gelassen hat und konsequent Beziehungen zwischen Raum- und Kommunikationssystemen ermittelt. Auch die systemtheoretische Vertiefung der Analyse politischer Kommunikation, also von politikreferentiellen Kommunikationssystemen, ist schon vergleichsweise weit fortgeschritten." (ebd.: 107)[30]

Als Beitrag der Systemtheorie zur Kommunikationswissenschaft erklärte Saxer, daß sowohl für eine bessere gesellschaftstheoretische Veränderung als für interessante Hypothesen die Kommunikationswissenschaft sinnhaft in der Adoption zentraler systemtheoretischer Konzepte infolge deren integrierendem, erklärendem oder jedenfalls illuminierendem Potentials sei. Dies "ermöglichte das systemtheoretische Konzept der Reflexivität, nämlich der Selbstthematisierung von Systemen, weiterführende Analysen, Erkenntnisse über das Meinen zu anderer Leute Meinen im modernen Journalismus, der dort institutionalisierten Spirale von extramedialem Ereignis - Medienreferenz - Statement - Gegenstatement - journalistischem Kommentar oder auch über die Eigenart von Medien-Großorganisationen bzw. Medien-Gesamtsystemen, in ihren Aussagen statt Umwelt vermehrt die eigene Komplexität zu reproduzieren" (ebd.: 96)

2.2.5. Die Kommunikationspolitik als soziales Handlungssystem bei Franz Ronneberger

Franz Ronneberger beschäftigt sich mit einer Theorie über die Kommunikationspolitik, die sich auf wesentliche Prämissen der funktional-strukturellen Systemtheorie bezieht. Durch seine umfangreiche Arbeit hat er deutlich gemacht, daß er die Systemtheorie hauptsächlich zur Strukturierung und Abgrenzung des Problembereiches nutzt. Bei Ronneberger wird Kommunikationspolitik als ein relativ autonomes Teilsystem des politischen Systems begriffen, daß "sich durch Verwendung einer eigenen System / Umwelt-Differenz gegenüber der Gesellschaft relativ autonom zu halten vermag und gerade dadurch in der Lage ist, strukturierte Leistungen für das gesellschaftliche Kommunikationssystem zu erbringen. Die Binnenstrukturen des kommunikationspolitischen Systems analysiert er als Handlungsrollen, Programme und Organisationsstellen, die einerseits bestimmte kommunikationspolitische Handlungsspielräume eröffnen und andererseits gleichzeitig andere einschränken." (Marcinkowski 1993: 22)

Kommunikationspolitik kann sich vernunftgemäß vor allem auf öffentliche Kommunikation beziehen und das bedeutet mit Schwerpunkt auf der edienkommunikation[31]. Als System stellt sich die öffentliche Kommunikation bei Ronneberger keineswegs als die Summe einseitiger Aktionen zwischen Kommunikatoren und Kommunikanten dar, sondern vollzieht sich vielmehr in unübersehbar vielfältigen Kommunikationsbeziehungen und Kommunikationsformen. Mit der Analyse der Kommunikationsbeziehung wird eingeführt, daß sich "in einer definierbaren Gesellschaft eine bestimmte Ordnung entwickelt, die man als Kommunikationsordnung bezeichnen

[30] Dazu weiter vgl. Jarren (1988: 619-632), Kepplinger (1985: 247-264) und Saxer (1981: 501-514)

[31] Zur Leistungen des Systems Massenkommunikation vgl. Ronneberger (1979); zur Beziehung zwischen potlitischem und Mediensystem vgl. Ronneberger (1983).

kann, in gewisser Hinsicht vergleichbar mit einer Marktordnung, die sich zugleich nach den 'Gesetzen' des Marktes wie nach legislativen und administrativen Vorgaben und Eingriffen bildet." (Ronneberger 1995: 196; vgl. auch 191-203)

Unter einer Kommunikationsordnung versteht Ronneberger "auf dem Boden gewordener und vorfindbarer Kommunikationsstrukturen mehr oder weniger rechtlich fixierte Formen der öffentlichen Kommunikation". Kommunikationsordnung darf aber nicht als statisch verstanden werden, sondern allein als ein sich Entwickelndes. Die Entwicklung der Kommunikationsordnung in der Bundesrepublik Deutschland in der Nachkriegszeit zeigt, daß sie nicht nur auf technische Innovationen reagieren mußte, sondern wesentlich Wandlungen des Wirtschaftssystems und der gesellschaftlichen Verhältnisse zu berücksichtigen hatte, von den politischen Vorgaben ganz zu schweigen. Kommunikationsordnung muß sich daher prinzipiell als offen für Künftiges verstehen und kann Ordnung jeweils nur auf Zeit herbeiführen. Damit verbunden ist notwendigerweise ein Appell an die Bereitschaft zur Flexibilität. Weil der Gesetzesweg schwerfällig und durch das föderative System eingeengt ist, wurde und wird die Kommunikationsordnung als Rechtsordnung auch durch Verfassungsgerichtsurteile konstituiert. Prinzipiell muß jedoch auf einem politischen und nicht allein juristischem Verständnis von Kommunikationsordnung bestanden werden. (ebd.: 197)[32]

Ronneberger begreift Kommunikationspolitik als ein soziales Handlungssystem, deren "kommunikationspolitische Entscheidungen im gegebenen Handlungssystem der bewußte oder faktische Bezug zur Kommunikationsordnung" (ebd.: 198) auszeichnen. "Bewußt ist dieser Bezug in erster Linie bei legislativen und judikativen in Verbindung mit administrativen Akten. Sie richten sich allesamt auf die Gewährung von Rechten und die Auferlegung von Pflichten. Sie wollen entweder bestehende Beziehungen und praktisches Handeln festschreiben oder/und neue Beziehungen und vor allem neues Handeln normativ bestimmen." (ebd.) Zum Schluß sagt er, "die Gegenstände der Kommunikationspolitik sind nicht ohne weiteres mit anderen gesetzlich zu norminierenden Vorgängen des gesellschaftlichen Lebens zu vergleichen. Sie sind schließlich die 'Medien' der öffentlichen Diskussion und des öffentlichen Handelns. Sie pflegen die Symptome des sozialen Wandels und der Entwicklung aufzugreifen und der öffentlichen Kritik anheim zu geben. Insofern wirken sie an der vordersten Front der gesellschaftlichen Existenz und ihrer Veränderungen." (ebd.: 199)

2.2.6. Das Verhältnis zwischen Mediensystem und politischem System bei Hans Mathias Kepplinger

---

[32] Der Definitionsversuch von Manfred Rühl gilt in diesem Sinne: Kommunikationspolitik sei zu verstehen "als die relative Fixierung von Entscheidungsprämissen für öffentlich-kommunikatives Entscheidungshandeln und damit als eine Möglichkeit sozialer Interaktion unter den Bedingungen weitgehend fiktiver Erwartung. Durch Kommunikationspolitik werden Entscheidungen herbeigeführt, die den Strukturrahmen für künftiges öffentlich-kommunikatives Verhalten abstecken. Die dadurch gesetzten und angewandten Regeln strukturieren öffentliche Kommunikationssituationen, determinieren jedoch nicht das Kommunikationshandeln im Einzelfalle, sondern schränken nur die Wahlmöglichkeiten ein." (vgl. Rühl 1973: 5-25; zit. nach Ronneberger (1995: 197)

Auch in der Arbeit von Hans Mathias Kepplinger versteht dieser das Verhältnis zwischen Mediensystem und politischem System in Anlehnung an Niklas Luhmann. (vgl. Kepplinger 1985: 247-264) Unter Subsystemen von politischen Systemen begreift Kepplinger das System der politischen Herrschaft und das System der politischen Willensbildung. Das System der politischen Willensbildung, durch das alle Werturteile und Tatsachenbehauptungen bezeichnet werden können, sowie das System der politischen Herrschaft, durch das alle Gestaltungs- und Vollzugsentscheidungen geschildert werden können, bestimmen sich gleichmäßig weder durch Organisationen, Personen oder Themen, sondern durch die Funktion der Entscheidungen. Im System der politischen Willensbildung unterscheidet Kepplinger wieder um zwei Subsysteme: das System der Individualkommunikation und das System der Massenkommunikation. Er betrachtet vornehmlich das System der Massenkommunikation und zeichnet danach einige Veränderungen im Verhältnis zwischen den Massenmedien und den Parteien und Parlamenten nach. Kepplinger formuliert, daß das System der Massenkommunikation durch die Aktivität ganz unterschiedlicher Medien konstituiert wurde und wird, welche man in zwei Kategorien einteilen kann: die Prestige-Medien und die populären Medien. Durch Funktionsdifferenzierung rechnet er zu den Prestige-Medien die überregionalen Abonnementzeitungen, zu den populären Medien die Boulevardzeitungen, das Fernsehen und den Hörfunk.[33] Im System der politischen Willensbildung sieht er, daß die Massenmedien, die Parteien und das Parlament drei gemeinsame Funktionen besitzen, an deren Erfüllung sie unterschiedlichen Anteil haben: "Sie stellen Öffentlichkeit her, sie definieren Themen und sie strukturieren Entscheidungen." (ebd.: 250) Durch die wachsende Bedeutung der Massenmedien entsteht politische Macht mehr von den Massenmedien als der Parteibasis her.

Bei den Funktionen der Massenkommunikation im System der politischen Herrschafts- systeme sowie in ihrem Verhältnis zum politischen Willensbildungssystem sind Veränderungen eingetreten. "Das System der Massenkommunikation ist in einigen Fällen zur funktionalen Voraussetzung für andere Systeme und Subsysteme geworden, zugleich versuchen andere Systeme und Subsysteme zunehmend das System der Massenkommunikation für ihre Zwecke zu instrumentalisieren. Die Grenzen zwischen dem System der Massenkommunikation und anderen Subsystemen außerhalb des Systems der politischen Willenbildung haben sich zugunsten der Massenkommunikation verschoben; dies ist vor allem auf die veränderte Rechtslage, die veränderte Legitimationsvermutungen und die wachsende Leistungskraft der Massenmedien zurückzuführen, die ihrerseits vor allem auf der höheren Selektionsleistung der Massenmedien beruhen." (ebd.: 261)

Die Betrachtung von Kepplinger wird aber in einigen Punkte kritisiert. Vor allem liegt die Kritik darin, daß Kepplinger eine "relativ willkürliche Handhabung der Systemebenen" vornimmt. "Bei der Festsetzung von Systemen und Subsystemen fehlt

---

[33] "Die Prestige-Medien besitzen im Unterschied zu den populären Medien drei statt einen Adressaten: die politischen Eliten, die Journalisten und die Masse der Rezipienten. [...] Trotz dieses gravierenden Unterschiedes bilden alle Massenmedien aus zwei Gründen ein System: Zum einen verfahren sie alle nach den gleichen oder ähnlichen Regeln, zum anderen ist eine Meldung, gleichgültig wer sie publiziert hat, für alle und damit für das Gesamtsystem zugänglich. Dies wird anhand der Prestige-Medien besonders deutlich" (Kepplinger 1985: 248f.)

eine plausible Begründung, die zum Beispiel die Theorie der funktionalen Differenzierung bietet. [...] Das provoziere gleichzeitig die Gefahr, daß andere Subsysteme Massenkommunikation für ihre Zweck instrumentalisieren. [...] Obwohl sich Kepplinger explizit auf den funktional-strukturellen Ansatz Luhmanns bezieht, bewegt er sich nach Einschätzung von Marcinkowski eher auf dem theoretischen Terrain des Strukturfunktionalismus der früheren Systemtheorie." (Gehrke / Hohlfeld 1995: 220f.)

2.3. Begriffsbestimmungen und Ausgangsüberlegungen im Journalismus

2.3.1. Funktion und Leistung des Journalismus

Der Begriff Funktion verweist auf die Beziehungen zwischen einem System und der Gesellschaft. Funktionssysteme wie Wirtschaft, Politik, Wissenschaft, Religion, Kunst usw. werden als Systeme der Gesellschaft verstanden. Sie besitzen spezifische Funktionen für die Gesellschaft, die keineswegs von anderen Systemen geleistet werden können. Der Begriff Leistung hebt die Beziehung eines sozialen Systems zu anderen Funktionssystemen in seiner Umwelt hervor. Zwischen funktionalen Teilsystemen ist Leistungsaustausch möglich. Das Journalismus kann in dem zwei Gesichtspunkte betrachtet werden: die Funktion in der Gesellschaft (Journalismus der Gesellschaft) und die Leistung für die Umwelt (z.B. Journalismus und Politik, Journalismus und Wirtschaft).

Wie lassen sich Funktionen und Leistungen des systemtheoretischen Journalismus bezüglich der Beziehung zwischen Journalismus und Gesellschaft beschreiben? Wenn Funktionen des Massenkommunikationssystems in unserer Industriegesellschaft beleuchtet werden, geht es um den Anschluß an die vom System konstituierten (kommunikativen) Handlungen, die sich auf Anpassungsmöglichkeiten an die Umwelt beziehen, d.h. an die jeweilige Gesellschaft. Dies gilt also wie bei Ronneberger. Er begreift die Funktion der Massenkommunikation als "im wesentlichen geistige Tätigkeit, die von sozialen Systemen in einer hochentwickelten und komplexen Industriegesellschaft daraufhin beurteilt wird, inwieweit sie ihren Bedürfnissen und Erwartungen gerecht wird. [...] Es ist jeweils zu fragen, auf welche Umweltsysteme sich eine journalistische Aussage bezieht, um daraus auf Art und Grad der Leistung schließen zu können." (Ronneberger 1979: 130; vgl. auch 127-142) Als die zentrale Funktion des Journalismus erwähnt Rühl: "Die besonderen Leistungen und die besonderen Wirkungen des Journalismus, durch die sich sein Handeln von anderen, an der Öffentlichkeit orientierten Sozialsystemen unterscheidet, bestehen in der Ausrichtung auf die *Herstellung und Bereitstellung* von Themen zur öffentlichen Kommunikation." (Rühl 1980: 324)[34] Die Themen, die vom Journalismus behandelt werden,

---

[34] Die kritische Theorie stellt Massenmedien und Öffentlichkeit in den breiten Rahmen einer Kulturanalyse der Gesellschaft. Habermas definiert Massenmedien als "generalisierten Formen der Kommunikation" und beschreibt ihre Funktion: "Sie lösen Kommunikationsvorgänge aus der Provinzialität raumzeitlich beschränkter Kontexte und lassen Öffentlichkeit entstehen, indem sie die abstrakte Gleichzeitigkeit eines virtuell präsent gehaltenen Netzes von räumlich und zeitlich weit entfernt Kommunikationsinhalten herstellen und Botschaften für vervielfältigte Kontexte verfügbar halten. Diese Medienöffentlichkeiten hierarchisieren und entschrän-

"rücken durch die Persönlichkeit ihres Bedeutungshorizontes, aber unter Bezug auf das beteiligte gemeinsames Erlebnispotential in den Mittelpunkt öffentlicher Kommunikation. Journalistische Themen sind nicht; sie werden erst gemacht, und zwar in Orientierung an Gesellschaft." (ebd.) Rühls Meinung läßt sich zusammenfassend wie folgt beschreiben : "Journalismus konstituiert in konkreten sozialen Situationen eine symbolische Wirklichkeit durch die kontinuierliche Thematisierung bestimmter Ereignisse. Mit dieser Primärfunktion wird Journalismus 'gesellschaftsfähig' in dem Sinne, als moderne Gesellschaftsordnungen zunehmend erkennen und anerkennen, daß für ihr Leben und Überleben journalistische Leistungen und Wirkungen unentbehrlich geworden sind." (ebd.: 325) Dies geschieht aber nach den Operationsweisen des Systems und nicht etwa als Abbildung von 'Realität'. "Die Medien liefern Wirklichkeitsentwurf; ihre Journalisten konstruieren Wirklichkeit. Sie tun dies freilich nicht willkürlich, sondern auf der Grundlage von Regeln, die sie gelernt haben und über die innerhalb des Systems Journalismus ein Konsens besteht; dieses System existiert nicht im luftleeren Raum, sondern ist Teil einer sozial konstruierten Wirklichkeit." (Weischenberg 1992: 60) Weischenberg meint, daß sich das System des Journalismus in der modernen pluralistischen Gesellschaft vor allem durch eine Funktion empirisch identifizieren läßt. (vgl. Weischenberg 1995: 93-152),[35] nämlich "Themen aus den diversen sozialen Systemen (der Umwelt) zu sammeln, auszuwählen, zu arbeiten und dann diesen sozialen Systemen (der Umwelt) als Medienangebote zur Verfügung zu stellen." (Weischenberg 1992: 41) Die Themen, die der Journalismus bereitstellt, werden bei Luhmann kennzeichnet, als

> "Aktualitätsprinzip [...] ; es gilt für nahezu jede Selektion zur Massenkommunikation [...] Etwas Neues muß dran sein oder zumindest behauptet werden, sonst findet die Mitteilung keinen Zugang. Die Präferenz für Aktualität, überhaupt der moderne Begriff von Aktualität, hängt mit den Temporalstrukturen unseres Gesellschaftssystems zusammen. In älteren Gesellschaftssystemen hatte man Gegenwart als Dauer, Neuheit als Symptom für Unwesentlichkeit, Neugier als suspektes Motiv begriffen. Das hat sich seit der zweiten Hälfte des 18. Jahrhunderts radikal geändert. [...] Insofern ist die Selektionsweise von Presse und Funk durch gesamtgesellschaftliche Strukturen gedeckt. Zugleich aber kommt sie auch, und das erst erklärt den Erfolg, den technischen Bedürfnissen der Massenmedien entgegen [...]" (Luhmann 1981: 41)

Die journalistischen Themen, die durch multidimensionale Selektionsprozesse produziert worden sind, für alle möglichen Bereiche des Lebens herzustellen und sie für die öffentliche Kommunikation bereitzustellen, wird in der empirischen Forschung immer häufiger als besondere Leistung des Journalismus vermerkt. Als Thematisierungsfunktion der Massenmedien gewinnt sie in der Kommunikationsforschung mehr und mehr Aufmerksamkeit. So wie die Umweltkomplexität durch die Funktion

---

ken den Horizont möglicher Kommunikation zugleich." Dazu vgl. Habermas (1981; Zit. aus Bd. 1. S. 573).

[35] Weischenberg unterscheidet zwischen Aufgaben und Funktionen der Massenmedien und behauptet, daß der Begriff 'Funktion' streng systemtheoretisch eher unter dem Begriff 'Leistung' anzusiedeln ist. "Es empfiehlt sich jedoch, für normative Zuweisungen den Begriff 'Aufgaben' zu reservieren, für allgemeinere empirisch zu bestimmende Aktivitäten den Begriff 'Funktionen'. Medienfunktionen kann man in diesem Sinne als Leistungen verstehen, welche durch die Institutionen der Massenkommunikation und deren Akteure für die Gesellschaft oder für gesellschaftliche Gruppen erbracht werden" (Weischenberg 1995: 96f.)

des Systems reduziert wird, gilt:

> "durch seine gesellschaftliche Primärfunktion reduziert Journalismus die Turbulenz und den vielfältigen Wandel in der Welt auf eine 'relevante Unsicherheit'. Durch die Absorption von viel Unsicherheit schafft Journalismus kein eindeutiges, zweifelfreies Informationsniveau. [...] Journalismus gibt mehr Information, als er bekommt und durch diese Leistung verhilft er der Gesellschaft in ihrer öffentlichen Kommunikation zu einer relativen Konstanz. Mit der Stabilisierung aufgrund der Fiktion einer konstanten Welt steuert Journalismus die gesellschaftliche Kapazität für öffentlich-kommunikative Aufmerksamkeit, und zwar auf zwei zeitlich und sachlich trennbaren Ebenen: 1. Auf der Ebene der Systembildung, indem er mit Hilfe generalisierter Kommunikationserwartung bestimmte Themen aktualisiert, damit an die Öffentlichkeit appelliert, so daß durch Annahme dieser Appelle bestimmte journalistische Publika konstituiert werden. 2. Auf der Ebene des konkreten Kommunikationsvollzuges, wo der Aufmerksamkeitskapazität der bereits konstituierten Publika mit konkreten Mitteilungen über aktualisierte Themen begegnet wird, und zwar unter Einsatz der vom Journalismus vorab ausgebildeten organisatorischen, beruflichen, technischen und anderen generalisierten Kommunikationserwartungen." (Rühl 1980: 329f.)

Aus der Perspektive einer konstruktivistischen Systemtheorie sind folgende allgemeine Aussagen im Funktionskontext des Journalismus einzuführen: "Journalismus läßt sich als Funktionssystem modellieren, das sich im Prozeß sozialer Differenzierung herausgebildet hat. Es trägt durch Thematisierung zur Selbstbeobachtung der Gesellschaft bei. Diese Thematisierung folgt den eigenen Systemregeln und reproduziert dabei die eigenen Strukturen; die Themen müssen insbesondere Kriterien der Neuigkeit und Relevanz erfüllen, also einem funktionalen Aktualitätsbegriff entsprechen. [...] Journalismus ist nicht als Transportunternehmen zu verstehen: Der Sinn der Informationsangebote, welche er macht, liegt nicht in Texten oder Bildern selbst, sondern wird erst produktiv bei der Rezeption hergestellt. [...] Journalistische Wirklichkeitskonstruktion ist zwar immer subjektabhängig, aber deshalb nicht willkürlich. Sie wird in einem permanenten sozialen Prozeß mit anderen abgestimmt und durch intersubjektive Vereinbarung - gerade daran orientieren sich Medien und Journalisten - verbindlich." (Weischenberg 1995: 110f.)

Von der systemtheoretischen Perspektive her betrachtet Roland Burkart eindeutige Funktionen der Massenkommunikation in dreierlei Hinsicht, nämlich als 'soziales', 'politisches' und 'ökonomisches', von der aus jeweils bestimmte Leistungen der Massenmedien erwartet bzw. benötigt werden. (vgl. Burkart 1995: 355-383)

Insbesondere werden die sozialen Funktionen bei Burkart als jene Leistungen der Massenmedien bezeichnet, "die diese im Hinblick auf die gesellschaftliche Umwelt als soziales System erbringen bzw. erbringen sollen." (ebd.: 355) Als zentrale soziale Funktionen der Massenmedien nennt Burkart unter Berücksichtigung von Franz Ronneberger[36] die *Sozialisationsfunktion,* die *soziale Orientierungsfunktion*, die *Rekrea-*

---

[36] vgl. Ronneberger (1971: 32-101); Ronneberger versteht Sozialisation durch Massenkommunikation in zweierlei Hinsicht. 1. Als Vermittlung von (wenn auch bisweilen unterschiedlichen, sogar einander widersprechenden) Leitbildern, Werten und Normen des Denkens und des Handelns sowie 2. als Vermittlung von Denkformen und Verhaltensweisen, die das Leben in komplex organiserten Gesellschaftssystemen überhaupt erst ermöglichen und die zugleich auch der Erhaltung und Weiterentwicklung dieser Gesellschaft dienen." Ronneberger hat vier typische "Sozialisatoren" in der Massenkommunikation aufgehoben. Als Sozialisatoren nennt er die jeweilige *Redaktion* der Presse, Fernseh- und Rundfunkanstalt oder Filmgesellschaft, *na-*

tionsfunktion (wie Unterhaltung und Eskapismus) und die *Integrationsfunktion*. Insbesondere betont Burkart die Sozialisationsfunktion der Massenmedien. Heutzutage bilden die Massenmedien eine für das Zusammenleben der Menschen in der industriellen Großgesellschaft notwendige Leistung aus. Die Sozialisation, die als die eigentlich das ganze Leben hindurch andauernde soziokulturelle Geburt des Menschen begriffen wird, wird in einer traditionellen Gesellschaftsform bezüglich fast aller Rollen innerhalb des Verwandschaftsverbandes vermittelt. Dies ist aber nicht möglich in komplex organisierten Industriegesellschaften. Rollenmuster für die Sozialisation findet das Kind heute zu einem großen Teil in den Aussagen der Massenkommunikationsmittel. Die Massenmedien sind für die Menschen in industriellen Gesellschaften praktisch zur alltäglichen Selbstverständlichkeit geworden.

Die politischen Funktionen bestimmen all jene Leistungen der Massenmedien, die diese im Hinblick auf die gesellschaftliche politische Umwelt als politisches System zu erbringen haben. Als eine zentrale Funktion der Massenmedien in der Demokratie erörtert Burkart in Anlehnung an vornehmlich Franz Ronneberger, die *Herstellung von (politischer) Öffentlichkeit,* die *Artikulationsfunktion,* die *politische Sozialisations- bzw. Bildungsfunktion*, sowie die *Kritik- und Kontrollfunktion.*[37]
Schließlich wird die ökonomische Funktion des Massenkommunikationssystems, die dieses für die mittelbare oder unmittelbare Kapitalverwertung (d.h. für die Gewinnerzielung) erbringt beschrieben. Als zentrale ökonomische Funktion der Massenmedien begreift Burkart in Anlehnung an Horst Holzer, die *Zirkulationsfunktion,* die *regenerative Funktion* und die *herrschaftliche Funktion.*[38]

Nach der Zirkulationsfunktion unterstützen die Medien die Aktivierung der Ware-Geld-Beziehung und verkürzen dadurch auch die Umschlagszeit. Hier erbringen die Medien noch ein weiteres Bündel von Leistungen, mit denen sie das kapitalistische Wirtschaftssystem stabilisieren: Wissenvermittlung, Sozialtherapie und Legitimationshilfe. (ebd.: 370f.)

---

türliche Personen wie Kommentatoren, Kolumnisten, Glossisten - mehr noch die Kommunikatoren in den audiovisuellen Medien (Sprecher, Moderatoren, Quiz- und Showmaster...), die eine verstärkte Illusion der persönlichen Begegnung vermitteln, *literarische Symbolfiguren*, die von alters her fester Bestand des Journalismus sind und die zur Identifikation und Nachahmung anregen, und die *Helden* etwa von Kriminal- oder Abenteuerfilmen (u.a.), die auf hohe Identifikation hin ausgeklügelt werden.

[37] Zur politischen Funktion der Massenmedien vgl. Burkart (1995: 362-369), Ronneberger (1971: 32-101), Ronneberger (1974: 193-205), Starkulla (1963: 563-571), Saxer (1974: 22-33); Weischenberg unterstützt die Behauptung, bei der die Bedeutung der klassischen Medien als zentrale Instanzen zur Herstellung von Öffentlichkeit im wesentlichen erhalten bleibt oder sogar zunimmt. Er denkt, daß dies im Widerspruch zu den dargestellten Prognosen steht, wonach technisch verbesserte Möglichkeiten der Individualkommunikation mittel- oder langfristig die Funktion und Relevanz der Massenmedien und ihrer Journalisten einschränken werden. Aus diesem Grund meint er, daß das Fernsehen dabei nach Meinung der meisten Experten noch wichtiger werden wird; Hörfunk, Nachrichtenagenturen und Tageszeitungen könnten auch ihre Position weitgehend aufrechthalten.

[38] Zur ökonomischen Funktion der Massenmedien vgl. Burkart (1995: 369-374), Nuissl (1975) und Holzer (1973).

Abb. 3: Funktionen der Massenmedien

FUNKTION DER MASSENMEDIEN		
Soziale	Politische	ökonomische
• Informationsfunktion		
• Sozialisationsfunktion •soziale Orientierungs-funktion • Rekreationsfunktion (Unterhaltung, Eskapis-mus) • Integrationsfunktion	• Herstellen von Öffentlichkeit • Artikulationsfunktion • politische Sozialisations- bzw. Bildungsfunktion • Kritik- und Kontrollfunktion	• Zirkulationsfunktion + Wissensvermittlung + Sozialtherapie + Legitimationshilfe • regenerative Funktion • Herrschaftfunktion
Soziales	Politisches	ökonomisches
GESELLSCHAFTLICHES SYSTEM		

Quelle: Burkart 1995: 351

Bei Burkart besteht die regenerative Funktion darin, daß "durch die Befriedigung der Informations- und Unterhaltungsansprüche des Publikums [...] die Masse der Werktätigen jene Gratifikationen erhält, die sie benötigt, um einigermaßen entspannt, physisch erholt und psychisch motiviert neuerlich an die Arbeit zu gehen. Und damit schließt sich der Kreis: Im Grunde tragen nämlich alle massenmedialen Informations- und Unterhaltungsangebote letztlich zur Legitimierung und Propagierung des gesellschaftlichen Orientierungsprinzips (zur kapitalistisch geprägten Marktwirtschaft) bei, auf dem sowohl die Existenz der Medien, als auch die der (deutschen) Gesellschaft insgesamt basiert. Holzer spricht in diesem Zusammenhang daher auch von der herrschaftlichen Funktion, welche die Medien erfüllen." (ebd.: 373f.)

2.3.2. Binäre Codes des Journalismus

Läßt sich für das System Journalismus ein binäres Schema identifizieren, das dem Funktionssystem ermöglicht, eine Grenze zu ziehen zwischen Operationen in der Umwelt und im System selbst? Wie bereits angesprochen wurde, reproduziert das System als ein autopoietisches die eigenen Operationen aus sich heraus, "die nicht mehr zur Herstellung von interaktionellen Kontakten mit der gesellschaftsinternen Umwelt verwendet, sondern sich statt dessen an der systemeigenen Unterscheidung von Selbstreferenz und Fremdreferenz orientiert. [...] Mit der systemtheoretischen Unterscheidung Selbstreferenz/Fremdreferenz[39] ist noch nicht darüber ausgemacht,

[39] Selbstreferenz ist für Luhmann "die Bedingung der Möglichkeit autopoietischer Selbstreproduktion. Fremdreferenz bedeutet die Verarbeitung von Umweltereignissen nach Maßgabe der Operationen des Systems. Dadurch kann es in evolutionärer Perspektive zu Strukturänderung

wie das Selbst das Selbst bestimmt, oder anders: wie die Anschlußfähigkeit von Operationen im System erkannt und wie die Differenz von System und Umwelt produziert und laufend reproduziert wird. Dies geschieht im typischen Fall von Funktionssystemen, und so auch im Fall der Massenmedien, durch einen binären Code, der unter Ausschließung dritter Möglichkeiten einen positiven und einen negativen Wert fixiert." (Luhmann 1996: 35)

Welcher Code fungiert als Leitdifferenz des Systems Journalismus? Als binäre Codes des Systems der Massenmedien nennt Luhmann die Unterschiedung von Information / Nichtinformation. "Mit Information kann das System arbeiten. Information ist also der positive Wert, der Designationswert, mit dem das System die Möglichkeiten seines eigenen Operierens bezeichnet. Aber um die Freiheit zu haben, etwas als Information ansehen zu können oder auch nicht, muß es auch die Möglichkeit geben, etwas für nichtinformativ zu halten." (ebd.: 36f.) Anders gesagt liegt die Wesenheit seiner Unterscheidung von 'Informativ / Nicht-Informativ' darin, daß alle Programme im Journalismus darauf ausgerichtet sind, die Zuordnung zu den Werten 'Information vs. Nicht-information' zu ermöglichen. Selbstverständlich bedeutet Information bei ihm nicht, etwas sei keine Information, sondern es sei informativ. Die wichtigste Besonderheit des binären Codes von Luhmann bei Information/Nichtinformation liegt in dessen Verhältnis zur Zeit. "Informationen lassen sich nicht wiederholen; sie werden, sobald sie Ereignis werden, zur Nichtinformation. Eine Nachricht, die ein zweites Mal gebracht wird, behält zwar ihren Sinn, verliert aber ihren Informationswert. Wenn Information als Codewert benutzt wird, heißt dies also, daß die Operationen des Systems ständig und zwangsläufig Information in Nichtinformation verwandeln" (ebd.: 41) Luhmann stellt die Frage, wie typisch die Reflektionswerte der Codierung sind, die von den negativen Werten des Codes bedient wird und unter denen der positive Wert eingesetzt werden kann; hier läuft das System in einen unendlichen Regress. Luhmann meint, daß der unendliche Regress in der Praxis durch eine weitere Unterscheidung beendet wird: Codierung und Programmierung. "Es muß im System einen (möglicherweise änderbaren) Satz von Regeln geben, die das Paradox der Informativität der Nichtinformation auflösen, eben die Programme, mit deren Hilfe man entscheiden kann, ob etwas im System als informativ behandelt werden kann oder nicht. [...] Das ist nur eine andere Formulierung für die These, daß der Code Information/Nichtinformation nicht genügt, sondern daß zusätzlich Programme erforderlich sind, die das, was als Information erwartet werden kann bzw. ohne Informationswerte bleibt, aufgliedern in Selektionsbereiche wie Sport oder Astrophysik, Politik oder moderne Kunst, Unfälle oder Katastrophen. Der Einheit und Invarianz des Codes entspricht dann eine Pluralität solcher Programme oder, anders gesagt, eine doppelstufige Selektion des Selektionsbereichs und der konkreten Information, die erst durch Zuordnung zu einem 'Woraus' anderer Möglichkeiten verständlich wird." (ebd.: 37f.)

Zwischen anderen Wissenschaftlern aber sind die Definitionen über den binären Code des Systems Journalismus nicht übereinstimmend. Um journalistisch/nichtjournalistisch zu unterscheiden, behaupten sie, soll der Gegenstand des

---

des Systems kommen. Zum weiteren begrifflichen Erklärung vgl. Luhmann (1994: 593-646); Bezüglich der Massenmedien vgl. Luhmann (1996: 24-31).

Journalismus ausnahmslos das allgemeine Interesse auf sich ziehen. Ihre Definitionen über die Publizistik sind zweckmäßig. Vor allem definiert Dovifat "Publizistik als öffentlich bestimmter und öffentlich bewirkter Einsatz aller Mittel, die Öffentlichkeit in Wissen und Wollen zu bestimmen" (Dovifat 1964: 347) Bei ihm muß Publizistik unbedingt Öffentlichkeitscharakter haben ("[...] öffentlich bedingte und öffentlich geübte geistige Einwirkung auf die Öffentlichkeit [...]). (Dovifat 1968: 5; vgl. auch ebd. 13-20) Das gilt auch bei Hagemann, der Gegenstand der Publizistik sei öffentlich zu vollziehen: als 'Lehre von der öffentlichen Aussage aktueller Bewußtseinsinhalte'. (vgl. Hagemann 1966: 27-30) Er grenzt den Begriff 'Öffentlich' scharf von 'Privat' ab. In diesem Sinne hat Hagemann die Unterscheidung öffentlich/nichtöffentlich als Leitdifferenz des Systems Journalismus erfaßt. Daneben legen noch viele andere ihre Auffassung vor. Die folgende Tabelle stellt wichtige Systemdefinition und -merkmale dar, belegen aber auch die Uneinigkeit in der Bestimmung des zu beobachtenden Systems. (Tab. 2)

2.3.3. Operationale Definition des System Journalismus

Die bisherigen systemtheoretischen Ansätze, die den Journalismus oder die Massenmedien bzw. die Publizistik mittels eines Leitcodes definierten, enthalten keine Operationalisierung des Begriffs. Sie wählen willkürlich als Gegenstand und Forschungsobjekt den Journalismus aus. Durch die systemtheoretische Kommunikationsansätze erwartet man eine systematische und umfassende Annäherungen an den Journalismus, die von Untersuchungen auf der Basis der Lasswell-Formel nicht erfüllt werden können. Obwohl die Journalismusforschung systemtheoretisch und empirisch seit den 90er Jahren innerhalb des deutschsprachigen Raums große Fortschritte machte, ist die Definition von Journalismus noch immer zweifelhaft.[40]

Sowohl alle Angestellten, die bei den Massenmedien beschäftigt sind, als auch alle freien Journalisten gehören nicht zum System des Journalismus. Auch nicht alle Anzeigenblätter können als zum System des Journalismus gehörig angesehen werden.

---

[40] Die Abgrenzung des Systems der Massenmedien mag heutzutage etwas willkürlich erscheinen. In Bezug auf das System der Massenmedien versuchte Luhmann Grenzen zu setzen. Um die Grenze des Systems Journalismus zu ziehen, ist seine Abgrenzung beachtenswert. Er faßt alle Einrichtungen der Gesellschaft, die sich zur Verbreitung von Kommunikation technischer Mittel der Vervielfältigung bedienen, als Massenmedien: "Vor allem ist an Bücher, Zeitschriften, Zeitungen zu denken, die durch die Druckpresse hergestellt werden; aber auch an photographische oder elektronische Kopierverfahren jeder Art, sofern sie Produkte in großer Zahl mit noch unbestimmten Adressaten erzeugen. Auch die Verbreitung der Kommunikation über Funk fällt unter den Begriff, sofern sie allgemein zugänglich ist und nicht nur der telephonischen Verbindung einzelner Teilnehmer dient. Die Massenproduktion von Manuskripten nach Diktat wie in mittelalterlichen Schreibwerkstätten soll nicht genügen und ebensowenig die öffentliche Zugänglichkeit des Raumes, in dem die Kommunikation stattfindet – also nicht: Vorträge, Theateraufführungen, Ausstellungen, Konzerte, wohl aber eine Verbreitung solcher Ausführungen über Filme oder Disketten." Seine Grundgedanke liegt darin, daß erst die maschinelle Herstellung eines Produktes als Träge der Kommunikation zur Ausdifferenzierung eines Systems der Massenmedien geführt hat. (Luhmann 1996: 10f.); Reus sieht Textanalyse (=Pressebeitrag) als zentraler Gegenstand der Journalistik, bzw. Journalismus an. Zur darauf bezüglichen vier Elemente vgl. Reus (1998: 250-259).

Um die Operationalisierung des Begriffs von Journalismus zu leisten und die Begrenzung des Forschungsgebietes möglich zu machen, ist eine systemtheoretische Bestimmung von Journalismus nötig.

Tab. 2: Neuere systemtheoretische Ansätze der Journalismusforschung

Definition → Autor ↓	System (Leistungs- und Abnehmerrolle)	Code / generalisiertes Kommunikationsmedium	(Primär-)Funktion
Marcinkowski (1993)	Publizistik (mit Journalismussystem und Publikumsrolle) (26, 80ff., 147ff.)	(ver)öffentlich(t) versus nicht (ver)öffentlich(t) (65, 149ff.)	Ermöglichung der Selbstbeobachtung moderner Gesellschaften (118ff., 148)
Gerhards (1994)	Öffentlichkeit (mit Mediensystem und Rezipienten) (85ff.)	Aufmerksamkeit versus Nicht-Aufmerksamkeit (89)	Selbstbeobachtung der Gesellschaft plus Sekundärfunktionen (Kontrolle, Integration) (87f.)
Kohring (1997)	Öffentlichkeit (mit Journalismussystem bzw. -rolle und Publikumsrolle (243, 251ff.)	mehrsystemzugehörig versus nicht mehrsystemzugehörig (249, 251)	ständige Beobachtung von Ereignissen für die Ausbildung gegenseitiger Umß welterwartungen, die nicht auf der Selbstbeobachtung der jeweiligen Systeme basiert) (248)
Görke (1997)	Öffentlichkeit (mit Journalismussystem bzw. -rolle und Publikumsrolle) (263, 333, 351f.)	aktuell versus nicht aktuell (329ff., 353)	(momenthafte) Integration gesellschaftlicher Teilsysteme durch journalistische Synchronisation (330, 352)
Spangenberg (1993)	Massenkommunikation (mit Massenmedien und psychischenSystemen/ öffentliche Meinung) (72, 75)	aktuell versus nicht aktuell (72)	Synchronisation von psychischen Systemen mit der öffentlichen Meinung (75f.)
Luhmann (1996)	Massenmedien (mit Programmbereichen Nachrichten und Berichte, Werbung, Unterhaltung) (51)	Information versus Nicht-Information (36)	- Dirigieren der universellen Selbstbeobachtung des Gesellschaftssystems - Erzeugung eines gesellschaftlichen Gedächtnisses - ständige Erzeugung und Verarbeitung von Verarbeitung von Irritationen (173 ff.) - Repräsentation von Öffentlichkeit (188)
Blöbaum (1994)	Journalismus (mit Journalisten- und Publikumsrolle) (13, 20, 60, 84)	Information versus Nicht-Information (20, 273ff.)	aktuelle Selektion und Vermittlung von Informationen zur öffentlichen Kommunikation (20, 261ff.)
Rühl (1980)	Redaktion	keine Aussage	Herstellung und Bereitstellung von Themen für die öffentliche Kommunikation (322ff.)

Quelle : Scholl / Weischenberg (1998 : 76)[41]

[41] Seitenangaben aus Marcinkowski (1993), Gerhards (1994: 77-105), Kohring (1977), Görke (1997), Spangenberg (1993: 66-100), Luhmann (1996), Blöbaum (1994) sowie Rühl (1980).

Neuberger erarbeitete zur Definition von Journalismus mit kommunikationswissenschaftlichem Anspruch: "Dabei müßte man von den gesellschaftlichen Funktionen des Journalismus ausgehen und mit Hilfe der äquivalenzfunktionalen Methode im aktuellen Kontext, in dem der Beruf steht, mögliche Ausprägungen des Journalismus in anderen Dimensionen bestimmen." (Neuberger 1993: 8; zit. nach Scholl 1997: 469) Dies bedeutet, daß die entscheidende Aufgabe für die Definition von Journalismus darin besteht, die Grenzen von Journalismus zu bestimmen. Für eine operationale Definition verlangt Neuberger "eine multidimensionale Definition von Journalismus, die außer der Funktion auch (massenmediale) Produkte, die Berufsorganisation, Arbeitsorganisation, Tätigkeit, Sparte, Medium, Qualifikation und Qualifikationserwerb als weitere Kriterien einbezieht." (Scholl 1997: 470)

Durch die Prüfung der Journalismusstudien versucht Böckelmann, Journalismus zu definieren. Er hat eine Untersuchung aller wichtigen Journalismusstudien im deutschsprachigen Raum von 1945 bis 1990 erstellt. Seine Dokumentation unterscheidet Journalismus in zwei Dimensionen: Nach Mediensparten (Print- und Funkmedien sowie deren Ausdifferenzierungen) und nach Ressorts. Böckelmann schlägt Definitionsentscheidungen vor, die in den Entscheidungen von Journalist/Nichtjournalisten als Kriterien fungieren:

> 1. Formen der Informationsbeschaffung in den Redaktionen werden als Grenzbereiche der Kommunikatorforschung aufgefaßt: Damit werden Gebiete wie Gatekeeper- oder Nachrichtenauswahlforschung an den Rand gedrängt und nur im Zusammenhang mit der Forschung von Einstellungen und Verhaltensweisen berücksichtigt.
> 2. Kommunikatorforschung wird vielleicht auf Berufsfeldforschung reduziert: Im Zug einer solchen Engführung der Kommunikatorforschung werden kommunikationswissenschaftliche Fragestellungen nach innerredaktionellen Selektions- und Konstruktionsprozessen in einen rein (berufs-)soziologischen Kontext eingeordnet.
> 3. Der Begriff 'Journalist' wird als ein umgangssprachlich sinnvolles, aber zugleich mißverständliches Substitut für den Begriff 'Kommunikator', der ja fraglos auch Verleger und Angehörige von Pressestellen ohne Redaktionserfahrung einbezieht, verstanden.
> 4. Journalismusforschung, die wie die systemtheoretisch motivierte Redaktionsforschung nicht akteurs- oder berufstandszentriert ist, wird als zu unspezifisch und methodisch nicht umsetzbar zurückgewiesen. Damit wirft er auch die Unterscheidung zwischen Journalismus und Massenkommunikation(sprozeß) über Bord und schließt sich der Sichtweise an, daß das Interesse an Berufsgruppe und Berufspraxis der Kommunikatoren mit einer übergeordneten *Wirkungsfrage* relativiert werden müsse. (Scholl 1997 470f.; vgl. weiter Böckelmann 1993: 7-24)

Armin Scholl versucht den Journalismus auf der theoretischen Basis von vier Dimensionen auszudifferenzieren, die als Kriterien einer operationalen Definition von Journalismus dienen, nämlich 1. Journalismus als (Funktions)system, 2. Journalismus als organisierte Produktion öffentlicher Aussage, 3. Journalismus als Beruf / Profession und 4. journalistische Tätigkeiten.

a. *Journalismus als (Funktions)system* :

Um das System des Journalismus klar zu machen, bestimmt er Abgrenzungen zu *Public Relations*, zu *Kunst und fiktionalen Aussagen*, zu *Laienjournalismus und alternativen Medien* und zur *nichtaktuellen, nicht periodischen Publizistik.*

Public Relations stehen im Dienst einer Organisation, einer Institution, eines Unternehmens oder eines Verbandes, und dienen der Erzeugung erwünschter Images für ihre Auftraggeber. "Das System Journalismus bezieht dagegen seine Identität aus der funktionalen Autonomie, die im Grundgesetz und in den Presse- und Rundfunkgesetzen sowie in den Redaktionsstatuten und Betriebsvereinbarungen juristisch kodifiziert ist. Darüber hinaus äußert sie sich soziologisch als (berufliches) Selbstverständnis der individuellen und kollektiven Akteure. Schließlich wird sie durch privatwirtschaftliche Konkurrenz oder öffentlich-rechtliche Verfaßtheit ökonomisch ermöglicht." (Scholl 1997: 473f.) Die Differenz zwischen *journalistischen* und *fiktionalen Aussagen* kann nicht mit formalen Kriterien operationalisiert werden, sondern muß aus der inhaltlichen Kenntnis der Medienprodukte entschieden werden. Im Gegensatz zum Journalismus orientieren sich künstlerische Medien nicht an Faktizität, sondern an reiner Unterhaltung oder an alternativen Wirklichkeitsentwürfen. Bei der Untersuchung der Funktion des Journalismus werden beispielsweise der Unterhaltungsteil in den Funkmedien, Satiremagazine und der Fortsetzungsroman in der Zeitung vom System des Journalismus ausgeschlossen. Bei Scholl werden *Laienjournalismus und alternative Medien*[42], die auf interaktiven Medien basieren, ebenfalls vom Journalismus ausgeschlossen. "Die Operationalisierung muß teilweise auf eine berufssoziologische Perspektive umstellen: Laienjournalismus ist zu erkennen an Ehrenamtlichkeit oder am fehlenden Presseausweis. Ein weiteres Kriterium ist die (geringe) Reichweite der Medienprodukte (Auflage bei Printmedien)." (ebd.: 474) Scholl postuliert *Aktualität und Periodizität* als Kriterien für die Ausgrenzung von Publizistik. In diesem Sinne schließt er eine zu weit gefaßte Periodizität, etwa bei Jahrbüchern oder Zeitschriften, die seltener als monatlich erscheinen, aus dem Journalismus aus. Journalismus ist aktualitätsbezogen. Entsprechend können nur Medien mit einer gewissen Relevanz für die Öffentlichkeit 'journalistisch' genannt werden. "Dieses Kriterium kann mit der Reichweite der Medienprodukte operationalisiert werden. Der Indikator Reichweite steht demnach sowohl für Relevanz aus der Rezipientenperspektive als auch für die Professionalität aus der Kommunikatorperspektive." (ebd.: 475)

b. *Journalismus als organisierte Produktion öffentlicher Aussage*:

Scholl berücksichtigt den Journalismus auf der organisatorischen Ebene. Als interessante Bereiche nimmt er die organisierten journalistischen Agenturen und Zulieferer wie Nachrichtenagenturen, Mediendienste, Hörfunk- und Fernsehzulieferer auf, denn deren Einbeziehung deutlich, daß "Journalismus (als System der Aussagenentstehung) nicht nur ein Teilsystem von Publizistik, Öffentlichkeit oder Massenmedien ist, sondern teilweise darüber hinausragt." (ebd.)

Nach ihrer inhaltlichen Tätigkeit zählt er alle Nachrichtenagenturen gänzlich zum Journalismus, darunter auch neuere Rundfunknachrichtenagenturen (wie RUFA). Da es sich nicht um Public-Relations-Agenturen handelt, schließt er Mediendienste und Journalistenbüros in den Journalismus ein. Bei den Zeitungen schließt er vor allem dann Tageszeitungen in den Journalismus ein, wenn es sich um redaktionell eigenständige Produkte handelt. Bezirksausgaben sind dies aber nicht, da sie im Gegensatz

[42] Zum Begriff des Laienjournalismus vgl. Fabris (1980: 107-117).

zu Kopfblättern keine eigenständige Erhebungseinheit hervorbringen. Er anerkennt Sonntagszeitungen nur dann als Erhebungseinheit, wenn eine eigenständige Redaktion mit Chefredaktion das Blatt betreut. Unter der Kategorie Wochenzeitung sind bei Stamm auch lokale Wochenblätter verzeichnet, die sich inhaltlich oft nur unbeträchtlich von Anzeigenblättern unterscheiden. Er zählt amtliche Mitteilungsblätter nicht zum Journalismus.

Nach Scholl zählen Anzeigenblätter zum Journalismus, wenn sie einen hinreichend großen redaktionellen Teil haben. Nach Kopper erfüllen zwei Typen von Anzeigenblättern diese Kriterien: "Blätter, die aufgrund ihres redaktionellen Leistungsumfang als Gratis-Substitut für das traditionelle Wochenblatt einzustufen sind, und Gratisanzeiger mit eindeutigem publizistischen Leistungsbeitrag." (vgl. Kopper 1991: 26)[43]

Bei den Zeitschriften trifft Scholl auf Schwierigkeiten, da insbesondere die Abgrenzung zu Public Relations teilweise schwierig ist. Er zählt 'Amtliches und Halbamtliches', 'Veranstaltungsprogramme', 'Kunden- und Hauszeitschriften', 'Marketing, Werbung, Messe- und Ausstellungswesen' nicht zum Journalismus. Er bezieht Ausschlußkriterien aus Benennungen oder Untertiteln, wie 'Mitteilungsblatt', 'Organ' und die Verbindung mit Parteien, Vereinen, Kommunen, Land, Bund, Kirchen, Verbänden, Innungen, Kammern, Berufsvereinigungen oder mit explizit aufgeführten Public-Relations-Unternehmen sowie mit Wirtschaftsunternehmen. Er läßt auch generell oder nur an Mitglieder gratis verteilte, aber zusätzlich käuflich erwerbbare Zeitschriften, wie 'ADAC Motorwelt', als Public-Relations-Organ einstufen. Unter den Zeitschriften schließt er nichtaktuelle Zeitschriften vom Journalismus aus, wenn diese seltener als einmal im Monat erscheinen. Für professionellen Journalismus setzt er voraus, daß eine Auflage von mindestens 10,000 Exemplaren gedruckt wird. Er sieht diese Zahl als die unerläßliche Bedingung, dafür im ökonomisch existieren und zumindest regelmäßig freie Mitarbeiter oder sogar festangestellte Journalisten beschäftigen zu können. 'Satiremagazine', 'Rätselhefte' und ähnliche werden von Scholl nicht zum Journalismus gezählt.

Bei den Rundfunksendern schließt Scholl die öffentlich-rechtlichen Sendeanstalten und die Vollprogramme der privaten Sender sowie Zulieferer (wie TV Touring) und Rahmenprogramme (wie BLR) ohne weiteres in den Journalismus ein. Unter den privaten Spartensendern nimmt er jene auf, die journalistisch produzierte Sendeanteile enthalten. Reine Musiksender, deren journalistische Teile extern oder nur von ehrenamtlichen Mitarbeitern produziert werden, werden nicht zum Journalismus gezählt. Dies ist auch der Fall bei den freien Radios (wie Radio Dreyeckland), bei Bürgerkanälen sowie beim Krankenhaus- und Kaufhausradio.

c. *Journalismus als Beruf/Profession* :

Scholl berücksichtigt weiter die vertikalen und horizontalen Rollenebenen im Journalismus, denn der Journalismus ist nicht allein auf seine Organisationen (Redaktionen) reduzierbar, obwohl sich in Organisationen der größte Teil der Aussagenentstehung vollzieht. In diesem Sinne beruft er sich auf die Definition professioneller Akteure, die im Journalismus in bestimmten Rollen tätig sind.

---

[43] Zit. nach Scholl (1997: 476).

Obwohl Journalismus nicht nur in Organisationen, sondern auch durch die Arbeit der freien Journalisten mitkonstituiert wird, zählen er nicht alle freie Journalisten zum Journalismus. Er schließt ehrenamtlich tätige und nur nebenberufliche freie Journalisten aus berufssoziologischen Gründen als Rand des Journalismussystems aus. Wenn die freien Journalisten die in der journalistischen Praxis üblichen Bezeichnungen wie 'arbeitnehmerähnlich', 'regelmäßig' oder 'ständig' tragen, dann betrachtet er sie als dem Journalismussystem zugehörig. In der vertikalen Rollendimension zählt er Verleger und Intendanten nicht zum Journalismus in Anlehnung an das Ergebnis der systemtheoretischen Redaktionsforschung von Manfred Rühl. Bezüglich der horizontalen Rollendimension ergibt sich die Frage, ob Fotografen, Redaktionstechniker, Moderatoren, Programmgestalter, Programmplaner und Dokumentationsjournalisten einzubeziehen sind. Wenn die Akteure journalistische Kerntätigkeit ausüben, werden sie als dem Journalismussystem zugehörig gezählt. Mit anderen Worten ausgedrückt, ist die Entscheidung, ob sie Journalisten sind oder nicht, nur auf die personale Ebene - Tätigkeit der Person - zu übertragen. Durch die in Tab. 3 aufgeführten Bezeichnungen zeigt Scholl, daß Berufsbenennung und journalistische Rollen nicht identisch sind. Die Kriterium der Entscheidung, Journalist/Nichtjournalist, bezieht sich auf die journalistische Tätigkeit der Akteure.[44]

d. *Journalistische Tätigkeiten*:

In der Studie *Journalismus in Deutschland* hat er bereits die journalistischen Tätigkeiten untersucht. Er ließ dort 1.498 Journalisten den zeitlichen Umfang ihrer Tätigkeit abschätzen. Zu den vorgegebenen Kategorien zählten dabei:

- Recherche
- Verfassen/Redigieren eigener journalistischer Texte
- Auswahl von Texten (zum Beispiel aus Agenturmaterial)
- Redigieren von Agenturtexten und Pressemitteilungen
- Redigieren der Texte von Kollegen und Mitarbeitern
- organisatorische und verwaltende Tätigkeit (etwa an Redaktionskonferenzen teilnehmen)
- technische Tätigkeiten (Layout/Umbruch, Außenaufnahmen, Tonaufnahmen im Studio, Schnitt, Mischen)
- Moderation

Scholl legt begrifflich jorunalistische Tätigkeiten fest, in Anlehnung an das Verständnis von Rühl. Rühl stellt fest, daß Journalismus Informationen aus seiner Umwelt be- und verarbeitet und diese be- und verarbeiteten Informationen der Umwelt wieder zu Verfügung stellt. Zur diesen Funktionserfüllung ist journalistisches Entscheidungshandeln nötig: Kollektion, Selektion und Kondensation der Informationen. Er geht davon aus, daß journalistische Kerntätigkeiten *recherchieren, selek-*

[44] Zum weiteren Begriff bezüglch der Journalisten vgl. Donsbach (1981: 168-184), Dygutsch-Lorenz (1972: 138-158), Fabris (1971), Gruber / Koller / Rühl (1974/75: 337-359), Grunenberg (1967), Kepplinger (1979), Langenbucher (1974/75: 256-277) und Mahle (1993).

tieren, schreiben und *redigieren* sind.

Durch die Erhebung der oben genannten Tätigkeiten läßt sich empirisch überprüfen, ob Personen in die Stichprobe der Befragten gelangt sind, die keine journalistischen Kerntätigkeiten ausüben und damit möglicherweise aus der Definition von Journalismus herausfallen. Mit Hilfe einer Clusteranalyse versucht er Gruppen von Journalisten zu bilden, innerhalb derer die Merkmale der Untersuchungsobjekte (hier: Tätigkeiten von Journalisten) sehr ähnlich sind, zwischen denen aber große Unterschied bestehen. Es läßt sich berechnen, daß die Gruppe, die nur Tätigkeiten ausführen, die nicht zum Kernbereich des Journalismus zählen, so könnten sich Redaktionsmitarbeiter oder freie Journalisten identifizieren lassen, keine Journalisten laut Definition sind.

Eine Definition von Journalismus muß theoretisch sinnvoll und empirisch zweckmäßig sind. Trotz der begrifflichen Operationalisierung von vieler Pioniere weist das System von Journalismus immer noch eine unscharfe Ränder auf. Der Versuch von Armin Scholl, in dem des Journalismus von Public Relations, Werbung, Kunst, Publizistik und Laienkommunikation unterschieden wird, versucht eine systemtheoretische Vorgehensweise. In engerem Sinne ist "der Forschungsgegenstand Journalismus nicht identisch oder austauschbar mit Massenmedien oder Öffentlichkeit oder als deren Subsystem modellierbar." (Scholl 1997: 483) Insofern sich die Funktion und Struktur des Journalismus verändert, wird die Operationalisierung des Forschungsgegenstands zukünftig noch schwieriger und wichtiger.

Tab. 3: Berufsbenennungen und Rollen im Journalismus

- Verleger*, (Herausgeber*)
- Chefredakteur, Stellvertretender Chefredakteur
- Redakteur v.i.S.d.P., Chef vom Dienst, (Schlußredakteur), (Abteilungsleiter im Rundfunk), Redakteur in leitender Position, Ressortleiter, stellvertretender Ressortleiter
- Redakteur, (Fachredakteur), (Redakteur für besondere Aufgaben), Journalist
- (Fernseh-/Theaterkritiker), (Rezensent), (Feuilletonist), (Kolumnist)
- (Chefreporter), Reporter
- Moderator *
- Auslandskorrespondent, Korrespondent
- Bildredakteur, (Pressefotograf*)
- (Koordinator*), Produktioner*, Umbruchredakteur*, Redaktionstechniker*
- freier Journalist, (fester/ständiger freier Mitarbeiter)
- Volontär, Redaktionsassistent*

Quelle: Ergebnisse der 'Journalismus in Deutschland'-Studie (Stand 1993), in Klammern Ergänzung aus Wieswand. Die mit einem * versehenen Berufsnennungen sind nur dann journalistische Berufsrollen, wenn die Akteure journalistische Kerntätigkeiten ausüben.[45]

[45] Zit nach Scholl (1997: 479); ergänzt nach Wiesand (1977).

Nach Scholl hat die Operationalisierung der gegenwärtigen wie einer zukünftigen theoretischen Journalismusdefinition zwei Schwerigkeiten zu bewältigen: "Sie muß erstens bei unscharfen Rändern klare empirische Grenzen ziehen. Dieses Problem ist jedoch empirischer Forschung an sich immanent, weil der Übergang von Theorie zu Empirie (über Operationalisierung) nicht bruchlos ist. Weiterhin muß beim Prozeß der Operationalisierung von abstrakten systemtheoretischen Sinngrenzen (im Sinn Luhmanns) auf die konkreten Zählung der Menge journalistischer Akteure umgestellt werden. Dieser notwendige Perspektivenwechsel ist der Tatsache geschuldet, daß die Systemtheorie kein methodisches Instrumentarium zu ihrer Operationalisierung zur Verfügung stellt." (ebd.: 483) Aus dieser Operationalisierungsschwerigkeiten könnten die meisten Studien auf eine empirisch schwer umsetzbare Theorie verzichten oder auf eine leicht umsetzbare ausweichen. Trotz der Schwierigkeiten müssen die theoretische Überlegungen aber bei Definition des Journalismus in empirische Handlungsanweisungen übersetzt werden. Andernfalls werden die Konsequenzen der Untersuchung die Verläßlichkeit in der Tat gewinnen.

2.4. Fazit

Im Laufe der publizistik- und kommunikationswissenschaftlichen Theoriebildung setzt das Systemdenken voraus, daß publizistische Kommunikation als gesellschaftliches Phänomen und als gesamtgesellschaftliche Notwendigkeit zu erkennen ist. Nach systemtheoretischer Ansicht werden die objektiven Konsequenzen der Massenkommunikation, wie Medien, Aussagen, etc., einer Gesellschaft erfaßt.

Die holistischen Annäherungsmodelle der Kommunikation z.B. von Riley / Riley oder Maletzke stehen bereits dem Funktionalismus nahe. In diesen Modellen wird das Verhältnis zwischen Publizist und Publikum als Dialog zwischen gleichberechtigten Partnern, die sich auf einer horizontalen Ebene im gesellschaftlichen Zwiegespräch begegnen, verstanden. Die Beziehung zwischen den zwei wesentlichen Elementen des Kommunikationssystems – Kommunikatoren und Rezipienten – wird aber zu gleichmäßig und machtgleich behandelt.

Die struktur-funktionale Systemtheorie, zu deren Entwicklung Parsons entscheidende Beiträge geleistet hat, hebt den holistischen Zusammenhang von Massenkommunikation hervor. Der Hauptkritikpunkt an der struktur-funktionale Systemtheorie von Parsons ist es, daß an einer gründlichen Analyse der Austauschprozesse zwischen dem Teilsystem Massenkommunikation und den Umweltsystemen wie Politik, Ökonomie, Sozialsystem und Kultur fehlt, die Wechselwirkungen von System und Umwelten wird nicht angemessen untersucht. Obwohl Massenkommunikation mehr als Integration leisten kann, werden die Input- und Outputprozesse zwischen dem offenen sozialen System Massenkommunikation und den verschiedenen Umweltsystemen in den allgemeinen systemtheoretischen Ansätzen mit übermäßiger Betonung der Integrationsfunktion der Massenmedien beseitigt.

Der struktur-funktionalen Systemtheorie wurde mit der Einführung des Begriffs *Kybernetik* die Schwäche genommen. Durch die konsequente Anwendung kybernetischer Prinzipien auf soziale Systeme ermöglicht die Systemtheorie eine dynamische Betrachtung des Massenkommunikationssystems. Mit der Einführung von Begriffen wie Selbstregulation und –kontrolle (Feedback) fand man einen Grund, das Bestandsproblem der Massenkommunikationssystems zu lösen und, trotz sich verändern der Umwelten, im Gleichgewicht zu bleiben. Zur Fortsetzung des Massenkommunikationssystem als ein System sind verschiedene Systemstrategien und Regelungsmöglichkeit erforderlich. Das Massenkommunikationssystem wird seine strukturelle Komplexität steigern, um Gleichgewichtsverluste zu umgehen. Dies kann z.B. durch Veränderung der Organisation von Redaktionen, der Produktionsverfahren, Arbeitsrollen, journalistischen Ethik u.a. – also durch funktionale Differenzierung des Massenkommunikationssystems – erfolgen.

In der Kommunikationswissenschaft hat die funktional-strukturelle Systemtheorie eine andere Wendung genommen und es wird zu Recht nach den Leistungen der Systemstrukturen selbst gefragt, die in der strukturell-funktionalen Theorie nicht erfolgt. Bezogen auf das Massenkommunikationssystem wären z.B. die Informationsleistungen zu überpüfen, die es bei gegebenen (bzw. alternativen) Strukturen erbringt – Leistungen, die zur Lösung des Grundproblems einer lebensnahen und handlungsnotwendigen Reduktion von (Welt-)Komplexität beitragen können. Die besondere Leistung von Journalismus besteht demnach in der Auswahl un nachfolgenden Bearbeitung von Ereignissen aus einer turbulenten und ständigen Wandlungsprozessen unterworfenen Welt.

Zwischen verschiedenen Wissenschaftlern stimmen die Definition des binären Codes des Systems Journalismus nicht überein. Binäre Codes nennt z.B Luhmann die Unterscheidung von Information / Nichtinformation, Marconkowski die Unterscheidung von öffentlich / nicht öfentlich, Görke und Spangenberg die Unterscheidung von aktuell / nicht aktuell und Gerhard die Unterscheidung von Aufmerksamkeit / Nicht-Aufmerksamkeit.

Die bisherigen systemtheoretischen Ansätze enthalten aber keine Operationalisierung des Begriffs. Sie wählen willkürlich als Gegenstand und Forschungsobjekt den Journalismus aus. Um die Operationalisierung des Begriffs Journalismus zu leisten und die Begrenzung des Forschungsgebietes möglich zu machen, ist eine systemtheoretische Bestimmung des Journalismus unbedingt erforderlich.

3. Einflußfaktoren aus der Umwelt bzw. aus Subsystemen - Struktur und Rahmenbedingungen des Systems Journalismus

Wie oben bereits angesprochen, bestehen die Primärfunktionen bzw. die Leistungen des Journalismus in der Selektion und nachfolgenden Bearbeitung von Ereignissen aus einer turbulenten und ständigen Wandlungsprozessen unterworfenen Welt, teils in eigener Regie, teils auf Initiative Fremder. (vgl. Rühl 1980)[46]

Das System des Journalismus hängt stets ab von der gesellschaftlichen Entwicklung und journalistische Thematisierung ist weltgesellschaftlich orientiert. Durch politische, wirtschaftliche, weltanschauliche, technologische, ideologische und zahlreiche andere Umwelteinflüsse bzw. systeminterne Elemente oder Einflüsse von Subsystemen werden die Primärfunktionen des Journalismus entscheidend geprägt.

Um die Ausdifferenzierung von Journalismus zu beschreiben, ist anfangs jener gesellschaftliche Kontext nachvollzogen worden, in dem Journalismus entsteht. Die Entstehung von Journalismus als System im 18. und 19. Jahrhundert wird in drei Teilen verfolgt: 1) journalistische Organisation, 2) journalistische Programme, 3) journalistische Rollen.

Hierzu wird in Kapitel 3 das Ziel gesetzt, die Einflußfaktoren zu identifizieren und die Thematisierung des Systems Journalismus zu determinieren. Die Einflußfaktoren werden in der Reihenfolge Gestalt und Funktion von Normen, Organisationen, redaktionellen oder journalistischen Entscheidungsprogrammen sowie journalistischen Rollen betrachtet.

3.1. Normen zum System des Journalismus

Zumeist wird Norm heute verstanden als Beschränkung, als Limitierung der Freiheit des einzelnen, die dessen Entfaltung zuwiderläuft. Obwohl Normen zwar als "mehr oder weniger verbindliche, allgemein geltende Vorschriften für menschliches Handeln." (Peuckert 1986: 217) aufgefaßt werden, sind sie aber unerläßlich, um einen Freiheitsraum zu konstituieren. Nur dort, wo Freiheit begrenzt wird, kann sie gewährleistet werden.

---

[46] Nach Rühl könnte die Initiative Fremder für eine Rundfunkabteilung von einem freien Mitarbeiter stammen. Die Initiative Fremder könnte für eine Zeitungsredaktion die abonnierte Nachrichtenagentur oder könnte für eine Nachrichtenagentur eine in bestimmten Weltgegenden arbeitende Partneragentur sein. "Indem Journalismus bestimmte Ereignisse zu konkreten Mitteilungen thematisiert, vereinfacht und konzentriert, werden in ihm gleichzeitig die aktuellen Themen der öffentlichen Kommunikationen begrenzt und vorstrukturiert. Durch diesen Prozeß der Reduktion und Gliederung macht Journalismus die Ereignishaftigkeit der Welt für die Gesellschaft überschaubar und plausibel. Seine praktischen Entscheidungen wiederum sind durch eine Reihe von Erwartungskomplexen vorgeformt. Mit vorab festgelegten Prämissen seines Entscheidungshandelns versucht Journalismus aus der Öffentlichkeit sein Publikum, genauer gesagt: verschiedene Publika zu gewinnen. Mittels einer hochdifferenzierten und stark spezialisierten Binnenstruktur, die in Gestalt und Funktion von Rollen, Positionen, Normen, Symboltechniken, Berufen, Organisationen, redaktionellen Entscheidungsprogrammen und nicht zuletzt in Wertgesichtspunkten ausgeprägt ist, bemüht sich Journalismus sein Handlungspotential auszuschöpfen." (Rühl 1980: 342)

Nach dem Modell von Weischenberg, in welchem das System Journalismus mit einer Zwiebel verglichen wird, sind die Normen, "welche im Mediensystem Gültigkeit besitzen, die sozialen Rahmenbedingungen, die historischen und rechtlichen Grundlagen, die Maßnahmen der Kommunikationspolitik sowie die weniger formalisierten professionellen und ethischen Standards für journalistische Berufstätigkeit." (Weischenberg 1992: 69)

Das Herder-Lexikon Soziologie bietet die Synonyme "Richtschnur, Regel, Vorschrift, Muster" (Herder-Lexikon 1976: 77) an. Im Wörterbuch der Soziologie betrachten Hartfiel und Hillmann die unterschiedlichen Arten von Normen: *Gesetze als Muß-Normen, Sitten als Soll-Normen und Bräuche und Gewohnheiten als Kann-Normen.*

Der Begriff Norm wird in den Kommunikationswissenschaften aber meist unreflektiert verwendet. Ein Grund mag sein, daß "es bis heute noch immer nicht gelungen ist, allgemein verbindliche Begriffsdefinitionen für das Fach zu finden und sie in Form eines Nachschlagewerkes niederzulegen." (Gehrke / Hohlfeld 1995: 20) Gehrke / Hohlfeld ordnen Normen in drei unterschiedliche Ebenen ein: "Einerseits betrifft es die staatlichen Ebene. Normierung der Kommunikationsfreiheit findet im Grundgesetz statt. Das Recht auf Meinungsfreiheit beispielsweise findet seine Beschränkung im Recht auf freie Entfaltung der Persönlichkeit oder im Schutz der Jugend. Normative Zielvorstellungen erscheinen hier als Gesetz (Muß-Normen) des Staates, die Gewähr dafür bieten sollen, daß die durch das Grundgesetz garantierten Grundrechte wie Meinungs- und Informationsfreiheit nicht mißbraucht werden. [...] Ein weiterer Anknüpfungspunkt sind die kommunikationspolitischen Maßnahmen, die -je nach dem Grad der Regulierung- ebenfalls normativ wirken. [...] Bezugspunkt für jedwede Diskussion über die Normierung der Kommunikationsfreiheit scheinen nach unseren bisherigen Überlegungen die wirtschaftlichen und technischen Fakten zu sein, die wichtige Leitlinien für die Strukturen und auch Funktionen des Rundfunks vorgeben. Eine Vervielfachung der Übertragungswege verändert die Diskussion ebenso maßgeblich wie die Preise, die durch den Verkauf von Werbezeiten erzielt werden können." (ebd.: 42f.) Hinsichtlich des Ziels von normativen Begrenzungen nach 'Struktur der Anbieter' und 'Gestaltung des Programms' läßt McQuail vier unterschiedliche Typen von Normen erkennen: *Meta-Normen, verdeckte Normen, offene Normen* und *faktische Normen.* (vgl. McQuail 1992)

Bezüglich dieser Anordnung kann vorausgesehen werden, daß die Beschäftigung mit den unterschiedlichen Normen leicht auf Schwierigkeiten trifft. Die Schwierigkeiten liegen wesentlich in der starken Verwobenheit normativer Theorie mit ideologischen, politischen, rechtlichen und sogar ethischen Fragen begründet.

3.1.1. Meta-Normen

Auf einer übergeordneten Ebene existieren normative Erklärungsmodelle publizistischer Prozesse mit der wissenschaftlich eingrenzten Reichweite eines Ansatzes. Sie fordern eine demokratiekonstituierende Leistung der Publizistik. Für dieses Verlangen nach Soll-Normierung wird die Bezeichnung *Meta-Norm* vorgeschlagen.[47] Als Meta-Normen werden publizistik- beziehungsweise kommunikationswissenschaftliche Erklärungsmodelle begriffen.[48] Zu ihren normativen Zielvorstellungen ist festzuhalten, daß sie sich von einem ontologischen Gesinnungsdenken hin zu einem Verständnis von Publizistik im Sinne gesellschaftlicher Erfordernisse als Funktion wandeln.

Der Vergleich zwischen den Ansätzen z.B. der *normativen Publizistik* und der *funktionalen Publizistik* läßt die folgende These klar werden: Nach den Ansätzen der Publizistik werden Funktion und Stellung der Massenmedien in der Gesellschaft differenziert. Während das publizistische Mittel in der normativen Publizistik noch als Sender verstanden wird, wandelt es sich in der funktionalen Publizistik zum Kommunikator. In der normativen Publizistik geht der Prozeßablauf publizistischer Kommunikation zufolge vertikal und normativ vom Sender zum Empfänger. Dies wird in der funktionalen Publizistik so nicht gesehen. Dort geschieht Kommunikation als eine Funktion zwischen Kommunikator und Rezipient im Sinn eines 'gesellschaftlichen Zwiegesprächs' zwischen den Sendern und Empfängern. Kommunikator und Rezipient sind hier in horizontaler Lage gleichberechtigt nebeneinander gestellt und verständigen sich gewissermaßen via Medien als Kommunikationskanälen über Themen, die von gesellschaftlicher Relevanz sind. Das rückt die Bedürfnisse und Erwartungen des Rezipienten stärker in den Vordergrund. Es gibt nicht mehr den einzelnen Sender, wie im normativen Publizistikverständnis, sondern er wird zu einer dominierenden Strukturvariablen. In der funktionalen Publizistik "erwartet der Rezipient von den Medien Kommunikation; durch diese Erwartungshaltung erst erfährt der Kommunikator seine Bedeutung und Bestimmung als Entscheidungsträger für die Auswahl und Bewertung der publizistischen Botschaften." (Pürer 1990: 132) In der normativen Publizistik steht der Wunsch nach Verbesserung der Gesamtgesellschaft im Vordergrund. In diesem Modell beziehen sich die normative Zielvorstellungen auf die Gestaltung der Inhalte. Im Gegensatz zur normativen liegt die besondere Leistung der funktionalen Publizistik wesentlich darin, publizistische Kommunikation "als gesellschaftliches Phänomen und als gesamtgesellschaftliche Notwendigkeit erkannt zu haben. Sie orientiert sich in erster Linie an den kommunikativen Bedürfnissen der Gesellschaft, die rückgekoppelt werden und durch die Medien abzudecken sind." (ebd.: 134) Wie aus diesem Modell ersichtlich ist, bedeutet Publizistik als Funktion nicht Aussage, sondern Kommunikation; nicht Aussageträger, sondern Kommunikator; nicht Aussageempfänger, sondern Rezipient; nicht Öffentlichkeit, sondern Soziales

[47] Im Grund genommen bezeichnen Meta-Normen als Soll-Normen die Ideen, die den Journalismus eines Landes beherrschen. Die Ideen wieder bezeichnen die Beziehungen zwischen den politischen Systemen und Massenmedien. Beispielsweise wird der Journalismus im absoluten (autoritären) Land auf der theoretischen Grundlage des Absolutismus stehen, der von Machiavelli (1496-1527) und Hobbes (1588-1679) formuliert wurde. Der Absolutist rechtfertigt alle Macht vom Staat aus und er sieht alle Institutionen als Diener des Staates. Nach den Beziehungen zwischen politischen Institutionen und Massenmedien wird der Charakter des Journalismus differenziert. vgl. dazu Siebert / Peterson / Schramm (1956); Kepplinger (1982); Kepplinger (1989); Altschull (1990).

[48] vgl. zu verschiedenen theoretische Ansätze der Publizistikwissenschaft, beispielsweise die *'normative Publizistik'* nach Emil Dovifat, die *'systematische Publizistik'* nach Walter Hagemann, die *'funktionale Publizistik'* nach Henk Prakke, etc., Pürer (1990: 121-160).

System; nicht Empfangsbereitschaft des Publikums, sondern Reaktion und Inspiration durch das Publikum; nicht publizistische Ziele des 'Senders', sondern publizistische Funktionen zwischen Rezipient und Kommunikator; nicht Führung und Leitung des Publikums, sondern Spiegelung und Prägung gesellschaftlicher Bedürfnisse; nicht öffentliche Aufgabe, sondern Erwartungsorientierung; nicht Struktur, sondern System; nicht publizistische Handeln des 'Senders', sondern kommunikatives Verhalten durch Rezipient und Kommunikator. (vgl. Prakke 1964 und 1968; Maletzke 1988) Zusammenfassend gesagt: Die Erklärung der theoretischen Grundlegungen der Kommunikationswissenschaften bestätigt so einen Wandel im Verständnis der Publizistik von den Sendern (die publizistische Persönlichkeiten), die das Programm veranstalten, zum Programm, das als Angebot aufgefaßt und mittels der Funktionsanalyse bewertet wird. "Zum Transportmittel normativer Zielvorstellung wird so die Beobachtung der Funktionserfüllung, also die Qualität des Programms." (Gehrke / Hohlfeld 1995: 171)

In dem Maß, wie es durch ein publizistische Erklärungsmodell angenommen wird, wird es durch Kommunikationselemente, wie Kommunikatoren, Medien, Rezipienten und das Verhältnis zwischen Kommuniktor und Rezipient, unterschiedlich charakterisiert.

3.1.2. Verdeckte Normen

Für den Übergang von Soll-Normen zu Muß-Norm gibt es Beschränkungen, die von der Interpretation rechtlicher Vorgaben abhängen. Diese schränken die grundrechtlich garantierten Freiheiten ein, indem sie diese einem höherwertigen Ziel unterordnen. Eine solche Art von Beschränkung der Kommunikationsfreiheit in Form ordnungspolitischer Ausgestaltung kann als *verdeckte Norm* begriffen werden.[49] Als verdeckte Normen werden in erster Linie die strukturellen Aspekte angenommen, die auf diese Weise auch Einfluß auf die Inhalte nehmen können.[50] Die Kommunikationspolitik bzw. Medienpolitik ist im Verfassungsrecht verankert. Im allgemeinen könnten diverse Rechtsvorschriften als Form der Kommunikationspolitik, bzw. der Medienpolitik verstanden werden.[51] Am Beispiel der zunehmenden Ökonomisierung

[49] Als verdeckte Normen werden die für die Presse relevanten Rechtsvorschriften sowie die Spruchpraxis der hohen und höchsten Gerichte der Bundesrepublik in Presseangelegenheiten verstanden. "Eine Vielzahl von Gesetzesvorschriften birgt verbindliche Normen, die alle redaktionelle Tätigkeiten mitbestimmen. Das die Presse betreffende Recht, das redaktionsextern geschaffen wurde, aber für jede journalistische Arbeitsorganisation auch intern verbindlich ist, bildet einen Bereich der Umwelt der Redaktion. Seine Existenz formalisiert daher eine Reihe redaktionsinterner Verhaltenserwartungen, die an den einzelnen Redakteur gestellt werden. Zumindest wird ein bewußter oder fahrlässiger Verstoß gegen diese Normen für das Mitglied nicht folgenlos sein." (Rühl 1980: 255)

[50] "Die als bestimmte Konzepte der Argumentation erkannte liberalistische und instrumentale Sichtweise von Kommunikationsfreiheit wird von ihrer inhaltlichen Substanz gelöst. Die Diskussion bedient sich lediglich einzelner Versatzstücke, wenn auch Grundzüge einer einerseits primär wirtschaftlich, andererseits primär sozial-verantwortlichen Kommunikationspolitik zu erkennen sind." (Gehrke/ Hohlfeld 1995: 171)

[51] Ronneberger faßt Kommunikationspolitik als alle Intentionen und Handlungen auf, die auf das Zustandekommen von Sinn-Verstehen zwischen Menschen gerichtet sind. " [...] verlangt es

der Medien und der Informationsproduktion werden staatliche oder gesellschaftliche Steuerungsbemühungen in Anspruch genommen, da eine allgemeine 'Verflachung' von publizistischen Angeboten zugunsten trivial-unterhaltender Anteil festgestellt wird, sowie über neue Programmformen Beschwerde geführt oder die zunehmende Verletzung von gesellschaftlichen Tabus durch Medien und Journalisten beklagt wird.

Vom Staat oder der Gesellschaft werden kommunikationspolitische Maßnahmen eingefordert, um - laut Bundesverfassungsgericht - die publizistische 'Grundversorgung' der Medien sicherzustellen und einen Beitrag zur Integration zu leisten zu ermöglichen. Diese kommunikationspolitischen Maßnahmen wirken als verbindliche Normen, die alle redaktionelle Tätigkeit anweisen. Zum Instrumentarium der direkten und indirekten Medienpolitik zählt Kleinsteuber / Thomaß (vgl. 1994: 51-68):

- die Ordnungspolitik (z.B. 'duale Rundfunkordnung'),
- die Infrastrukturpolitik (z. B. Zurverfügungstellung von Sendefrequenzen),
- die Medien-Organisationspolitik (z.B. Formen der Rundfunkorganisation und -kontrolle),
- die Personalpolitik (z.B. Besetzung von Positionen in den Aufsichts- und Lizenzierungsgremien der Landesmedienanstalten)

Bei Jarren entspricht die mit vielen Definitionen verbundene staatlich-etatistische und rechtspositivistische Vorstellung von Medienpolitik nun allerdings nicht mehr dem modernen Verständnis von Staat bzw. neueren Vorstellungen von Politikprozessen. "Zum einen greift 'Medienpolitik' zu kurz, weil es in der politisch-administrativen Praxis nicht nur und allein um Medienorganisation im engeren Sinne geht. Durch politisches Handeln und Unterlassen wird immer auch in die den Organisationen vorgelagerten (z.B. in Prozesse der Informationsentstehung, Informationssammlung und -verarbeitung) und nachgelagerten Kommunikationsprozess (z.B. Rezeptionsbedingungen) zumindest indirekt eingegriffen. Zum anderen zeichnet sich das Politikfeld 'Medienpolitik' aufgrund verfassungsrechtlicher Vorgaben und politischer Grundkonsense sowie der Form der Institutionalisierung (horizontale und vertikale Kompetenzverteilung) im kooperativen Föderalismus des deutschen Bundesstaates durch ein hohes Maß an Politikverflechtung aus. Außerdem wirken zahlreiche gesellschaftliche Organisationen und Verbände, aber auch Gerichte und Institutionen der Selbstkontrolle (z.B. der 'Presserat'), neben politisch-administrativen Organisationen ständig oder zumindest punktuell als medienpolitische Akteure mit." (Kleinsteuber / Thomaß 1994: 56)

Betrachtet wird die EG-Fernsehrichtlinie als Fallbeispiel für normative Argumente in der Kommunikationspolitik. Mit der Verabschiedung der EG-Fernsehrichtlinie im Oktober 1989 ist der Frage nachzugehen: Woher sollen die Fernsehsendungen der Zukunft kommen, wer soll sie produzieren, wer sie liefern und wer sie bezahlen? An-

---

vom Staate nicht nur den Schutz gegen Beeinträchtigung, es erwartet vom Staat, daß er darüber hinaus jene Bedingungen schafft, die es dem einzelnen auch tatsächlich ermöglichen, von dem ihm gewährten Freiheitsrecht Gebrauch zu machen. Der Staat soll sich um 'Ordnung' der Massenkommunikation selbst kümmern, soll dafür sorgen, daß dem Staatsbürger jene Informationen zugänglich gemacht werden, auf die dieser glaubt, Anspruch zu haben." (Ronneberger 1978: 46)

hand der Festsetzung der EG-Fernsehrichtlinie, daß "die Fernsehveranstalter den Hauptteil ihrer Sendezeit, die nicht aus Nachrichten, Sportberichten, Spielshow oder Werbe- und Textleistungen bestehen, der Sendung von europäischen Werken bestehen, kann Europäisierung und Kulturpolitik verwirklicht werden. (EG-Fernsehrichtlinie von Okt. 1989: 100)

Innerhalb der kommunikationspolitischen Anordnung steht ein teleologisches Funktionsdenken, das von der theoretischen Abstraktion eines äquivalenten Verständnisses weit entfernt ist. "Zwar besteht - rechtlich - Einigkeit über die Notwendigkeit der Massenkommunikationsmittel für die demokratische Ordnung; diese Auffassung ist jedoch nicht durch einen gesellschaftlichen Konsens getragen; es bestehen bereits unterschiedliche Auffassungen zwischen den einzelnen Akteuren der Kommunikationspolitik. Die stellt sich so dar als interpretierendes Ausgestalten rechtlicher Vorgaben." (Gehrke/ Hohlfeld 1995: 172)

3.1.3. Offene Normen

Überdies gilt die gesetzliche Muß-Norm als Richtlinie, die eine grundrechtlich gestattende Freiheit begrenzt und so gleichzeitig ihren Bestand für alle sichert. Sie kann als *offene Norm* bezeichnet werden. Als gesellschaftlicher Konsens-Ersatz können offene Normen als Leitlinien formuliert werden, die normative Zielvorstellungen für die Kommunikationspolitik vorgeben. Dabei stecken die Richter allerdings in einer systemimmanenten Klemme.

Die rechtlichen Grundlagen geben verbindliche Programmstandards vor, die entscheiden, welches Programm den gesetzlichen Anforderungen entspricht. Deutlich werden aber normative Zielvorstellungen nicht nur die Gestaltung des Programms, sondern auch die Struktur der Anbieter betreffen. "Sie gehen sichtbar über das hinaus, was hier bisher als Kernpunkte der Normierung dargestellt worden ist, indem sie Versuche unternehmen, Strukturmodelle für die Organisationsform von Rundfunk zu entwerfen." (EG-Fernsehrichtlinie von Okt. 1989: 100)

Die Organisation der Massenmedien wird vor allem durch das Medienrecht geordnet; sie sind verpflichtet, einen Programmstandard "Grundversorgung" zu liefern. Das Medienrecht übt unmittelbaren und schwerwiegenden Einfluß auf Organisationsform, Inhalte der Programme, Statusbeschreibungen der Anbieter, Finanzierung der Organisation, u.a., aus. Durch die für das Pressewesen wichtigen Normen des Arbeits-, Zivil-, Straf-, Wettbewerbs-, Urheber-, Kartell-, und Verlagsrechts werden die Aktivitäten der Presse geregelt.

Auch durch die Definition, "Rundfunk ist die für die Allgemeinheit bestimmte Veranstaltung und Verbreitung von Darbietungen aller Art und in Wort, in Ton und in Bild unter Benutzung elektrischer Schwingungen ohne Verbindungsleitung oder längs oder mittels eines Leiters"[52], wird der Rundfunk charakterisiert. Durch den verfassungsrechtlichen Rahmen, die Maßnahmen des dualen Rundfunksystems, das Programmrecht und den Finanzierungsstaatsvertrag werden den Aufgaben und Funk-

[52] Art. 1 § 2 Abs. 1 Satz 1 des Staatsvertrages über den Rundfunk in vereinten Deutschland vom 31. 8. 1991.

tionen des Rundfunks Grenzen gesetzt. In diesem Sinn macht die Analyse der Urteile zu den Massenmedien eine Quelle der offenen Normen aus.[53]

3.1.4. Faktische Normen

Den technischen und wirtschaftlichen Einflüssen, die auf die medialen Organisationen einwirken, wurde die Bezeichnung *faktische Normen* zugeordnet. Die Analyse der verschiedenen Normen-Arten hat die normative Kraft technischer und wirtschaftlicher Fakten bestätigt.

Journalismus wird erst auf der Grundlage von Technik überhaupt denkbar. Der Faktor der Technik wird zunehmend häufiger als redaktionelle Einflußgröße erwähnt. Die Leistung der Redaktion basiert auch auf Technologie, "die auch als eigenständiges Subsystem von Organisation vorstellbar ist, von dem sogar 'Wandlungsimpulse' für die gesamte Organisation ausgehen können." (Hienzsch 1990: 74) "Das technologische Subsystem besteht aus Instrumenten, Maschinen, Verfahren, Methoden und technischem Wissen [...] Die tatsächlichen auszuführenden Aufgaben hängen weitgehend vom technologischen Subsystem ab, zum Beispiel von der Art der Werkzeuge und Maschinen." (French / Bell jr. 1977: 104)[54]

Mit der Entwicklung der Technologie ändert sich auch die Arbeitsform der Redaktion. Beispielsweise wird mit der Anwendung des Computers die Art und Weise der Redaktionsarbeit völlig verändert.[55] Im größeren Zusammenhang einer Computerisierung der Medienumwelt greifen neue Technologien der Materialsammlung, -erfassung und -verarbeitung, die zu sprunghaften Veränderungen der Art und Weise der Redaktionsarbeit führen. Vor allem den technologischen Innovationen wird ein erheblicher Einfluß auf Arbeitsabläufe, Arbeitsorganisation und Berufsbilder zugesprochen. Sie veränderten und verändern auch zunehmend die Grenzen zwischen Technik und Redaktion. Unter diesen Umständen gehen die Erwartungen an das redaktionelle Handeln mehr von technischer Bewandertheit als von anderen Fähigkeiten der Mitarbeiter aus[56]. 'Mensch-Maschine-Einheiten' sind noch wichtiger beim

[53] Für den Wandel im Rundfunk haben die Urteile des Bundesverfassungsgerichts zum Fernsehen eine offenkundige Bedeutung. vgl. dazu das 1. Rundfunkurteil vom 28. Februar 1961 : *'Adenauer-Fernsehen'*, das 2. Rundfunkurteil vom 27. Juli 1971: *'Mehrwertsteuer'*, das 3. Rundfunkurteil vom 16. Juni 1981: *'FRAG'*, das 4. Rundfunkurteil vom 4. November 1986 und *'Niedersächsisches Landesrundfunkgesetz'*.

[54] Zit. nach Hienzsch (1990: 74).

[55] Durch den Einsatz von Technologien zur Digitalisierung ermöglicht der Computer eine Konvergenz zwischen Computer, Fernsehen und Telefon und provoziert damit neue bzw. neuartige Formen der Kommunikation und Fernsehnutzung. Mit dem Computer verschmelzen zukünftig Audio und Video zu Multimedia, hier vorläufig definiert als Systemintegration von digital vorliegenden Bild-, Ton-, Graphik-, und Textdaten unter Benutzung von Rechnern. Auch mit der Entstehung des interaktiven Fernsehens bzw. neuer Medien werden der Medienbegriff, die Rahmenbedingungen - medienrechtliche, politische, ökonomische, und technische -, und die Funktion der Massenmedien erweitert. (vgl. dazu Ruhrmann / Nieland 1997).

[56] Mit Hilfe einer Expertenbefragung ermittelt Siegfried Weischenberg u.a. sogenannte "Megatrends" für die Medienarbeit. Diese Trends seien Informatisierung, Komplexitätszunahme, Kommerzialisierung und Konzentration, Europäisierung und gesamtdeutscher Medienmarkt, Segmentierung und veränderte Kommunikationserwartung. vgl. dazu Weischenberg / Altmep-

Entscheidungshandeln geworden. Gab es in der früheren Auffassung der Organisation als eine rein interpersonale keinen Platz für technologische Aspekte, so erlaubt es diese erweiterte Betrachtungsweise, dem Charakter moderner soziotechnischer Systeme gerecht zu werden und den immer umfangreicheren realtechnischen Komplex wieder mit der organisatorischen Problemstellung in Beziehung zu setzen. (vgl. Hienzsch 1990: 135; vgl. auch Hill / Fehlbaum / Ulrich 1976: 135)[57] Zukünftig oder sogar heute bereits bedeutet erfolgreiche Information Sozialisierung der Entscheidungsprozesse über neue Medien, neue Produktionstechniken und die Kommunikationszukunft generell.[58]

Die Frage, 'ob die Medienorganisation eine öffentliche Organisation oder eine gewinnverfolgende Unternehmung ist, ist nicht so einfach zu beantworten. Die Medienorganisation, die in ihren Arbeitsleistungen öffentliche Aufgaben erfüllt, könnte gleichzeitig als eine gewinnverfolgende Unternehmung charakterisiert werden. Wie bei anderen Unternehmungen basiert auch die Organisationen der Medienunternehmung auf der Effizienzlogik wirtschaftlicher Verwertungszusammenhänge. Als Mitglieder sollen die Redaktionsarbeiter als Rollenträger dem Zweck der Unternehmung dienen, denn er steht aus den Verhaltenserwartungen, die für die Existenz der Medienunternehmung notwendig sind[59]. In anderen Worten: Eine Zeitungsredaktion könnte auch mit bestimmten Absichten zu bestimmten Zwecken eingerichtet werden.

"Am Anfang steht üblicherweise ein Geldgeber, der mit Medienprodukten Geschäfte machen will. Er setzt Kapital ein, das sich verzinsen soll. Auch wenn das Profitmotiv von Medienunternehmern gern als zweitrangig hinter der 'öffentlichen Aufgabe' angesiedelt wird, dann entkommt doch letztlich kein Verleger den Gesetzen kapitalistischer Ökonomie: So billig wie möglich produzieren, so teuer wie möglich

---

pen / Löffelholz (1991); vgl. zu Veränderungen der Redaktionstechniken und Journalismusbegriffe in der Computergesellschaft; Weischenberg (1982) und Weischenberg / Herrig (1985).

[57] Zur konventionellen Zeitungstechnik, zu Änderungen der Erwartung an der Redaktion mit der neuen Technik und zum Computer als Strukturelement vgl. Hientsch (1990: 84-101).

[58] Um Einflüsse der technologischen Änderung zu erläutern, "wenn wir erneut die Vermehrung der Übertragungswege für die terrestrische Verbreitung zu Beginn der achtziger Jahre zum Beispiel nehmen und es ergänzen um die Konsequenzen, die aus der zunächst nur mäßigen Akzeptanz privater Programme mit der Folge mangelnder Wirtschaftlichkeit erwachsen sind, kann daran treffend nachvollzogen werden, inwieweit Politik und Recht ihre normativen Zielvorstellungen als Reaktion auf neue Entwicklungen verändert haben. Hier haben neue technische und wirtschaftliche Entwicklungen normative Kraft entwickelt. Neue Übertragungswege und fehlende Akzeptanz haben nicht nur dazu geführt, daß die Sondersituation des Rundfunks durch das Bundesverfassungsgericht neu beschrieben worden ist - Veränderung der normativen Zielvorstellungen, die über das Transportmittel Programmauftrag an den Rundfunk herangetragen werden-, sondern auch eine Neubeschreibung der Aufgabe privater Programmveranstalter durch die Politik evoziert - die Statusbeschreibung privater Programme und ihrer Veranstalter hat sich verändert." (Gehrke/ Hohlfeld 1995: 174)

[59] Die von Medienunternehmen angestellten Mitarbeiter werden nach dem Niveau der Analyse unterschiedlich charakterisiert. Forschung, die sich direkt auf die Angestellten von Medienunternehmen einstellt, ist sehr selten. Da Angestellte von Medienorganisation als Gegenstand der Untersuchung von Massenmedien angenommen werden, wären die Ergebnisse anwendbar, um Merkmale der Angestellten der Medienunternehmen zu beschreiben. vgl. dazu Hirsch (1977: 13-42); Dimmick (1978); Dimmick / Coit (1983: 361-390).

verkaufen, den Umsatz steigern und expandieren, investieren, um zu rationalisieren. Nur wer mehr einnimmt, als er ausgibt, hat am Markt eine langfristige Überlebenschance. Zeitungsverlage, die sich nicht an diese Logik hielten, haben die Gesetze des Kapitalismus dann durch den Verlust ihrer Autonomie spüren müssen: sie wurden vom Stärkeren vereinnahmt." (Hienzsch 1990: 76) Man kann davon aus gehen, daß die Absichten - Gewinnmaximalisierung oder politisches Engagement - als *faktische Normen* auf das Entscheidungshandeln schwerwiegende Einflüsse ausüben.

Die Anforderung, daß der Betriebsteil und der Redaktionsteil streng voneinander getrennt werden müssen, um diesen Schaden zu verhindern, spiegelt sich im realen Zeitungssystem von demokratischen Ländern wider.[60]

3.2. Organisationen im System des Journalismus

Als formale Organisationen sind zunächst Medien, wie Zeitungen, Fernsehen, Rundfunk und Zeitschriften zu nennen. Im Bereich der Presse steht neben Daten über Zahl, Auflage und Umfang von Zeitungen vor allem deren innere Entwicklung im Mittelpunkt der Untersuchung.

Als eigenständige Organisation des Systems Journalismus hat die Redaktion keine lange Geschichte hinter sich. "Redaktion ist noch ganz rudimentär im 17. Jahrhundert, sie entwickelt sich im 18. Jahrhundert zur Redaktion im Nebenamt und bildet sich zur hauptamtlichen Redaktion in der ersten Hälfte des 19. Jahrhunderts aus." (Groth 1962: 5) Gesehen wurde die Redaktion in den bisherigen Untersuchungen als eine Art Gemeinschaft einzelner Journalisten, Redakteure, Kommunikatoren, um deren Persönlichkeit in den Mittelpunkt zu stellen, sie zu analysieren oder ihr Selbstverständnis mit dem redaktionellem Journalismus zu identifizieren.

Um das soziale Wesen der Redaktion zu beleuchten, sollte die Zeitungsredaktion als ein organisiertes soziales System untersucht werden.[61] Als ein organisiertes soziales System wird die Redaktion von der gesellschaftlichen Umwelt ständig und in vielfältiger Weise beeinflußt. Diese Betrachtungsweise zeigt, daß "redaktionelles Handeln als Herstellen von Zeitungen in einem industriell hochentwickelten Gesellschaftssystem nicht nur durch Nachrichten sammelnde, redigierende und sie kommentierende Redakteure erfolgt. Vielmehr vollzieht sich redaktioneller Journalismus als ein durchrationalisierter Produktions-Prozeß in nicht minder rationalisierten und differenzierten Organisationen. Redakteure handeln durch Rollen. In ihre Tätigkeit geht nicht die Gesamtheit der Handlungen und Erwartungen, Gefühle und Ausdrucksmöglichkeiten, Bedürfnisse, Einstellungen und Motive ein, deren sie als Menschen fähig sind. Redaktionen bestehen aus einer Struktur von Erwartungen, aus einer elementaren Ordnungsform sozialen Zusammenlebens, in die der einzelne durch sein Rollenverhalten nur partial einbezogen ist." (Rühl 1979: 18)

In Verbindung mit redaktionsrelevanten Einfluß- und Orientierungsbereichen denkt

---

[60] Zu weiteren multidimensionalen Perspektiven von ökonomischen Imperativen vgl. Weischenberg (1992: 237-275).

[61] Die meisten bisherigen Forschungen beschäftigen sich mit der Zeitungsredaktion. Aus diesem Grund berührt die vorliegende Arbeit die Zeitungsredaktion. vgl. dazu Brunhuber (1907); Dovifat (1962); Groth (1962); Traub (1928); Hagemann (1950).

man vor allem "an das Presserecht und die es herstellenden und anwendenden verfassungsmäßig institutionalisierten Organisationen (Parlament, Gerichte), an die mit der Redaktion in der Regel mehrseitig verbundenen Verlage, an jene Redaktionen, die konkurrierende Zeitungen herstellen usw. usf. Mit solchen Umweltsystemen hat sich die Redaktion täglich auseinandersetzen und an ihnen orientiert sie ihr Handeln gleichermaßen." (ebd.: 19) Außer diesen offenen Normen unterliegt die Redaktion an deren unterschiedlichen Normen. Die Handeln einer Redaktion besteht nicht nur aus Normen und damit nicht nur aus ihrer Rationalstruktur, so wie Normen nicht absolut, sondern nur bedingt gelten, also lediglich eine Teilfunktion im anderen sozialen System wahrnehmen. "Normen sind lediglich Möglichkeiten unter anderen und werden mit anderen Möglichkeiten im redaktionellen Zusammenleben konfrontiert. Anders formuliert, Normen dienen nicht nur der Vorzeichnung 'richtigen' Handelns in der Redaktion. Sie gelten nicht nur als einfache Richtmaße, als Sollensvorschriften an denen redaktionelles Handeln auszurichten ist. [...] Sie leisten gleichzeitig einen Beitrag zur Strukturbildung, zur Stabilisierung der Redaktion als Ordnung faktischen Verhaltens." (ebd.: 47)

Die Ansicht von Schulz über die Thematisierungsstruktur der Redaktion kann zusammenfassend wie folgt beschrieben werden:

> "1. Die Nachricht ist teilweise abhängig von subjektiven, ganz persönlichen Erfahrungen, Einstellung und Erwartung des Journalisten (wie z.B. eine Abneigung gegen Ziffern und Statistiken oder die katholische Kirche).
> 2. Die Auswahl wird bestimmt durch organisatorische und technische Zwänge von Redaktion und Verlag, z. B. durch Zeitdruck und verfügbaren Raum in der Zeitung.
> 3. Die Auswahl ist häufig an der Bezugsgruppe der Kollegen und Vorgesetzten orientiert; von den Bedürfnissen des Publikum haben die Redakteure in der Regel nur eine unvollkommene und kaum auf Tatsachen beruhende Vorstellung.
> 4. Ein wichtiges Selektionskriterium ist die 'redaktionelle Linie', wie sie entweder informell unter den Kollegen bestimmt oder formell durch den Verleger festgelegt ist.
> 5. Das Ergebnis von Nachrichtenauswahl und -verarbeitung in den Redaktionen ist bereits weitgehend vorgeformt durch die Nachrichtenlieferanten, also in der Regel durch die Agenturen; die Redakteure verhalten sich dem eingehenden Nachrichtenmaterial gegenüber meist passiv." (Schulz 1976: 11f.)

Als 'geistige Unternehmung' (vgl. Groth 1962)[62] oder 'geistiger Gestalter' (vgl. Hagemann 1950) entwickelt die Redaktion neben der Strategie der Zweckerfüllung weitere soziale Mechanismen für ihre Bestandserhaltung.

3.2.1. Einflüsse der Umwelt bzw. von Subsystemen auf hierarchische Organisationstypen

Die Organisation ist selber ein Gatekeeper. (vgl. Bailey / Lichty 1973: 221-229) Sogar weitreichende Niveauanalysen wurden offensichtlich unter dem Terminus 'message system' (vgl. Gebner 1967), 'production subsystem' (vgl. De Fleur / Ball-Rokeach 1975) und 'mass media system' (vgl. Donohue 1972) durchgeführt. Trotz

[62] Groth ordnet den Begriff 'geistige Unternehmung' der Zeitungsredaktion zu.

der Unterschiede in den Forschungsmethoden bezeichnet die gemeinsame Verwendung des Begriffs '*System*' eine Anerkennung der Komplexität der Entscheidungsprozesse in der Massenmedien. Im Mittelpunkt dieses Forschungsinteresses stehen die Auffassung, daß die Journalisten im Prozeß der Nachrichtenauswahl unvermeidlich von der Redaktion, den Institutionen, der Gesellschaft und dem Staat beeinflußt werden.[63]

Breed und Sigal betrachten die Nachrichtenorganisationen als Gebilde, die aus eigener sozialer Struktur, eigenen Zielen und eigenen Rollenhierarchien bestehen. Das mit der Organisation verbundene Interesse auf dem Gebiet der Massenmedien richtete sich insbesondere auf die Nachrichtenauswahl der Redaktionen. (vgl. Breed 1973: 356-378; vgl. auch Sigal 1973)

Um das Organisationsprinzip beim Entscheidungsprozeß der Massenmedien zu verstehen, können wir auch an die Beobachtung von Simon und Dimmick / Coit anknüpfen, in der die Funktion der Organisationen als "hierarchisches Gestalten" verstanden werden. Sie begreifen, das Konzept des hierarchischen Systems als ein potentiell mächtiges Werkzeug für die Analyse der Entscheidungsfindung in den Massenmedien. (vgl. Simon 1969; vgl. auch Dimmick / Coit 1982: 3-32) Dimmick und Coit teilen die Niveaus der Organisation in neun Typen ein, die auf den Prozeß des Entscheidungshandelns wirken.[64]

a. Der Einfluß der internationalen Ebene

In der Tat wird der Einfluß der internationalen Ebene heutzutage durch die internationalen Nachrichtenagenturen verwirklicht. Kritisiert wird hierbei, daß weltweite Nachrichtenagenturen insgeheim das politische Interesse und die Werte ihrer Heimatländer in den Nachrichten widerspiegeln und legitimieren, wobei einige entwickelte Länder den Informationsfluß zwischen den Ländern beherrschen. Sie besitzen nicht nur die wettbewerbsfähigeren Mitarbeiter, sondern auch die finanziellen und technischen Mittel, um Medieninhalte zu produzieren und zu verbreiten. Heutzutage bemühen sich die entwickelten Länder, nicht nur ihre Medienideologien (vgl. Golding 1979: 291-308), sondern auch direkte Medieninhalte wie Fernsehenserien und Filme in dritte Länder zu exportieren. (vgl. Tunstall 1977)

b. Der Einfluß der nationalen Ebene

Wie kann die Gesellschaft die Aktivitäten der Institutionen (Massenmedien) und deren Spezialisten festlegen und beschränken? Hierzu gehört die Frage der gesetzli-

---

[63] Dieser Gesichtspunkt lehnt sich allerdings an die Systemtheorie an: "Ein System ist ein soziales Phänomen, das aus wechselseitig voneinander abhängigen Elementen besteht, auf bestimmte Zwecke gerichtet ist, auf Integration nach innen zielt sowie auf Anpassung an sich verändernde Umweltbedingungen angelegt ist." (Willke / Rosenberger 1991: 22)

[64] Als Einflußfaktoren werden hier Organisationstypen nicht nur aus der Umwelt bzw. aus Subsystemen, sondern auch aus dem Inneren des Systems herausgezogen. Teilweise wird die Erklärung in der vorliegenden Arbeit verdoppelt. Um die Struktur der Hierarchie von Organisationstypen klar zu machen, wird sie hier aber umfangreich von der internationalen Ebene bis zur Wahrnehmungsstruktur des einzelnen Journalisten behandelt.

chen Definitionen, die über die Massenmedien einer Gesellschaft und die Festsetzung der Zuwendung von Medienmitteln bestimmen. Die USA wenden unterschiedliche Gesetze auf Zeitungen und Rundfunk-/Fernsehsendungen an. Hierzu gehören bezüglich der Zeitungen das '*the First Amendment*' und bezüglich der Sendungen der '*the Communications Act*' aus dem Jahr 1934. Sendungen stehen mehr unter dem Einfluß der Regierung, da der Betrieb eines Senders von der '*FCC (Federal Communications Commission)*' genehmigt werden muß. (vgl. Kap. 2.1.2. und 2.1.3.)

c. Der Einfluß des Industriesystems

Das Industriesystem umfaßt hier begrifflich nicht nur die in Konkurrenzbeziehung tretenden Organisationen, sondern auch die Beziehungen der konkurrenzbeteiligten Institutionen (Massenmedien) zu anderen Organisationen, z.B. zum Inserenten, zum Programmlieferanten und zu entsprechenden Sendern. Durch die Untersuchung von Diminik und Pearce wird bestätigt, daß die Vielfalt der Programme offensichtlich im Verlauf der Mediengeschichte zurückgegangen ist und die in Konkurrenzbeziehung stehenden Institutionen (Massenmedien) innerhalb der gleichen Industrie eine Neigung zu ähnlichen Entscheidungsstrukturen und zu ähnlichen Geschäftsarten zeigen. (vgl. Diminik / Pearce 1976: 70-80; Hirsch 1972: 639-659; Peterson / Berger 1975: 158-170; McPhee 1963)

Die von Industrie übernommene Technologie und das Niveau der Technologie zu einer bestimmten Zeit hat starke Auswirkungen auf die Entscheidungsmuster. Gegenwärtig fördern die technologischen Änderungen in der Fernsehindustrie und der Zeitungsindustrie Änderungen der Organisationsform. Während die Computertechnologie bei den Zeitungen eine große Zentralisation der Entscheidungsprozesse ermöglicht, verändert die Videotechnologie beim Fernsehen die Entscheidungsmuster der gesamten Institution.

d. Einfluß der überorganisatorischen Ebene

Hierzu stellt sich die wichtige Frage: Welche Elemente sind den Medienkonglomeraten, Sendeketten oder Zeitungsgruppen beschränkend auferlegt? Diese Elemente können in der Kommunikationspolitik der Überorganisation eingeschlossen sein, die direkt oder indirekt mit anderen organisatorischen Angelegenheiten, wie der Personalpolitik oder Preispolitik, zusammenhängend auf den Medieninhalt einwirken. Die bisherigen Untersuchungen zeigten, daß der Effekt eines umfangreichen Besitzes und dessen Kontrolle weitgehend mit der einzelnen Organisation zusammenhängt. (vgl. Johnstone / Slawski / Bowmann 1976; Moeller 1968: 496-508; Bishop 1972: 10-19; Bagdikian 1974: 122-142)

Die Existenz und der Umfang der überorganisatorischen Kommunikationspolitik sind ein wichtiger Maßstab der Autonomie und Diskretion im Entscheidungsprozeß. Sie bestimmen die Freiheitsausdehnung der entscheidenden Kräfte und beschränken die Art und Weise des Betriebs.

e. Einfluß der Gemeinde oder des Marktes

Die Gemeinde oder der Markt sind ebenfalls wesentliche Einflußfaktoren für den Gatekeeper. Der Gatekeeper führt seine Rolle in Zusammenhang mit der angehörenden Gemeinde oder mit dem Markt aus und gerät unter anderem unter organisatorischen Einfluß innerhalb der Gemeinde oder des Marktes. Die Organisationspolitik, die von der Medienexekutive festsetzt wird, integriert sich in die Kräftestruktur der Gemeinde. (vgl. Miller 1963: 432-443; Donohew 1965: 112-113; Edelstein / Schultz 1964; Dunn 1969). Die Nachrichten werden daher von der Integration beeinflußt. (Hirsch 1975: 3-12) Die Eigenschaften der Gemeinde sowie die Marktgröße beeinflussen die Frequenz der Interventionen des Verlegers bei der Nachrichtenauswahl und auf die Themenstruktur. Überdies ist die Konkurrenzsituation zwischen den Medienorganisationen ebenfalls eine Variable. Dazu zählt man die Medieninhalte anderer Organisationen innerhalb einer Gemeinde oder eines Marktes. Die Inhalte der Zeitungen können die Inhalte des Rundfunks beeinflussen oder umgekehrt. (vgl. Buckalew 1974: 602-606)

f. Der Einfluß der Beziehungen zwischen den Abteilungen

Wie werden die Entscheidungen des Gatekeepers von anderen Abteilungen innerhalb einer Institution (Massenmedien) beeinflußt? In dieser Ebene sollen die Organisationspolitik, die Organisationsstruktur und der Kommunikationsprozeß innerhalb der Medienorganisation als Einflußfaktoren berücksichtigt werden (vgl. Breed 1973: 356-378; Tuchman 1973: 327-331; Fishman 1980; March / Simon 1958)

Die Untersuchung von Donohue / Olien / Tichenor in Zusammenhang mit dieser innerlichen Beziehung präsentiert das nützliche Ergebnis: "Intra-organizational constraints such as managerial problems may be perceived more frequently as constraints by editors of daily newspapers than by editors of weeklies in small communities. This outcome results from bureaucratization, which produces more specialized subgroups, staff meeting procedures and formalized recruiting and dismissal procedures. [...] By contrast, newspaper in smaller, more homogeneous and consensual communities tend to have small staffs with individuals having multiple responsibility and operating on a face to face informal basis. Given this logic, one might expect less strain from organizational weeklies. In these more authoritarian structures, editors make decisions by fiat and, therefore, would be less likely to perceive constraints." (Donohue / Olien / Tichenor 1989; 809; vgl. auch ebd. 807-812)

g. Der Einfluß der formellen oder informellen Gruppe

Die Wechselwirkungen des Gatekeepers mit den formellen oder informellen Gruppen wirken sich auf die Medieninhalte aus. Bezugnehmend auf die formellen Gruppen sind die Untersuchungen von Brown und Sigal bemerkenswert. Diese zeigen, daß die Medieninhalte nicht einfach von der Verwaltungsanordnung, sondern vom gegenseitigen Meinungsaustausch und durch die Gruppendiskussion bestimmt werden. (vgl. Brown 1971; Sigal 1973) Die Medieninhalte werden auch von den weniger formellen Wechseln innerhalb der Gruppe des Gatekeepers beeinflußt. Die Untersuchungen von Dunn und Grey zeigten, daß ein Einflußprozeß sich auf die Beziehungen des Berichterstatters zu der Institution (Medienorganisation) bezieht. (vgl. Dunn 1969; vgl. auch

Grey 1966: 419-428)

h. Der Einfluß des *'face to face'*- Kontakts

Das *'face to face'* Kontakt des Gatekeepers mit anderen Einzelwesen beeinflußt auch die Nachrichtenauswahl. Diese Ebene der Betrachtung bezieht sich mehr auf den individuellen Journalisten. Hier wird der Journalist als eine "kleinste Organisation" betrachtet. Tuchman fand heraus, daß die Gespräche zwischen Gastgeber und Gästen in Talkshows im voraus verhandelt werden. Auf der Ebene des *'face to face'*-Kontakts ist die wichtigste Quelle der Medieninhalte die Beziehung zwischen dem Berichterstatter (Reporter) und den Nachrichtenquellen. (vgl. Tuchman 1974)

i. Der Einfluß des Individuums oder der Wahrnehmungsstruktur des Individuums

Wie wird der individuelle Gatekeeper die Medieninhalte unterscheiden? Welche sind die Maßstäbe oder Faktoren bei der Auswahl, die der Gatekeeper für die Einschätzung der potentiellen Medieninhalte gebraucht? Die Dimension der Auswahl und die Entscheidungsmodelle von Journalisten läßt sich nach Zustandsänderung und Zeitänderung unterscheiden. Die Untersuchungen von White, Snider, und Flegel / Chaffee bestätigten, daß die individuellen Normen auf den Entscheidungsprozeß schwerwiegende Einflüsse ausüben. (vgl. White 1950: 383-390; Snider 1967: 419-427; Flegel / Chaffee 1971: 645-651) Es ist aber notwendig, eindeutig die individuellen Kriterien und die Kriterien aus der Umwelt des Entscheiders zu unterscheiden.

3.2.2. Einflüsse des Innenbereichs des Systems Journalismus

In Zentrum des Forschungsinteresses stehen nicht individuelle Motive und Einstellungen von Journalisten. Redaktion bedeutet mehr als nur eine Art Gemeinschaft einzelner Redakteure. In der Redaktionsforschung werden Redaktionen als Organisationen betrachtet und in ihren internen und externen Beziehungen untersucht. (vgl. Wilke / Rosenberger 1991: 22)

Bezüglich der Bundesrepublik können für die Redaktionsforschung die Untersuchungen von Rühl (vgl. 1989; vgl. auch 1969) und Dygutsch-Lorenz (vgl. 1971a; vgl. auch 1971 392-405) als Beispiele angeführt werden. Um die Frage, welche Regeln es für die Mitglieder der Redaktion gibt, zu beantworten, untersuchte Rühl nicht nur die Gegebenheiten innerhalb der Redaktion, sondern auch deren gesellschaftliches Umfeld wie die Anzeigenabteilung und das Archiv sowie andere konkurrierende Massenmedien wie die Tageszeitungen und das Fernsehen. Dygutsch-Lorenz setzt voraus, daß die Rundfunkanstalt ein "soziales Gebilde mit einem angebbaren Mitgliederkreis und interner Rollendifferenzierung, das bewußt auf spezifische Zwecke und Ziele ausgerichtet und, soweit es deren Verwirklichung betrifft, zumindest der Intention nach rational gestaltet ist." (Dygutsch-Lorenz 1971b: 392) ist.

Nach der Untersuchung der redaktionellen Entscheidungsprozesse " weist sie unter anderem darauf hin, daß in den Abteilungen kein autoritärer, sondern demokratischer Führungsstil praktiziert wird. Entscheidungen werden auf der Grundlage kollegialer

Teamarbeit getroffen." (Wilke / Rosenberger 1991: 23)

3.2.2.1. Berufliche und ethische Standards in der Redaktion

Dem Journalisten und dem Redakteur stehen nie genügend Informationen zur Verfügung. Die Zeit drängt und schließt die Möglichkeit, weitere Informationen zum Thema zu erhalten, aus. Unter Übernahme eines gewissen Risikos werden die unvollständigen Informationen von der Redaktion nach der journalistischen und redaktionellen Be- und Verarbeitung weitergegeben. Verknüpft mit diesem Entscheidungshandeln sehen wir ein für die Redaktion sehr bedeutsames Problem: die Verantwortung. In der Publizistik- und Zeitungswissenschaft ist die Verantwortung des journalistischen und redaktionellen Entscheidungshandelns als ein normativistischer Standard berücksichtigt. Da die von der Redaktion be- und verarbeiteten Informationen eine der Grundlagen für die soziale, politische und kulturelle Orientierung des Publikums bilden, wird von jedem Mitglied der Redaktion, vom Volontär bis zum Chefredakteur, die Übernahme von Verantwortlichkeit verlangt.[65] Mit verschiedener Unsicherheitsabsorption des Journalisten und der Redaktion wird die Verantwortung in ihrer Entscheidungsleistung mit Gefahren verbunden sein. Als übergeordnetes Konzept der Verantwortung formuliert Breed ethische Normen. Nach ihm gehört zu den ethischen Normen die Verpflichtung des Zeitungsmannes gegenüber seinen Lesern und seinem Handwerk, welche Werte wie Verantwortung, Unparteilichkeit, Sorgfalt, Fair Play und Objektivität einschließt. (vgl. Breed 1973: 356-378)[66]

3.2.2.2. Gedächtnis und Wille

Die Redaktion gibt potentiell mehr Informationen ab, als sie erhalten hat. In diesem Sinne begreift Rühl, daß eine Redaktion einen Überschuß an Informationen zu verantworten hat. Um die Informationslücken bei der Redaktion abzudecken, wird der Redakteur beim redaktionellen Verarbeitungsprozeß außer den Informationen der Informatoren verschiedene Mechanismen mobilisieren, die er aus eigenen Erfahrung kennt. Das *Gedächtnis* gehört auch dazu. "Dieses redaktionsinterne Informationspotential aus dem eigenen Gedächtnis wird mit den der Redaktion aus der Umwelt zugegangenen Informationen kombiniert und kondensiert." (Weischenberg 1992: 287)

---

[65] Für die Verständnis des Begriffs Ethik, Moral bzw. Verantwortung des Journalismus geht Weischenberg von einem funktionellen Gesichtspunkt aus. "Wirklichkeitskonstruktion macht handlungsfähig, wobei gewiß die Medien eine zunehmend wichtige Rolle spielen. Diese Wirklichkeitskonstruktionen sind subjektabhängig, aber deshalb nicht willkürlich. Sie müssen mit anderen abgestimmt werden; Wirklichkeit ist sozial konstruiert. Absolute Realität als Maßstab durchzusetzen bedeutet, Machtfragen zu stellen. 'Realitätsterror' ist somit ein ethisches Problem." (Weischenberg 1992: 219; vgl. ebd. 207-225).

[66] "Ethical constraints might well be perceived more frequently in small, homogeneous communities which create a moral conflict resultung from simultaneously knowing (a) the professional obligation to report a bid-rigging charge filed in local court against a council menber of personal acquaintance and (b) the personal loyalty to a friend who also may be part of the power structure." (Donohue / Olieb / Tichenor 1989: 808; vgl. auch 807-812)

"Als Komponente des Entscheidungshandelns spielt das Gedächtnis in der Redaktion eine vielfältige Rolle. Die Redakteure kennen das Entscheidungsprogramm der Redaktion bzw. des Ressorts und wenden es fortwährend an. Sie erinnern sich dabei an einzelne Daten, sie bringen politische, historische, literarische, geographische und andere Kenntnisse ins redaktionelle Entscheidungsspiel, die teils aus ihrer Vorbildung, teils aus der Ausbildung und Fortbildung stammen. Sie verfügen gleichermaßen über den Informationsbestände, die man als Berufserfahrungen zu bezeichnen pflegt." (ebd.: 289)

Der Wille ist kein freies menschliches Handeln an sich, sondern er stützt sich auf das Gedächtnis des Systems. Durch den Willen und mittels des redaktionellen Gedächtnisses wird Verarbeitungsprozeß der Umweltinformationen kontrolliert und gesteuert[67].

"Durch die beiden Steuerungsmechanismen Wille und Gedächtnis wird die Redaktion in die Lage versetzt, ihre Gesichtspunkte und damit ihre Meinung in dem Verarbeitungsprozeß zur Geltung zu bringen. Funktion von Wille und Gedächtnis ist es nicht zuletzt, die Redaktion gegenüber der Mehrzahl der in der Welt existierenden Informationen zu verschließen und statt dessen nach Informationen zu suchen und diese hereinzulassen, die den eigenen Relevanz- aspekten der eigenen publizistischen Linie, den eigenen Erfahrungen und Maßstäben entsprechen." (Rühl 1979: 290)

3.2.2.3. Autorität und Status

Die Autorität und der Status des Redakteurs üben ebenfalls auf die Entscheidungsprozesse der Redaktion oft unbeachtete Einflüsse aus. "Dabei ist der persönliche Einfluß, die an die Person des Redakteurs gebundene *informelle Autorität* zu unterscheiden von dem durch die Redaktion verliehenen Einfluß, d.h. von der *formalen Autorität*. Informelle Autorität bringt das Mitglied der Redaktion ; formale Autorität wird von der Redaktion an das Redaktionsmitglied übertragen." (ebd.)

In der redaktionellen Praxis bilden beide Autoritäten eine untrennbare Einheit als entscheidende Einflußkomponenten. Formale, von der Redaktion gegebene, Autorität ist erforderlich, um die Mitgliedschaftsregeln in der Redaktion aufrechterhalten zu können. "Mit diesem organisatorischen Aspekt der Autorität läßt sich ein Feld des Konsenses abgrenzen, das ungeachtet der persönlichen Fähigkeiten und Interessen des Einzelnen Befolgung erwarten läßt. Diese verpflichtenden Erwartungen sind formalisiert und somit als Konstante der Redaktion zu denken, unabhängig von dem personengebundenen Einfluß, der im Einzelfalle als persönliche Qualität die formale Autorität ergänzen, stützen und erweitern kann." (Luhmann 1964: 129f.)[68]

Mit der Autorität des Redaktionsmitglieds hängt sein Status innerhalb des Redaktionsraums engste zusammen. Wer jedoch in der Redaktion gegenüber anderen einen vorrangigen Status hat, kann seinen Anspruch im Entscheidungshandeln gegenüber

---

[67] Wille ist "die Menge von intern gekennzeichneten Entscheidungen und voraussichtlichen Resultaten, die in einem System durch Auswertung vorhandener Daten bei Abschirmung damit unvereinbarer, neuer oder zukünftiger Impulse oder Daten entscheiden." (Deutsch 1969: 163).

[68] Zit. nach Rühl (1979: 290).

diesen auf eine vorrangige Ebene stellen. Obwohl die Selbstdarstellung jedes Redaktionsmitglieds auf jede redaktionelle Handlung mehr oder weniger Einfluß hat, gibt es in der Redaktion generelle Regeln, die die Selbstdarstellung eines jeden Redaktionsmitglieds in der jeweiligen Situation in Grundzügen vorschreiben. Je ranghöher der Status eines Mitglieds ist, desto häufiger spiegelt sich dessen Anspruch in jeder redaktionellen Handlung wider.

3.2.2.4. Rollenkonflikte

Um mehr Einfluß zu gewinnen, gibt es einen scharfen Wettbewerb zwischen den Einzelpersonen oder den Abteilungen innerhalb der Redaktion. Hieraus entwickeln sich unvermeidlich Konflikte. (vgl. Parsons 1964 ff.; vgl. auch Goode 1960: 483-496) Konflikte orientieren sich an den formalen Mitgliedsregeln und werden innerhalb der Redaktion ausgetragen. Sie unterliegen den Kontrollen durch die formale Autorität und den formalen Status innerhalb des Systems. Dennoch haben Konflikte die latente Funktion, die Redaktion zu festigen und zu integrieren. (vgl. Rühl 1979: 293) Durch stille Beharrlichkeit, durch die Verlagerung von Gegensätzen auf persönliche Bereiche oder durch das Finden von informellen Ebenen für eine Übereinkunft bilden Konflikte positive Funktionen aus. Damit wird die Redaktion in ihren formalen Strukturen nicht belastet und insofern können Konflikte zur Stabilisierung der Redaktion als organisiertes System beitragen. Um schwere Konflikte zu lösen, werden formale Entscheidungsmöglichkeiten ausgeführt und diese den Mitgliedschaftsregeln und der formalen Autorität unterworfen.

3.3. Programme im System des Journalismus

Die Berichterstattung von Presse, Hörfunk und Fernsehen basiert auf zwei Bereichen, der Ereignislage und den Selektionskriterien. Die Ereignislage begrenzt aber das Spektrum möglicher Ereignisdarstellung und die Selektionskriterien prägen die Auswahl der publikationswürdigen Beiträge. (vgl. Kepplinger 1991: 330-341) Von dieser Perspektive aus betrachtet beginnt Journalismus mit der Selektion.

Die Selektionsprogramme bündeln die Kriterien und Maßstäbe, die Ereignisse erfüllen müssen, um journalistisch beachtet und bearbeitet zu werden. Nach der Auswahl erscheinen die Ereignisse einem Beobachter als Nachrichtenwerte. Wichtig ist hierbei, welche Eigenschaften der Ereignisse, welche Sachverhalte und Argumente auf die Prozesse der Nachrichtenauswahl schwerwiegende Einflüsse ausüben.

Die Programme zur journalistischen Selektion kann die Journalismusforschung als "Nachrichtenwerte" oder "Nachrichtenfaktoren" identifizieren. Im weiteren Sinne unterscheidet Blöbaum drei Typen von Selektionsprogrammen: Programme mit zeitlicher, sachlicher und sozialer Dimension. In erster Linie werden Informationen und Ereignisse in einem journalistischen Selektionsprozeß darauf hin untersucht, ob sie aktuell sind (Zeitdimension), ob sie neu sind (Sachdimension) und ob sie relevant sind (Sozialdimension).

'Aktualität' und 'Aktuell-Sein' bezeichnet einmal 'im Schwange sein', 'wirklichsein' und damit 'wichtig' zu sein. Zum anderen drücken sie 'Gegenwartsnähe' aus.[69] Im allgemeinen werden bevorzugt, aber nicht ausschließlich, jene Ereignisse beachtet, die in unmittelbarer zeitlicher Nähe zum Redaktionsschluß liegen, besonders zwischen den Redaktionsschlußzeiten zweier aufeinanderfolgender Ausgaben. (vgl. Blöbaum 1994: 234)

Das wichtigste Kriterium in der Sachdimension bezieht sich auf die Frage, ob Informationen oder Ereignisse neu sind oder nicht. Je neuer sie sind, desto größer ist ihre Chance, ausgewählt zu werden.[70] "Im weiteren Sinne zur Sachdimension der Selektion sind die Ressorts, Redaktionen und Rubriken zu rechnen. Sie markieren Grenzen, sie gliedern und sie steuern die journalistische Aufmerksamkeit. Unter theoretischem Gesichtspunkt stellen Rubriken, Ressorts und Redaktionen Sinnbereiche dar, die Journalisten erleichtern, Informationen im Auswahlprozeß nach Sachgesichtspunkten zu ordnen. Es sind gewissermaßen institutionalisierte Selektionsprogramme." (Blöbaum 1994: 237)

In der Sozialdimension beruht ein wichtiges Kriterium für das Selektionsprogramm auf Relevanz. Das Kriterium Relevanz bezieht sich einerseits auf das Merkmal des Ereignisses, andererseits auf die Bedeutsamkeit für das Publikum. Auf das Kriterium Konflikt ist die Sozialdimension des Selektionsprogramms bezogen. Die sich auf Konflikte beziehenden Ereignisse werden bevorzugt bei der Selektion beachtet. (vgl. Luhmann 1996: 59) Den Informationen und Ereignisse, die Konflikte und Negativität enthalten, wird Vorzug nicht nur von der journalistischer Handlung, sondern auch bei der Berücksichtigung durch das Publikum gegeben. Das Kriterium existiert aber nicht an sich , sondern wird von journalistischen Handlungen konstruiert.

Soziale Systeme funktionieren auf der Basis ihrer internen Strukturen. Sie erzeugen ihre internen Zustände wesentlich durch ihre eigenen Bestandteile und nicht so sehr durch Einflüsse ihrer Umwelt. Dabei geht man davon aus, daß die allgemeinen Gesetze der Selbstorganisation und Selbstreferenz auch für die Medien und den Journalismus gelten. Je mächtiger, größer und komplexer Systeme werden, um so irrelevanter werden Normierungen, die von außen auf das System einwirken. Interne Strukturen des Journalismus entstehen in der Form der Programmierung des journalistischen Handelns. "Die Standards, Routinen, Formen und Techniken des Journalismus werden als Programme identifiziert, die auf die journalistische Funktion zugeschnitten sind, Informationen aktuell zu vermitteln." (Blöbaum 1994: 220)

---

[69] Traub versteht unter dem Begriff 'Aktualität', daß diese nicht anfänglich vorhanden ist, sondern erst erzeugt wird. Aktualität kann nur bestehen in einem Bewußtsein. Dazu vgl. Traub (1933); Groth (1928: 49-56) ; Hageman begreift 'Aktualität' ähnlich. Er unterscheidet sie wie folgt: " 1. **Primäre Aktualität** (als primäre Aktualität das Gegenwärtige, gerade wahrnehmbare oder eben vergangene, das noch unvollendete, das überraschend eintretende, kurz das Primäre Ereignis), 2. **Sekundäre Aktualität** (als sekundär aktuell bezeichnen wir Bewußtseinsinhalte, die zeitlos nachwirken, die uns in immer neuen Erscheinungen begegnen und meist zusammengesetzter Natur sind), 3. **Ideelle Aktualität** (als ideelle Aktualität läßt sich kennzeichnen die subjektive Leistung des Einzelnen, durch den ein Gedanke, ein Appell, ein Schlagwort zum öffentlichen Ereignis wird), 4. **Künstliche Aktualität** (eine individuelle Leistung im umgekehrten Sinne ist die künstliche Aktualität der Sensationen, die durch Übertreibung, Verzerrung, Erfindung entsteht)." (Hagemann 1966: 284f.)

[70] Als primäre journalistische Selektionskriterium wird Neuigkeit in verschiedenen Untersuchungen behandelt. Dazu vgl. Wilke (1984); Groth (1962).

Programme ändern sich im Laufe der Zeit und werden ständig durch andere ersetzt. Mit den Programmen werden journalistische Handlungen stabilisiert, denn sie sind prinzipiell organisierte, verfestigte Selektions(vor)entscheidungen. Mit der Hilfe der Routineprogramme werden Journalisten bei permanent auftretenden Entscheidungszwängen entlastet und mit deren Hilfe wird die Komplexität des Systems Journalismus reduziert. Den Journalisten dienen die Programme zum Teil als Kriterien, die an Handlungen und Entscheidungen angelegt werden. Blöbaum unterscheidet fünf Programmtypen, die auf unterschiedliche Zwecke ausrichten:

> "1. Rubriken, Ressorts und Redaktionen als Organisationseinheiten, die im Journalismus den Informationsfluß kanalisieren. Ein Folge dieses internen Differenzierungsvorgangs ist, daß Informationen nunmehr zugeschnitten werden können auf diese Einheiten. Die organisatorischen Einheiten bündeln Informationen, sie sind ein grober Filter für Selektionen. Dieser Typ wird hier den Selektionsprogrammen zugerechnet.
> 2. Programme zur Darstellung von Informationen. Die Darstellungsprogramme sind Textformen und Techniken der Präsentation, die auf die Vermittlung von Informationen ausgerichtet sind. Neben der Form Nachricht entstehen mit Bericht, Interview, Reportage etc. seit der Jahrhundertwende weitere Darstellungsprogramme[71].
> 3. Programme zur Generierung und Sammlung von Informationen.
> Informationssammlungsprogramme erschließen Quellen und dienen der Umweltbeobachtung.
> 4. Selektionsprogramme treten auf in Form von Entscheidungs- und Handlungsroutinen, mit denen Informationen bearbeitet werden. Sie steuern die Auswahl von Informationen.
> 5. Prüfprogramm. [...] Mit Prüfprogrammen werden Informationen nach dem Kriterium 'richtig/falsch' bzw. bei Aussagen unter dem Gesichtspunkt 'wahr/unwahr' geprüft." (Blöbaum 1994: 220f.)

Nach Rühl ist das redaktionelle Entscheidungsprogramm auf den Informationsfluß zwischen Redaktion und Umwelt hin gerichtet. Aufgrund der beiden Arten von Umweltkontakt unterschied er diese redaktionelle Entscheidungsprogrammierung in Zweck- und Konditionalprogramm. Seine Begründung hierfür lautet: Alle Ereignisse in der Umwelt liegen entweder vor oder nach dem redaktionellen Prozeß der Be- und Verarbeitung von Informationen. Sie werden daher für die Redaktion entweder Input- oder Output-relevant. Umweltereignisse stellen für das redaktionelle Handeln *entweder eine Ursache oder eine Wirkung dar*. Danach richtet die Redaktion ihre eigene Informationsverarbeitung[72]

---

[71] Der Begriff 'Darstellungsprogramm' wird in der Kommunikationswissenschaft häufiger als 'Stilform' verwendet. Vgl. dazu Merten / Schmidt / Weischenberg (1994: 232-235).

[72] Das Konditional- und Zweckprogramm basieren begrifflich auf der Einordnung von Luhmann. Dazu vgl. Luhmann (1994: 278)

Tab. 3: Journalistische Programme

Darstellung	Sammlung	Selektion	Prüfung
Nachricht	Recherche	Aktualität	Richtigkeit
Bericht	Interview	Neuigkeit	Recherche
Kommentar	Korrespondenten	Nähe	Interview
Reportage	Telegraphenbüros	Relevanz	
Interview		Ressort	

Quelle: Blöbaum 1994: 221.

3.3.1. Das Konditionalprogramm und das Zweckprogramm

Nach Rühl läßt sich das Konditionalprogramm auf die Formel "Wenn-Dann" festlegen. "Wenn bestimmte Ereignisse oder Mitteilungen von Ereignissen (Ursachen) auftreten, dann reagiert die Redaktion nach bestimmten, vorher generell festgesetzten Prämissen [...] Weit bedeutsamer für das redaktionelle Handeln wird das konditionale Entscheidungsprogramm als *Steuerungsmechanismus des Routineverhaltens*. Es enthält allgemeine Richtlinien für Entscheidungsstrategien, die dem einzelnen Redakteur für sein Ressort weitgehend bekannt sind und deren nicht alltägliche Aspekte er zumindest unschwer durch den Ressortleiter oder durch länger in der Redaktion tätige Kollegen erfahren kann." (Rühl 1979: 277) Jedes Ressort, das von Rühl als Subsystem der Redaktion verstanden wird, ist primär durch geographische oder sachbezogene Gesichtspunkte zu bestimmen. Es entwickelt durch seine Spezialisierung auf einen bestimmten Funktionsbereich und durch seine Orientierung an einem besonderen Umwelthorizent innerhalb des gesamten Konditionalprogramms der Redaktion ein Subprogramm für das Ressort, das dazu dient, seinen spezifischen Teil der Zeitung zu produzieren. "Das konditionale Ressortprogramm ist in eine Vielzahl solcher Teilprämissen untergliedert. Im Rahmen des gesamten Entscheidungsprogramms der Redaktion bilden sie, zusammengefaßt, das Teilprogramm des Ressorts." (ebd.: 278)

Die Redaktion orientiert sich mit dem Zweckprogramm am Output (an der Wirkung). Aus diesem Grund liegt dem redaktionellen Handeln die folgende Überlegung zugrunde: Es soll eine bestimmte Wirkung erzielt werden; dafür sind bestimmte alternative Mittel geeignet und andere nicht.[73]

Das Zweckprogramm fungiert lediglich als generelles Verhaltensschema. An ihm allein könnte sich keine Redaktion orientieren. Beide Typen der Programmierung, das Konditional- und das Zweckprogramm, bestimmen in Kombination das redaktionelle Entscheidungshandeln.

Rühl formuliert, daß "das Entscheidungsprogramm insgesamt die Standards für das redaktionelle Entscheidungshandeln setzt. Seine Gültigkeit ist nicht unbegrenzt, aber

[73] Rühl meint, daß die Orientierung am »Gemeinwohl« Teil des externen Zweckprogramms der Redaktion genannt werden kann. "Hier ist nur festzustellen, daß die Redakteure nahezu ausnahmslos das «Gemeinwohl» als Grundlage ihres Verhaltens betonen und es damit als Zweck ihres Handelns betrachten." (Rühl 1979: 278)

es bleibt in seiner gegenwärtigen Verfaßtheit bis auf weiteres in Kraft. Auch bleibt es insofern elastisch, als durch einen ständigen Test an den Umweltveränderung seine Relevanz für die Stabilisierung der Redaktion überprüft wird und es dem Wandel grundsätzlich nicht verschlossen ist. Veränderungen werden aber nur partiell vorgenommen. Ein totaler Austausch des Entscheidungsprogramms käme der Herstellung einer ganz anderen Zeitung gleich." (Rühl 1979: 280) Mit dem zweckorientierten und mit dem konditionalen Entscheidungsprogramm wird die Arbeit der Redaktion erleichtert.

3.3.2. Die Nachrichtenfaktoren

Der bis heute prominente '*Nachrichtenfaktoren-Ansatz*' geht davon aus, daß der Journalist sich bei der Auswahl des Zeitgeschehens an bestimmten Ereignismerkmalen, den Nachrichtenfaktoren, orientiert. Die Auswahl, was eine Nachricht und was keine Nachricht ist, gehört immer zur primären journalistischen Aufgabe. "Die aktuelle Berichterstattung von Presse, Hörfunk und Fernsehen beruht auf zwei Bündeln von Ursachen, der Ereignislage und den Selektionskriterien. Die Ereignislage begrenzt das Spektrum möglicher Ereignisdarstellungen, die Selektionskriterien prägen die Auswahl der publikationswürdigen Beiträge." (vgl. Kepplinger / Weissbecker 1991: 330-341)

Die Forschung über die Nachrichtenfaktoren bzw. Nachrichtenwerte konzentriert sich auf die Frage, welche Eigenschaften der Ereignisse, Sachverhalte und Argumente auf die Prozesse der Nachrichtenauswahl schwerwiegende Einflüsse ausüben. Eine solche Forschung begann Mitte der sechziger Jahre, wenngleich der Begriff Nachrichtenwert und erste Ansätze schon sehr viel älter sind. (vgl. Wilke / Rosenberger 1991: 27) Die erste Darstellung des Grundkonzeptes der Nachrichtenwert-Theorie findet in sich Walter Lippmanns Buch *Public Opinion*. (Lippmann 1922)[74] Davon relativ unabhängig entwickelte sich jedoch eine europäische Forschungsrichtung, die von Östgaard (1965: 39-63) begründet, von Galtung / Ruge (1965: 64-91)[75] differenziert und von Schulz (1976) systematisiert und empirisch angereichert wurde.

Lippmann stellt dar, daß jede Zeitung "in dem Augenblick, wo sie den Leser erreicht, das Endergebnis einer ganzen Reihe von Auswahlvorgängen [ist], die bestimmen, welche Artikel an welcher Stelle mit wieviel Raum und unter welchem Akzent erscheinen. Dafür gibt es keine Regeln. Es gibt aber Konventionen" (1992: 241) Für die Konventionen verwendete Lippmann den Begriff "News Value", auf deutsch "Nachrichtenwert". Solche Nachrichtenwerte sind nach Lippmann die Ungewöhnlichkeit eines Ereignisses (Überraschung, Sensation), sein Bezug zu bereits eingeführten Themen (Etablierung), seine Konsequenz (Relevanz, Schaden, Nutzen), die Beteiligung einflußreicher oder bekannter Personen (institutioneller Einfluß, Prominenz) und die Entfernung des Ereignisortes vom Verbreitungsgebiet eines Mediums (räumliche Nähe). "Je mehr eine Ereignis diese Kriterien erfüllt, desto größer ist nach Ansicht des Autors sein Nachrichtenwert und damit seine Chance, von den Medien berichtet zu werden." (Staab 1990: 41f.)

---

[74] Dazu vgl. deutsche Übersetzung: Die öffentliche Meinung. Bochum 1990

[75] Vgl. wiederabgedruckte (gekürzte) Ausgabe von Gottschlich (1987: 129-137)

Um die Verzerrungen im internationalen Nachrichtenfluß nachweisen und erklären zu können, gibt es bei der Nachrichtenselektion und - verarbeitung bestimmte Faktoren, die sie beachtenswert, interessant und 'schmackhaft' machen. Östgaard nennt drei Faktorenkomplexe (vgl. Östgaard 1965: 39-63):

1. **Einfachheit**: Einfache Nachrichten werden komplexeren vorgezogen, bzw. komplexe Sachverhalt werden von den Journalisten auf möglichst einfache Strukturen reduziert.

2. **Identifikation**: Journalisten versuchen, die Aufmerksamkeit ihrer Rezipienten zu gewinnen, indem sie z.B. über bereits bekannte Themen (Sachverhalte, Ereignisse) berichten, prominente Akteure zu Wort kommen lassen oder solche Ereignisse auswählen, die eine räumliche, zeitliche und kulturelle Nähe zum Publikum aufweisen.

3. **Sensationalismus**: Dramatische, emotional erregende Sachverhalte (Unglücksfälle, Verbrechen, Kuriositäten, Konflikte, Krisen etc.) werden besonders stark in den Vordergrund der Berichterstattung gerückt.

Östgaard geht davon aus geht, daß die Massenmedien dazu neigen, den Status quo zu verstärken und die Bedeutung des individuellen Handelns der großen politischen Führungsfiguren zu übertreiben. Dazu haben die Nachrichtenmedien die Tendenz, die Welt konflikthaltiger darzustellen, als sie tatsächlich ist und die Lösung solcher Konflikte durch Gewalt zu betonen. Drittens verfestigen die Nachrichtenmedien die Teilung der Welt in Nationen mit hohem Status und solche mit niedrigem Status. (vgl. ebd.)

Ein bedeutender Fortschritt in der Systematisierung und theoretischen Begründung der Nachrichtenfaktoren der von Östgaard vorgelegten Thesen wurde von Galtung / Ruge erreicht. (vgl. Galtung / Ruge 1965: 64-91) Für Galtung / Ruge liegen der Informationsaufnahme und -verarbeitung durch das gesellschaftliche Nachrichtensystem im Prinzip ähnliche Gesetzen zugrunde und es gibt einen systematischen Zusammenhang zwischen bestimmten Merkmalen, die Ereignisse aufweisen, und ihrem Nachrichtenwert. Daraus ziehen Galtung und Ruge den Schluß, daß eine Reihe von Nachrichtenfaktoren im Nachrichtenfluß den Ereignissen eine mehr oder weniger große Chance gibt, als Nachrichten definiert und von den Medien berücksichtigt zu werden. Galtung und Ruge nennen insgesamt zwölf, z. T. weiter untergliederten Nachrichtenfaktoren.

- Frequenz
- Schwellenfaktor (absolute Intensität, Intensitätszunahme)
- Eindeutigkeit
- Bedeutsamkeit (kulturelle Nähe, Relevanz)
- Konsonanz (Erwartung, Wünschbarkeit)
- Überraschung (Unvorhersehbarkeit, Seltenheit)
- Kontinuität

• Variation
• Bezug auf Elite-Nationen
• Bezug auf Elite-Personen
• Personalisierung
• Negativität [76]

Galtung / Ruge rechneten die ersten acht Faktoren zu den 'kulturfreien' Nachrichtenkriterien, die zur allgemein menschlichen Natur gehören. Die Faktoren neun bis zwölf gehören für sie zu den 'kulturspezifischen' Nachrichtenkriterien (Elite-Nationen, Elite-Personen, Personalisierung und Negativismus), deren Wirksamkeit sich in verschiedenen Kulturen und Gesellschaftssystemen unterscheidet. Für diese Wirkungsweise der Nachrichtenfaktoren im Nachrichtenfluß nahmen Galtung und Ruge fünf weiteren Mechanismen an: Selektivität, Verzerrung, Wiederholung, Additivität, Komplementarität.

Galtung / Ruge haben ihre Nachrichtenfaktoren auch durch eine empirische Untersuchung am Beispiel der Berichterstattung von vier norwegischen Zeitungen über drei internationale Krisen, nämlich die Kongo-Krise (1960), die Kuba-Krise (1960) und die Zypern-Krise (1964) zu überprüfen gesucht und einige der untersuchten Hypothesen bestätigt gefunden.[77] In diesem Fall versuchten sie, nur die drei Faktoren Bedeutsamkeit, Bezug auf Elite-Nationen und -Personen und Negativismus zu bestätigen. In ihren Untersuchungen entdecken sie drei Tendenzen der Massenmedien :

• Je entfernter eine Nation, desto stärker die Tendenz, daß die Nachrichten nur von den Aktionen von Eliten handeln.

• Je niedriger der (soziale) Rang einer Person, desto negativer das Ereignis, über das berichtet wird.

• Je größer die kulturelle Distanz des Geschehens, desto stärker wird die Betroffenheit (der Rezipienten) herausgestellt.

Schulz interpretiert die Nachrichtenfaktoren in erster Linie nicht mehr als Merkmale der Ereignisse selbst, sondern als 'journalistische Hypothese' über die Realität. Der Ansatz seiner Untersuchung lautet daher: "Je mehr eine Meldung dem entspricht, was Journalisten für wichtig und mithin berichtenswerte Eigenschaften der Realität halten, desto größer ist ihr Nachrichtenwert." (Schulz 1976: 30) Er untersuchte die

---

[76] Bohle nennt als Grund für die Vorliebe für negative Nachrichten die positiven Nachrichten. "1. Negative news better matches the frequency of daily newspapers and newscasts than does positive news. 2. Negatives news is easily agreed upon, i.e., there is no ambiguity among people that an event is 'bad'. 3. Negative news is consonant with our troubled times and it fulfills some kind of latent need for bad news. 4. Negative news is more unexpected than good, both in the sense that the events themselves are more rare, as well as being less predictable. In our culture, progress, or constant change toward the better, is the norm." Dazu vgl. Bohle (1986: 789-796); Gieber (1955: 311-318); Haskins / Miller (1984: 3-13 und 65).

[77] Die Untersuchung von Galtung / Ruge beschränkte sich auf Nachrichtenfaktoren wie Bedeutsamkeit, Status (Bezug auf Elite-Nationen und -Personen) und Negativismus.

Nachrichtenfaktoren in der Berichterstattung einer Nachrichtenagentur (dpa), von zwei Fernsehprogrammen (ARD und ZDF), drei Rundfunkanstalten (Bayerischer Rundfunk, Hessischer Rundfunk, Westdeutscher Rundfunk) und von fünf Zeitungen (Frankfurter Allgemeine Zeitung, Westdeutsche Allgemeine, Braunschweiger Zeitung, Kissinger Saale-Zeitung und Bild-Zeitung). Zum Zweck einer empirischen Überprüfung des Zusammenhangs zwischen Nachrichtenfaktoren und Nachrichtenwerten entwickelte Schulz schließlich insgesamt 18 Nachrichtenfaktoren, die er unter sechs Faktorendimensionen subsumierte (vgl. ebd.: 32f.):

1. ***Zeit***: Hierzu gehören Faktoren wie *Dauer* (punktuelle Ereignisse von kurzer Dauer haben einen hohen, Langzeitereignisse, die über eine Woche hinaus andauern, einen niedrigen Nachrichtenwert) und *Thematisierung* , die als Etabilierung eines Ereignisses in der Berichterstattung bezeichnet wird (ein langfristig eingeführtes Thema hat einen hohen, ein noch nicht etabiliertes Thema dagegen einen niedrigen Nachrichtenwert).

2. ***Nähe***: Dazu gehören die Nachrichtenfaktoren *räumliche Nähe,* gemeint ist die geographische Entfernung zwischen Ereignisort und Sitz der Redaktion; *politische Nähe*, verstanden als bündnis- und wirtschaftspolitische Beziehungen zum Ereignisland; *kulturelle Nähe*, bezogen auf sprachliche, religiöse, literarische, wissenschaftliche Beziehungen zum Ereignisland, und *Relevanz*, als Grad der Betroffenheit und existentieller Bedeutung des Ereignisses.

3. ***Status***: Der Faktor wurde in vier Einzelfaktoren aufgegliedert: *regionale Zentralität*, als Grad der politisch-ökonomischen Bedeutung der Ereignisregion (bei nationalen Nachrichten); *nationale Zentralität*, verstanden als wirtschaftliche, wissenschaftliche und militärische Macht des Ereignislandes (bei internationalen Nachrichten); *persönlicher Einfluß*, bezogen auf die beteiligten Personen, und *Prominenz*, bezogen auf die Bekanntheit der Personen (bei unpolitischen Meldungen).

4. ***Dynamik***: Dazu gehören die Nachrichtenfaktoren *Überraschung,* gemeint als die Erwartbarkeit des Zeitpunktes, Verlaufs und Resultats eines Ereignisses, sowie *Struktur*, bezogen auf die Komplexität der Verlaufsform, der Beteiligung und Überschaubarkeit eines Ereignisses.

5. ***Valenz***: Innerhalb dieser Dimensionen wird *Negativismus* durch drei Aspekte differenziert und durch ein positives Pendant ergänzt: *Konflikte*, gemeint als Grad der Aggressivität politischer Ereignisse; *Kriminalität*, bezogen auf die Rechtswidrigkeit von Handlungen; *Schaden*, bezogen auf die Mißerfolge und Personen-, Sach- oder finanzielle Schäden, und dazu ein Aspekt der Positiven mit dem Faktor *Erfolg*, im Sinne des Fortschritt auf politischem, wirtschaftlichem oder wissenschaftlichem Gebiet.

6. ***Identifikation***: Dazu zählen die Nachrichtenfaktoren *Personalisierung*, verstanden als der Grad des personellen Bezugs eines Ereignisses, und *Ethnozentrismus*, bezogen auf den Umstand, ob und inwieweit das Ereignis die Bevölkerung des Landes (in die-

sem Fall Einwohner der BRD) betrifft, in welchem das jeweilige Medium erscheint.

Aus seinen Untersuchungen zog er den Schluß: Die Massenmedien spiegeln die Realität nicht wider, sondern konstruieren sie vielmehr. Das Realitätsabbild erscheint in ihnen einfach, eindeutig und klar konstruiert. Medien können Realität nicht einfach passiv abbilden, sie entwerfen vielmehr als untrennbares Element eben dieser Realität selbst aktiv eine Vorstellung von Wirklichkeit. Diese Wirklichkeit als mediale Konstruktion kann nun vor dem Hintergrund der hier aufgezeigten Forschungstraditionen wie der Gatekeeper-, News-Bias-Forschung und der Nachrichtenwert-Theorie hinlänglich argumentativ begründet werden.

Luhmann formuliert, daß man wichtige Kriterien für die Selektion von Informationen für die Verbreitung als Nachricht oder als Bericht kennt. Er nannte zehn typische Selektoren für die Nachrichtenselektion. Davon bezieht sich neun Selektoren auf die Nachrichtenwerte und schließlich ein Selektor auf die Organisationsfunktion:

> "1. Die Überraschung wird durch markante Diskontinuität verstärkt. Die Information muß *neu* sein. Sie muß mit bestehenden Erwartungen brechen oder einen offen gehaltenen Raum begrenzter Möglichkeiten (Beispiel Sportereignisse) determinieren. [...] 2. Bevorzugt werden *Konflikte*, Konflikte haben als Themen den Vorteil, auf eine selbsterzeugte Ungewißheit anzuspielen. [...] 3. Ein besonders wirksamer Aufmerksamkeitsfänger sind *Quantitäten*. Quantitäten sind immer informativ, weil eine bestimmte Zahl keine andere ist als die genannte - weder eine größere noch eine kleinere. Und das gilt unabhängig davon, ob man den Sachkontext versteht (also weiß oder nicht weiß, was ein Bruttosozialprodukt oder ein Tabellenzweiter ist). Der Informationswert kann im Medium der Quantität gesteigert werden, wenn man Vergleichszahlen hinzufügt - seien es zeitlich (Inflationsrate des vorigen Jahres), seien es sachlich, zum Beispiel territoriale. [...] 4. Ferner gibt der *lokale Bezug* einer Information Gewicht, vermutlich weil man sich im eigenen Ort so gut informiert weiß, daß jede weitere Information geschätzt wird. [...] 5. Auch *Normverstöße* verdienen besondere Beachtung. Das gilt für Rechtsverstöße, vor allem aber für Moralverstöße, aber neuerdings auch für Verstöße gegen 'political correctness'. In der Darstellung durch die Medien nehmen Normverstöße häufig den Charakter von *Skandalen* an. [...] 6. Normverstöße werden vor allem dann zur Berichterstattung ausgewählt, wenn ihnen *moralische Bewertungen* beigemischt werden können ; wenn sie also einen Anlaß zur Achtung oder Mißachtung von Personen bieten können. [...] 7. Um Normverstöße kenntlich zu machen, aber auch um dem Leser / Zuschauer eine eigene Meinungsbildung zu erleichtern, bevorzugen die Medien eine Zurechnung auf Handeln, also auf Handelnde. [...] 8. Das Erfordernis der *Aktualität* führt zur Konzentration der Meldungen auf Einzelfälle - Vorfälle, Unfälle, Störfälle, Einfälle. Gemeldet werden Ereignisse, die bereits passiert sind, wenn sie bekannt gemacht werden. [...] 9. Als Sonderfall muß schließlich erwähnt werden, daß auch die *Äußerung von Meinungen* als Nachricht verbreitet werden kann. [...] 10. Alle diese Selektoren werden verstärkt und durch weitere ergänzt dadurch, daß es Organisationen sind, die mit der Selektion befaßt sind und dafür eigene Routinen entwickeln.[...]" (Hervorhebung vom Verfasser; vgl. Luhmann 1996: 53-81)

Neben den grundlegenden Arbeiten von Östgaard und Galtung / Ruge gibt es noch eine Reihe weiterer Studien von Wilke (1984), Kristen (1972), Kepplinger (1975), Berger / Luckmann (1969), Schönbach (1978: 260-277), Flegel / Chaffee (1971: 645-651)[78] und Eilders (1997)[79] u.a..

---

[78] Hier sind die Nachrichtenauswahlkriterien intrinsischen und extrinsischen Gründe zugeordnet worden. Sie bezeichnen als intrinsisch 'sachfremde' Störfaktoren wie persönliche Meinun-

Die Untersuchung von Galtung / Ruge hat weitere empirische und theoretische Forschungen über Nachrichtenfaktoren angelegt und insbesondere dazu geführt, daß das Problem der Nachrichtenselektion in einem neuen Licht gesehen wird: Beispielsweise identifizierten Badii und Ward drei Nachrichtendimensionen; 1. Bedeutsamkeit (significance), einschließlich des Einflußgrad (impact) und des Bedeutungsausmaßes (magnitude), 2. Normalität, einschließlich von Kuriosität (oddity), Konflikt und "Normalität", 3. Bekanntheit, einschließlich der bekannten und unbekannten Hauptpersonen. Davon aus stellen sie fest, daß die Nachrichtenfaktoren wie Konflikt, Einflußgrad und Bezug auf bekannte Person beim Nachrichtenauswahl des Redakteurs wichtige Stellung halten. (vgl. Badii / Ward 1980: 243-248)

Atwood fand heraus, daß die Journalisten 'Bekanntheit' beim Abonnenten als wichtigsten Nachrichtenfaktor vorziehen. Er rechnet auch die Zeit und die geographische Lage zu den Nachrichtenfaktoren. (Atwood 1970: 296-302) Clyde / Buckalew fanden heraus, daß die Redakteure mit hoher Stellung 'Rechtzeitigkeit' (timeliness) als wichtigsten Nachrichtenfaktor schätzen, während niedriger stehende Redakteure 'Konflikt' und 'Bezug auf eine bekannte Person' als Nachrichtenfaktor betonen. (Clyde / Buckalew 1969: 349-351)

Die Untersuchung von Stempel zeigten, daß Journalisten und Redakteure auf Nachrichtenwerte unterschiedlich reagieren. Beide haben gemeinsam eine Vorliebe für Nachrichtenfaktoren wie Konflikte, Rechtzeitigkeit und Nähe. Buckalew fand heraus, daß Fernsehredakteure auf einem kleinem Markt den Nachrichtenfaktor 'Bekanntheit' bevorzugen, während Redakteure für eine große Zahl von Empfängern den Nachrichtenfaktor 'Rechtzeitigkeit' betonen. (vgl. Buckalew 1969/1970: 47-54) Burgoon / Burgoon / Atkin identifizierten fünf Kategorien: Resultat (consequence), Interesse (ähnlich wie Neugier), Rechtzeitigkeit, Nähe und Bekanntheit. Ähnlich werteten die Redaktionsjournalisten Rechtzeitigkeit und Nähe als wichtigste Nachrichtenwerte für die Zeitung. (Burgoon / Burgoon / Atkin 1982) In seiner mit 25 großen Tageszeitungen durchgeführten Untersuchung verwendete Stempel sechs Nachrichtenfaktoren bezüglich der nationalen Nachrichten; Spannung-Konflikt (suspense-conflict), öffentliche Angelegenheit, menschliches Interesse (einschließlich der Bekanntheit), Rechtzeitigkeit, Positivität (die guten Nachrichten). (vgl. Stempel 1963: 19-23) Singletary fand ebenfalls, daß die Faktoren Rechtzeitigkeit, Nähe, Folge (consequence), Bekanntheit, menschliches Interesse (human interest) und Konflikt im allgemeinen als Nachrichtenfaktoren einstimmig angenommen werden könnten. (vgl. Singletary 1977) Durch die Analyse der Titelseiten von 101 amerikanischen Tageszeitungen stellte Bridges fest, daß drei Nachrichten-Selektionsmuster auf den

---

gen und Vermutungen der Journalisten, als extrinsisch dagegen professionelle Kriterien der Nachrichtenauswahl.

[79] Die Untersuchung von Eilders beschäftigt sich mit der Frage, ob die in der bisherigen Nachrichtenwertforschung vorwiegend zu journalistischen Auswahlkriterien reduzierten Nachrichtenfaktoren auch die Rezeption von Nachrichten durch das Publikum beeinflussen. Zu diesem Zweck wurden zunächst der kognitionspsychologische Forschungsstand unter der Perspektive diskutiert, ob Nachrichtenfaktoren sich als Relevanzindikatoren erklären lassen und somit sinnvoll die Umweltkomplexität reduzieren können. Folglich fand Eilders, daß die journalistische Vorauswahl von Inhalten mit starken Kontroversen, prominenten bzw. einflußreichen Akteuren und etablierten Themen sowie geringer Faktizität in analogen Verarbeitungsmustern der Rezipienten ihre Rechtfertigung findet.

Titelseiten der amerikanischen Tageszeitungen typisch sind, d.h. 'hard news', 'Meinungsnachrichten' und 'Bezug auf die Bekanntheit' . Zu den wichtigsten Nachrichtenfaktoren bezüglich der Titelseiten gehören 'Rechtzeitigkeit', 'Bezug auf die Bekanntheit' und 'Nähe'. Die Nachrichtenfaktoren 'Bezug auf den Konflikt' und 'Grad des Anstoßes (impact)' sind aber durch die Untersuchung von Bridges nicht als die wichtigsten Nachrichtenfaktoren identifiziert worden. Befürwortet wird dem entgegengesetzt 'Bezug auf die Bekanntheit' als ein unabhängiger Nachrichtenfaktor. (vgl. Bridges 1989: 332-337)

Die bisherigen Untersuchungen über Nachrichtenfaktoren kommen zu dem Schluß: Die möglichen Faktoren wirken nicht alle in gleicher Intensität auf den Prozeß der Nachrichtenauswahl ein und einige Nachrichtenfaktoren sind in den Selektionsvorgängen stärker bestimmend als andere. Im allgemeinen haben die wahrnehmenden Medien ein subjektives Interesse für das Neue, Negative, Beängstigende, Bedrohliche, Überraschende und Ungelöste. In Übereinstimmung mit den subjektiven Bedürfnissen berichten die Massenmedien eher einseitig als vielseitig, eher oberflächlich als tiefgehend, eher kurzfristig als längerfristig, eher nur zur Unterhaltung als informierend.[80]

3.3.3. Einflußfaktoren für die Selektionsprogramme für ausländische Nachrichten

Die Selektionsprogramme für internationale Nachrichten unterscheiden sich nicht drastisch von den Programmen für inländische Nachrichten. Die Auswahlprozesse für internationale Nachrichten sind komplizierter und enthalten noch weitere Faktoren. Bei ihnen müssen zusätzlich die Wechselwirkungen zwischen Quelle und Berichterstatter berücksichtigt werden, die oft verschiedenen Kulturkreisen angehören. Dieser Ansatz ist geeignet für die Untersuchung der kontroversen und allgemeinen Nachrichtenaustauschs zwischen Industriestaaten und Entwicklungsländern.[81]

---

[80] Die Kritik am Nachrichtenfaktoren-Ansatz geht davon aus, daß man das journalitische Auswahlhandeln als eine professionalisierte Informations- und Sinnproduktion begreifen kann, denn das, was Journalisten als 'reale' Ereignisse wahrnehmen, kann als diejenige soziale Wirklichkeit aufgefaßt werden, auf deren Grundlage Selektionsentscheidungen getroffen werden. Deren Ausgestaltung entscheidet letztlich über den Erfolg journalistischen Handelns. Ein zweiter Kritikpunkt betrifft die Verallgemeinerbarkeit der Faktoren auf 'nicht westliche' Kulturen, mit dem Grund: Die Nachrichtenkriterien, die Galtung / Ruge als 'kulturspezifische' Selektionskriterien (=Faktoren 9-10) klassifiziert hatten, sind unter den ersten acht 'kulturfreien' Selektionskriterien zu finden. Drittens bleibt zu fragen, inwieweit die Nachrichtenfaktoren voneinander *unabhängig* definiert sind. In der Tat bleibt die Frage, welche Grundmerkmale ein Ereignis aufweisen muß, um zur Nachricht zu werden, wenn nicht identische Aspekte von Ereignissen vorhanden sind (z.B. 'Außergewöhnlichkeit', 'Überraschung', 'Bezug auf Elitepersonen' und 'Personenbezug', 'Erwartungstreue' und 'Relative Themenvarianz'). vgl. dazu Merton / Schmidt / Weischenberg (1994: 240f.).

[81] Dazu vgl. Schiller (1981: 161-183); Galtung / Ruge (1965: 64-91); Merril (1981: 151-160); Hirsch (1977: 13-42). "With the exception of a few studies that deal with political and /or press ideology, the greatest research interest has been on understanding the flow influences of so-called 'elite' nation variables. Studies that emphasize internal nation variables tend to limit their analysis to a single flow factor, namely, the political philosophy of the state or the finan-

Der internationale Nachrichtenfluß soll daher aus Perspektiven der nationalen Wirtschaft sowie der politischen und militärischen Interessen vom Subjektland und Objektland betrachtet werden.

Ein starkes Interesse für die auf den internationalen Nachrichtenfluß einwirkenden Faktoren entstand in der Mitte der sechziger Jahren beginnend mit nordeuropäischen Wissenschaftlern. Im Jahr 1965 schlug Östgaard den Begriff *nationale Stellung* als wichtigsten Faktor vor (vgl. Östgaard 1965: 39-63) und Galtung schuf den Begriff *nationales Überlegenheitsgefühl.* (vgl. Galtung / Ruge 1965: 64-91) Hester benannte *Entfernung, kulturelle Ähnlichkeit, Bevölkerung, Handel, Bruttosozialprodukt* und *Überlegenheitsgefühl* als wichtige Elemente. (vgl. Hester 1973: 239-247) Peterson bestätigte die Begriffe *Bedeutsamkeit, nationales Überlegenheitsgefühl und Negation.* Faktoren wie *Frequenz, persönliches Überlegenheitsgefühl, Schwelle des Ereignisses* und *Eindeutigkeit* wurden in seiner Untersuchung ganz oder teilweise abgelehnt. (vgl. Hester 1973: 239-247) Ahern unterteilte die Einflußfaktoren in wesentliche Faktoren und nebensächliche Faktoren. Als wesentliche Faktoren erwähnte er *Dauer des Ereignisses, Bedeutung, Vereinfachung* und *Eindeutigkeit, Übereinstimmung* mit vorhergehenden Rahmen der Erwähnung, *Fortsetzung* des laufenden Ereignisses, *Überlegenheitsgefühl* des Handlungsträgers, *Personalisierung, Plötzlichkeit · Sensation · menschliches Interesse* und *Negation.* Zu den nebensächlichen Faktoren zählte er *Sozialisierung* des Gatekeepers, Beschränkung der Medien und *Zusammenhang* des Ereignisses. Bei ihm bezieht sich die Sozialisierung des Gatekeepers wieder auf die politische Meinung, auf die westeuropäische Zivilisation und auf den Rückkopplungsgrad des Gatekeepers mit dem Rezipienten. Die Beschränkung der Medien umfaßt den Typus des Ereignisorts, die Raumknappheit zur Verfügung, die zeitliche Angemessenheit. In Zusammenhang mit den Ereignissen brachte er die Bedeutung des Staats, das Überlegenheitsgefühl des Staats, die Erkenntnis über die Staatsmacht, die geographische Nähe. Er verteilte den Faktor Bedeutung eines Staats wieder auf kulturelle Annäherung, kulturelle Verträglichkeit, kulturelle Ähnlichkeit, sprachliche Gemeinschaftlichkeit, zwischenstaatlicher Bevölkerungswechsel, koloniale Beziehung. (vgl. Ahern 1984: 217-233)

3.4. Rollen im System des Journalismus

Als Rollen in der Entstehungsphase werden näher betrachtet: Journalisten (im Pro-

---

cial base of the news organization, and mainly in kontext of socialist and capitalist state distinction. The result of this research trend is that little is known about how a variety of extramedia variables that operate at the national system level interact in different social conditions, such as in the developing Third World contries, and how such interaction might affect foreign news reporting patterns in those contexts. [...] Other extramedia variables, such as an internal communication infrastructure, the penetration of mass communication institutions, a critical mass of literate public as potential consumers of public affairs information, and the general socio-economic and political climate of a media country, are frequently cited in the literature as factors controlling the nature and distribution of news information in a country. The way these factors (communication flow controls) interact with political and press ideologies in a variety of national settings, and the impact of such interaction upon foreign news coverage patterns are yet to be systematically understood." (Knaemeka / Richstad 1981: 100f.)

zeß der Verberuflichung), Verleger und Rezipienten (Publikumsrolle). Im Pressebereich orientiert sich der Verleger als Unternehmer nach ökonomischen Gesichtspunkten, der Redakteur hingegen hat den Status eines abhängig Beschäftigen. Der Verleger hat eine eigene Rolle im System des Journalismus, die nicht von anderen erfüllt werden kann. Als Unternehmer hat er die im dargestellte folgenden Rolle in der Marketingtätigkeit. Der Redakteur aber ist zuständig für die Inhalte des redaktionellen Teils, z.T., mit weitreichenden Handlungsspielräumen. Die Journalisten bleiben nach wie vor die Hauptrollenträger.[82] Obwohl der Beruf des Journalisten im 19. Jahrhundert entstand (vgl. Groth 1930 Bd.4: 51-320), gab es journalistisch tätige Personen seit Beginn der Pressewesens. Im Journalismus spielt das Publikum eine eigene Rolle, die seit Anfang des Privatfernsehens an die Bedeutung zugenommen hat. Sowohl als Käufer, Leser und Rezipient, auch gleichzeitig als ein Äquivalent für Öffentlichkeit entsteht es komplementär zu den Leistungsrollen Verleger und Journalist.

3.4.1. Der Verleger

Bei Kleinstadtzeitungen gibt es keine Trennung von Verlag und Redaktion. Bei den größeren Zeitungen trennten sich die Bereiche Verlag und Redaktion bereits im 19. Jahrhundert. (vgl. Groth 1930 Bd.4: 3-51)[83] Das Verhältnis von Verlag und Redaktion bzw. Verleger und Redakteur taucht in der Kommunikationswissenschaft häufig als Beziehung von Konkurrenz oder Verwicklung auf, denn die Arbeit des Journalisten wird immer mehr durch die ökonomischen Faktoren der Unternehmerseite beeinflußt. Der Journalist will hingegen davon unabhängig nur nach einem freien geistigen journalistischen Prinzip arbeiten.[84] Die konkurrierenden Faktoren von Verlag und Redaktion können bewirken, daß abgewichen wird von der ursprünglichen formalen und inhaltlichen Konstruktionsstruktur im redaktionellen Raum (in dem Programm), durch Unterschiede in der politischen Ansicht, den Marketingplan und den Betriebsplan, u.a. mehr.

Obwohl die journalistische Arbeit nicht nur von der geschäftlichen Umsicht der Verleger beeinflußt wird, besitzt der Verleger eine besondere Befugnis, für die Journalisten nicht zuständig sind: "Durch das Vordringen der Meldung vor den Artikel gewann der Verleger, der das Kapital zur Verfügung zu stellen hat und von dessen

---

[82] "Das Zeitungswesen ist eines jener seltenen Gebilde unseres Wirtschaftsorganismus, bei dem auch heute noch als das eigentliche Subjekt, als der menschlich beherrschende Faktor der geistige Arbeiter angesehen wird, ohne Rücksicht darauf, ob er auch wirtschaftlich an der Beherrschung des Unternehmens teilnimmt oder ob er nur ein bezahlter und wirtschaftlich abhängiger Beamter ist. [...] Das Subjekt des Zeitungswesens ist deshalb der Journalist, weil er sein geistiger Schöpfer ist und weil dieser bei dem vornehmlich auf geistiger Tätigkeit beruhenden Produkt den wertvolleren Faktor gegenüber dem wirtschaftlichen Beherrscher darstellt. Wenigstens in der Theorie. [...] Auch in der Praxis? - Nein." (Brunhuber 1908: 62; Zit. nach Groth (1930: Bd.4: 17).

[83] Zum Verhältnis von Verlag und Redaktion bei dem Typ Kleinstadtzeitung, s. Richter (1922).

[84] Wuttke bemerkt schon 1866 die Gefahr: "die Macht der Verleger über die Journalisten, die die Unabhängigkeit der Journalisten beeinträchtigen könne", Dazu vgl. Wuttke (1875); zit. aus Blöbaum (1994: 253).

Fähigkeiten die Verwendung zur Organisierung einer reichen Berichterstattung abhängt, nicht nur geschäftliche, sondern auch journalistische Bedeutung. Nicht mehr bloß hervorragende Publizisten, an deren Namen sich früher der Ruhm einer Zeitung geknüpft hatte, sondern auch die genialen Verlegerorganisatoren gaben einem Blatt Ruf und Rang." (Groth 1930 Bd.4: 14f.)

Die Macht der Verleger ist in der modernen Medienumwelt noch stärker geworden und der Einfluß der Journalisten innerhalb der Medienorganisation wurde in umgekehrter Proportion geschwächt. Der Grund liegt darin, daß wegen der scharfen Konkurrenzsituation die Bedeutung der wirtschaftlichen Mittel immer mehr anwächst, die erforderlich sind, um das Medienunternehmen erfolgreich zu führen.

Da der Erfolg einer Zeitung nicht nur von der geschäftlichen Umsicht und technischen Erfahrung abhängt, sondern auch von dem publizistisch-psychologischen Verständnis des Verlegers und von seiner Geschicklichkeit, die journalistischen Bedingungen und Möglichkeiten zu erkennen und richtig in seine Berechnungen einzustellen, darf / müßte der Verleger nicht bloß mit wirtschaftlichen Faktoren kalkulieren, er muß nicht nur alle Mittel des technischen Fortschritts kennen, sondern er muß auch engste Fühlung mit allem, was die Zeit bewegt, halten können. Hierfür sollte der Verleger folgende Eigenschaften besitzen: Beweglichkeit und Vielseitigkeit, Organisationstalent und Erfindergeist, Wagemut und Umsicht, Ideenreichtum und Wirklichkeitssinn, rascheste Entschlossenheit und bedächtige Überlegung, Großzügigkeit und Genauigkeit. (vgl. Groth 1930 Bd.4.: 15)

3.4.2. Der Journalist

Der Journalist ist entscheidend an Aussage und Präsentation der massenkommunikativ verbreiteten Nachrichten beteiligt. Im System Journalismus übernimmt vor allem der Journalist die Leistungsrolle. Im 19. Jahrhundert begann sich an Stelle der früheren einzelnen Journalisten ein journalistischer Beruf herauszubilden, der durch gemeinsame ideelle und wirtschaftliche Interessen, zum mindesten auch durch eine gewisse journalistische Technik der Arbeit verbunden ist. (vgl. Groth 1930 Bd.4: 61) [85] Für Groth bedeutet die Differenzierung des journalistischen Berufs: "Sachliche und personale Spezialisierung des Berufs, seine qualitative und soziale Differenziertheit hemmten und hemmen in der Praxis seine innere und äußere Konsolidierung und [...] erschweren [...] eine allgemein zutreffende wissenschaftliche Darstellung der Verhältnis des Journalismus." (Groth 1962 Bd.4: 188f.)

Zu der Untersuchung der Beziehungen sowohl zwischen Journalisten und Nachrichtenquelle als auch zwischen Journalisten und den Prozessen der Nachrichtensammlung präsentierte Berkowitz drei grundsätzliche Ansätze über den Journalisten: Zuerst ist der Journalist als Vermittler der Nachrichten abhängig von seinen beruflichen Wertsystemen. Zweitens, übereinstimmend mit der Ansicht der kritischen

[85] Blöbaum hat die Entwicklung des Journalisten-Berufs in vier Abschnitten beschrieben: Zahl / Berufsbild / Sozialprofil, Tätigkeitsprofil / Differenzierung, Organisationsbildung und Ausbildung, vgl. dazu Blöbaum (1994: 241-251); zur Entstehung und Entwicklung eines journalistischen Berufs, vgl. Groth (1930 Bd. 4: 51-63).

Theorie, ist der Journalist nicht unabhängig von der herrschenden Ideologie.[86] Drittens zwingen beide obigen Elemente den Journalisten zu vielen beruflichen Entscheidungen, wobei der Zwang aber nicht von den organisatorischen Forderungen, sondern von der herrschenden Ideologie ausgeht. Nach dieser Auffassung entsteht der organisatorische Zwang aus den ökonomischen, gesetzlichen und gesellschaftlichen Überlegungen bei der Produktion der Nachrichten.[87]

Tunstall sieht den Journalisten als Angestellten, Nachrichtensammler und Konkurrenz-mitarbeiter. (Tunstall 1972: 259) Bezüglich der Rolle des Journalisten ist die Vorstellung von Tehranian beachtenswert:[88] 1. *selbstlose Revolutionäre* (Selfless Revolutionaries). Der Marxismus wie andere revolutionäre Doktrinen sieht den Journalisten als einen Revolutionär. Von diesem Gesichtspunkt aus betrachtete er (im leninistischen Sprachgebrauch), die Rolle der Organisation, der Agitation und der Propaganda, um die eigentliche Gestalt des Feindes zu enthüllen und um das Bewußtsein der Massen zu erweitern. Die Aufgabe des Journalisten liegt hierbei wesentlich darin, daß er selbst in Verbindung mit dem potentiellen Publikum für die Erfüllung der Rolle stehen soll. 2. *furchtlose Wahrheitssucher* (Fearless Truth-Seeker). Diese Vorstellung vom Journalisten entsteht im allgemeinen in der liberalen demokratischen Gesellschaft. Die Voraussetzung hierfür ist eine pluralistische Gesellschaft, in der die verschiedenen Gesichtspunkte, Interessen und Betrachtungen gleichzeitig existieren. Der Enthüllungsjournalismus repräsentiert dieses Modell. In diesem Modell wird als Aufgabe des Journalisten die Enthüllung und das Berichten von Fakten ohne Angst oder Gunst betrachtet. 3. *verantwortungsvoller Festsetzer der Tagesordnung* (Responsible Agenda-Setter). Diese Betrachtung ist eine Erweiterung des zweiten Gesichtspunktes, der von der liberalen demokratischen Tradition entwickelt wird. Mit der Entstehung der Begriffs '*public*' als eines autonomer Faktors in der inländischen oder internationalen Politik wurden Begriffe wie 'social responsibility' und "public opinion leadership" in die Literatur des Journalismus eingeführt. Das neue Publikum schuf eine neue Klasse des Journalisten, die als "Publizist" oder "Kolumnist" bekannt wurden. Die Aufgabe des neuen Journalisten ist mehr, zu interpretieren als zu berichten. In gleicher Weise wie Politiker, Klerus und Akademiker übernimmt daher der Journalist die Rolle als Führer der öffentlichen Meinung. 4. *wohlwollender Gatekeeper* (Benign Gate-Keeper). Einige Journalisten führen als Beispiel für die Position der redaktionellen Verantwortlichkeit den Gatekeeper auf. Diese entscheiden, wer oder was ausgewählt wird. Sie wählen die Objekte der Nachrichten aus und berichten darüber als Nachrichten. 5. *Förderer der Entwicklung* (Development Promoters). Diese Rolle des Journalisten wurde vor allem im '*Entwicklungsjournalismus*' allgemein bekannt. In diesem Modell gilt der Journalist als Diener der staatlichen

---

[86] Kritische Theoretiker sind der Ansicht, daß die Kontrollen bei der Produktion von Medienunternehmen beruflich eingeschränkt werden. Aus dieser Aussicht wird die Produktion der Botschaft in erster Linie innerhalb der herrschenden Kultur bestimmt. Dazu vgl. Currans / Gurevitch / Wollacott (1982: 11-29).

[87] Die Untersuchung von Berkowitz wurden auf der Basis der Untersuchungen von Brown / Bybee / Weardon / Murdock und Sigal durchgeführt. Dazu vgl. Berkowitz (1987: 508-513); Brown / Bybee / Weardon / Murdock (1987: 45-54); Sigal (1974).

[88] Auf Grund des McBride-Reports und eine Reihe von Debatten stellt Tehranian die Rolle des internationalen Journalisten vor, vgl. dazu Tehranian (1984: 261-280).

Entwicklung, der nationalen Unabhängigkeit und nationalen Einigkeit sowie wirtschaftlichen Fortschritts oder gesellschaftlichen Wohls.[89] 6. *versteckter Überreder* (Hidden Persuaders). In diesem Modell wird untersucht, in welchem Ausmaß der Journalist direkt oder indirekt von geschäftlichen Interessen kontrolliert wird. Die Aufgabe des Journalisten liegt darin, den Verbrauchern die von der Werbung präsentierten Botschaften nahebringt, daß er den Zuschauer / Zuhörer die in den Unterhaltungsprogrammen dargestellte Sexualität und Gewalt rechtfertigen läßt und daß er den Zuschauer / Zuhörer die Rechtmäßigkeit der kapitalistischen System in der öffentlichen Affäre bejahen läßt.[90] 7. *finsterer Manipulator* (Sinister Manipulators). Hier wird der Journalist als eine unterwürfige Person gesehen, die als ein ideologisches Mittel dem speziellen ökonomischen Gewinn im kommerzialisierten Journalismus und als Vermittler der Zensur im staatlichen Journalismus dient. Hier trägt das Motiv entweder zur der ökonomische Gewinnmaximierung oder zu der Legitimation der totalitären Kraft bei.

"Unter dem Einfluß der Vorstellung einer "Kommunikator-Medium-Rezipient"-Beziehung wurde der Journalist (neben dem Ereignis, über das er berichtet) als relativ autonome, faktensetzende Instanz gesehen." (Aufermann / Bohrmann / Sülzer 1973: 341)

Einschließlich seines Verhaltens und seiner Dispositionen sind die Selektionsfaktoren des Journalisten zu zentralen Themen in der Kommunikationsforschung geworden. Verschiedene Untersuchungen wurden bereits durchgeführt, um diese Faktoren zu systematisieren. Im Zusammenhang mit diesen Faktoren unterschied Kepplinger diese in akteurorientierte (z.B. Verleger, Journalist) und variablenorientierte (z.B. Rollenverständnis, Nachrichtenfaktoren). Nach ihrer Nähe oder Ferne zum handelnden Journalisten ist eine Ordnung der Faktoren gegliedert: Subjekt-Sphäre, Professions-Sphäre, Institutions-Sphäre und Gesellschafts-Sphäre. Zu der Subjekt-Sphäre gehören die Faktoren, die in der Person liegen (z.B. politische Einstellung, Berufsmotive); zur Professions-Sphäre gehören die Faktoren, die gemeinsame Eigenschaften des gesamten Berufsstandes betreffen (z.B. ethische Grundlagen, Nachrichtenwerte); zur Institutions-Sphäre gehören die Eigenschaften der Arbeitsorganisation, bei der Journalisten beschäftigt sind (z. B. wirtschaftliche Strukturen, Freiheit im Beruf); schließlich gehören zur Gesellschafts-Sphäre die Faktoren, die aus Merkmalen des Gesellschaftssystems resultieren (z.B. Grad der Pressefreiheit, politische Kultur).[91] Außerdem steht der Faktor der Professionalisierung des Journalistenberufs nicht dem Prozeß der Beschaffung von Medieninhalten nach. Neben der Gatekeeper-Forschung besitzt die Professionalisierungsforschung eine wichtige Bedeutung für die empirische Journalismusforschung. "Während die Gatekeeper-Forschung Kommunikationsprozesse in Rahmen der Aussagenentstehung betrachtet, also faktisches Verhalten in den Institutionen der Massenkommunikation untersucht (insbesondere die Einflußfaktoren auf Nachrichtenselektion und Nachrichtenbearbeitung), wird über die deskriptiven Kriterien des Konstrukts 'Professionalisierung' versucht, genereller Aussagen über

[89] Dazu vgl. Gunaratne (1978: 3-6); Rogers (1976); Schramm (1964); Honik (1980: 10-24).
[90] Dazu vgl. Packard (1973).
[91] Zur weiteren Beschreibung dieser Faktoren vgl. Noelle-Neumann / Schultz / Wilke (1997: 80-89).

die Berufsrolle des Kommunikators, seine Sozialisation usw. machen zu können." (Noelle-Neumann / Schulz / Wilke 1997: 44f.) Die Gatekeeper-Forschung und die Betrachtung einer Professionalisierung unterstützen sich gegenseitig beim Verständnis der Kommunikatorrolle innerhalb des Systems Journalismus.

3.4.2.1. Journalisten als Gatekeeper

Seit dem ersten Weltkrieg betrachten die Journalisten sich selbst als berufliche Spezialisten und versuchten, für sich ein geeignetes spezielles Modell zu finden. Das 'Gatekeeper'-Modell ist ein musterhaftes Beispiel für dieses journalistische Bestreben. Im 'Gatekeeper'-Modell werden Journalisten so betrachtet, daß sie einen Kanon spezieller Methoden anwenden, um einen höheren Grad an Objektivität zu erreichen und um die eigene effektive Leistung zu erhöhen. Das Modell setzt voraus, daß sie nicht nur Nachrichten über Ereignisse vermitteln, sondern in den Nachrichtenfluß eingreifen, wodurch sich ihre Subjektivität in den Nachrichten widerspiegelt und ihr Standpunkt aktiv unterstützt wird.

Der Begriff 'Gatekeeper' wurde vom Psychologen Kurt Lewin vorgeschlagen. Lewin hatte ihn zunächst eingeführt, um die Frage beantworten zu können, welche Entscheidungsprozesse den Einkaufsgewohnheiten von Hausfrauen in der Kriegszeit zugrunde lagen. Sein größeres Interesse galt den Vorgängen beim Einkauf von Nahrungsmitteln und dem Kanal Marketing und untersuchte die Prozesse, durch die eine Hausfrau ihre Einkäufe reguliert. Familiäre Vorlieben, Erhältlichkeit der Artikel, Ernährungsnotwendigkeiten, Kosten und gesellschaftliche Ernährungsgewohnheiten bilden die erforderliche Matrix, in der sie ihre Aufgabe verrichtet. Lewin beobachtet, daß der Prozeß für einige Artikel durch den Informationskanal wirkt. Er qualifizierte aber seine Darstellung nicht. (vgl. Lewin 1951) Nach ihm gilt, "gate sections are governed either by impartial rules or by a 'gatekeeper'." (ebd.: 186) Der 'Gatekeeper' kann eine Person oder eine Gruppe sein, die Entscheidungsfähigkeit auf den Prozeß des Übergangs besitzt. Das wesentliche liegt aber darin, daß die Entscheidungskraft nicht unabhängig von anderen ist, sondern abhängig von anderen Kanalbereichen und unvoreingenommenden Regelbereichen ist. Lewin hebt hervor, daß der Raum der freien Bewegung des Individuums von seiner Wahrnehmung über die Regel der Matrix, in der er steht sowie von den gesellschaftlichen Kräften und von psychologischen Faktoren beschränkt wird. Er betont weiter: "the constellation of forces before and after gate region ist decisively different." (ebd.)

Seit White den Begriff 'Gatekeeper' in der Kommunikationssituation prägte, ist der Begriff 'Gatekeeper' ein unerläßlicher Probierstein in der Untersuchung über die Nachrichtenauswahl oder den Nachrichtenfluß geworden.[92] Unter dem Begriff des Gatekeepers versteht man die Personen, die an bestimmten 'Schleusen' (Schaltstellen)

---

[92] White untersuchte die Arbeitweise eines Nachrichtenredakteurs ('Wire editor') in einer kleinen Zeitung des mittleren Westens der Vereinigten Staaten. Es wird gefunden, daß insbesondere subjektive Gründe bei der Auswahl der durch Zeit (Eintreffen der Nachrichten) und Raum (verfügbarer Platz) vorgegebenen Bedingungen der Nachrichtenselektion nachzuweisen waren, die von den Einstellungen und persönlichen Erfahrungen des Journalisten abhängig sind. vgl. dazu White (1950: 382-390); Lewin (1947: 143-153); Westly / MacLean (1955: 3-12).

im 'Kanalsystem' der Kommunikation darüber entscheiden, welche Informationen weitergegeben werden. "Dieser »Schleusenwärter« wird vielfach gesehen als eine autonome oder auch einseitig gesteuerte Entscheidungsinstanz, die in den massenkommunikativen Prozeß mehrfach eingeschaltet ist und deren Aufgabe [...] mit der eines Relais zur Weitergabe von Informationen, zu deren Unterdrückung oder Veränderung vergleichbar ist." (Kristen 1972: 25) Dabei wird die Funktion des Gatekeepers vorwiegend darin gesehen, die Informationsmengen zu begrenzen. (vgl. Nissen / Menningen 1977: 159)

Die Gatekeepingforschungen werden in drei Hauptgruppen unterteilt: "In Untersuchungen, die einen individualistischen Ansatz benutzen; in solche, die besonders die Einbeziehung sozialer Institutionen beachten und in kybernetische Studien. Dabei zeigt sich, daß die Untersuchungen jeder Gruppe ihre eigene Methodik mit eigenen Fragestellungen entwickelt haben und zu eigenen Schlußfolgerungen gelangt sind." (vgl. Robinson 1973: 344 u. 344-355) Im allgemeinen konzentrieren sich die Untersuchungen der individuellen Prädisposition des Journalisten bisher auf die Prozesse bei der Nachrichtenauswahl. Die Prädispositionen des individuellen psychologischen Verhaltens wie Sympathien und Antipathien, der persönlichen Kontakt zu wichtigen anderen Personen oder auch allgemeine ästhetische Vorlieben einzelner Journalisten sowie soziodemographische Kennzeichen (Alter, Geschlecht, Einkommen, Ausbildungsniveau, persönliche Erlebnisse und Sprachfähigkeit) müssen in Hinblick auf ihre Wechselbeziehungen separat erläutert werden. In den individualistischen Untersuchungen können die Entscheidungen des Gatekeepers durch individuell-psychologische Faktoren erklärt werden.[93] Betrachtet werden frühere oder individualistische Untersuchungen, vertreten durch White (1950: 383-390), McNelly (1959: 23-26), Snider (1967: 419-427), Grey (1966: 419-428), Harless (1974: 87-90) und Robinson (1970: 340-357), u.a.. Diese Untersuchungen sind letztlich nicht in der Lage, den Informationsprozeß zu analysieren, da sie davon ausgehen, daß der Journalist mehr oder weniger für sich allein arbeitet. Folglich ist die Nachrichtenverarbeitung bei diesem Modell kein komplexer Vorgang, an dem verschiedene Gruppen mit unterschiedlichen Aufgaben beteiligt sind.

Während man aber den Journalisten zunächst nur individualistisch sah, ohne dessen Einbindung in organisatorische und weitere soziale Strukturen zu berücksichtigen, wurde diese Betrachtung bald durch umfassendere Untersuchungen abgelöst. Die professionelle Werte und die individualistischen Ansichten der Journalisten können mit den strukturellen Anforderungen der Organisation bei den Entscheidungen bezüglich der Nachrichten miteinander wechselwirken. Die zweite Forschungsrichtung der Gatekeeper-Forschung nahm die Theorie der bürokratischen Organisation zuhilfe, um die institutionellen Abhängigkeiten des Gatekeepers zu erklären. Wie Gieber es ausdrückt, ist "Gatekeeping kein autonomer, sondern ein von zahlreichen Rücksichten

[93] "Nachrichten beruhen auf Ereignissen, die von Beobachtern offensichtlich recht eigenwillig wahrgenommen werden. 'Beobachtung' bedeutet dabei die Verwendung einer Unterscheidung, um jeweils eine Seite zu bezeichnen. Dies gilt auch für die Wahrnehmung von Ereignissen durch Journalisten als 'professionellen Beobachtern'." (Weischenberg 1995: 152) Die professionelle Beobachtung des Journalisten ist teilweise abhängig von subjektiven, ganz persönlichen Erfahrungen, Einstellungen und Erwartungen des Journalisten (wie z. B. eine Abneigung gegen Ziffern und Statistiken oder die katholische Kirche).

und bürokratisch-institutionellen Zwängen bestimmter Vorgang." (Wilke 1984: 15)[94] Die Entscheidungen eines Gatekeepers sind mit seiner Stellung innerhalb der Organisation verknüpft. Die repräsentativen Untersuchungen dieser Forschungsrichtung wurden von Gieber durchgeführt, der als erster Whites Thesen überprüfte. Dieser zeigte, daß der Redakteur am Fernschreiber keine bedeutende Rolle bei der Nachrichtengebung einer Zeitung spielt und daß die Nachrichtenagentur für den Redakteur am Fernschreiber zur empfehlenden Instanz geworden ist. (vgl. Gieber 1956: 423-432)

Die Untersuchungen zielten auf das Verhältnis der Position der Entscheidungspersonen in der Organisationshierarchie und zu deren Einflußausmaß. Dabei wird festgestellt, daß Reporter, Chefredakteure und Herausgeber ganz unterschiedliche Positionen in der Organisationshierarchie besetzen und ihr Einfluß von ihrem Status abhängig ist. Sowohl Breed als auch Judd kommen zu dem Ergebnis, daß Chefredakteur und Herausgeber einen bedeutenderen Einfluß ausüben als die Reporter. (vgl. Judd: 1961: 35-42; Breed 1973: 356-378)[95] Donohew erläuterte, daß die Einstellung des Herausgebers eine Determinante für das Gatekeeper-Verhalten ist. (Donohew 1967: 61-68)

Die *Nachrichtenquelle* ist auch im institutionalen Rahmen als ein potentieller Einflußfaktor identifiziert. Durch den Vergleich von verwendeten und nichtverwendeten Meldungen von »Associated Press« fand Stempel heraus, daß die Zeit einen wichtigen Auswahlfaktor darstellt. Früher ankommende Meldungen kommen dabei besser weg als spätere. 69 % aller überhaupt in den Zeitungen berichteten Meldungen tauchten bereits in der ersten Ausgabe des Nachrichtendienstes auf, 59 % davon sogar vor 19 Uhr. Stempel geht davon aus, daß nicht der Inhalt der Fernschreibermaterials, sondern eher der Produktionsablauf die Verwertung der Nachrichten bestimmt. Dabei berücksichtigt er aber nicht, ob die genannte Nachrichtenagentur die einzige Informationsquelle dieser Art ist. (Robinson 1973: 347; vgl. auch Stempel 1964: 380-384)

Durch die Untersuchung über den »Rathaus-Reporter«, in der die Herkunft einer Nachrichten als ein völlig wichtiger Einflußfaktor angenommen wurde, zogen Gieber / Johnson den Schluß: "Obwohl die Reporter sich offenkundig gegen die verführerische Assimilation an die Nachrichtenquelle wehren, haben sie dennoch ihre Bindung an die »Öffentlichkeit« durch eine starke »in-group«-Treue reduziert [...] Die Reporter sind durch ihr eigenes Rollenverhalten und durch die Rathaus- und Stadtverwaltung stark beeinflußt worden." (Robinson 1973: 349; vgl. auch Gieber / Johnson 1961: 289-297)

Robinson trug zur Veränderung des Untersuchungsschwerpunktes in der Forschung bei. Dieser verlagerte sich vom individualistischen Ansatz der 'Gatekeeper-Forschung' über die institutionale Perspektive zu den kybernetischen Modell-Bildungen. Ein kybernetische Modell stimmt mit früheren Untersuchungen darin überein, daß eher der institutionale Rahmen und weniger die psychologische Verfassung des Journalisten sein Gatekeeper-Verhalten am besten voraussagen kann. Das Modell betrachtet den Kommunikator nicht mehr als autonom entscheidende Instanz, sondern sieht ihn durch zahlreiche organisationsinterne und -externe »Feed-back-

---

[94] Dazu vgl. Gieber (1956: 423-432); Gieber (1964: 171-180).

[95] Dazu vgl. deutsche Übersetzung von Aufermann / Bohrmann / Sülzer (1973: 356-378).

Schleifen« einer ständigen Kontrolle unterworfen, die seine eigene Präferenzen und Konstitutionen als relativ unwichtig erscheinen läßt. Der Kommunikator wird hierin als bloß ausübende, vollziehende Person gesehen, die keine wirklichen Entscheidungen zwischen realen Alternativen trifft, sondern im Sinne einer einfachen »Durchlaßstelle« nach vorgegebenem Programm selektiert. (vgl. Robinson 1970: 340-357)

Durch die Untersuchung der jugoslawischen Nachrichtenagentur '*Tanjug*' stellte Robinson klar dar, daß Nachrichtenselektion aus vier Komponenten besteht: "Zunächst lassen Unterlagen über die Materialverwendung erkennen, daß der Produktionsprozeß relativ konstant ist, d.h. täglich wird eine bestimmte Anzahl von Wörtern und Berichten hergestellt, deren Umfang nicht von der Menge der ankommenden Meldungen abhängt. Zweitens ergab ein Ablauf-Diagramm, daß die Reduzierung des Materials ein dreistufiger Prozeß ist, in dem 11 Positionen eine Rolle spielen; von diesen 11 Positionen können aber nur 5 als Entscheidungsträger (gatekeeper) bezeichnet werden; bei dem Rest handelt es sich um einfache »Durchlaß-Stellen«. Drittens kann festgehalten werden, daß vier betriebsinterne Ausschüsse und Abteilungen praktisch als »Sensoren« der Organisation fungieren und die Abgabe von Nachrichten überwachen. [...] Viertens lieferte eine Inhaltsanalyse des Archivs Belege dafür, daß die gespeicherte Information die Auslegung von Auslandsnachrichten beeinflußt und Richtlinien und Leitsätze für die Alltagsarbeit der Agentur und für die Bewältigung von Krisen bereitstellt." (Robinson 1973: 350; weiter ders. 1970: 340-357). Zu einem solchen kybernetischen Modell gehören noch repräsentativ die Untersuchungen von Deutsch (1966), Cadwallader (1966) und Bailey und Lichty (1972: 221-229), u.a.. Mit dem kybernetischen Modell kann schließlich ein Gatekeeper als ein komplexer Feedback-Prozeß erfaßt werden, der von »Sensoren« (sensing centers) überwacht und sowohl von organisationsintern gespeicherten Daten als auch von organisationsexternen Variablen beeinflußt wird.

3.4.2.2. Professionalisierung und Verberuflichung des Journalistenberufs

Soziologisch gesehen, bedeutet Sozialisation, daß Neulinge wie Anfänger jeder Sub-Kultur die "Schliche kennenzulernen" haben. Im Grunde findet dabei ein Lernprozeß statt, bei dem der Neuling die Rechte und Verpflichtungen seines Status sowie dessen Normen und Werte entdeckt und internalisiert. Er lernt, an ihn gestellte Erwartungen zu antizipieren, um damit Belohnungen zu gewinnen und Strafen zu vermeiden.

Etwas zu lernen, welches "der Einordnung und Bewertung von Berufen vor allem unter dem Aspekt der Qualifikationsvoraussetzungen, des Prestiges und der beruflichen Bedingungen dient" (Scholl / Weischenberg 1998: 44), kann als eine mögliche Voraussetzung der Professionalisierung gelten. Obwohl die Untersuchungen über die '*Professionalisierung*' im der bundesrepublikanischen Raum seit Anfang der siebziger Jahre begannen, ist das Professionalisierungskonzept wissenschaftlich nicht ausreichend definiert und wird als theoretischer Ansatz gerade für die Journalismusforschung zunehmend in Zweifel gezogen.[96]

Die Übereinstimmung der Ansichten um die Zeitungspolitik zwischen der redaktionellen Grundlinie und den Mitgliedern der Redaktion erfolgt jedoch nicht automatisch (vgl. Breed 1973: 356-378)[97], sondern die Anpassung des Redaktionsmitgliedes wird mit Hilfe der Sozialisation durch die Normen seines Berufes erreicht. Durch Professionalisierung wird ein Journalist ein Redaktionsmitglied, welcher für die Qualifikations- und Berufsstrukturen geeignet ist. Als Folgen einer Professionalisierung wird der Journalist bestimmte Merkmale erwerben, wozu das Gefühl einer gemeinsame beruflichen Identität, das Fehlen einer zwischenberuflichen Mobilität, gemeinsame Wertvorstellungen und die Entscheidungen der Berufsangehörigen über den beruflichen Nachwuchs (Kooperation) gehören. "Zu den Merkmalen einer Profession, die dem Journalismus fehlen, gehören u.a. eine systematische, auf theoretischen Kenntnissen beruhende Ausbildung, die über den Berufszugang entscheidet, die Freiheit von Laienkontrolle und die Bereitschaft und Fähigkeit, Verantwortung für die Folgen des beruflichen Handelns zu übernehmen." (Noelle-Neumann / Schulz / Wilke 1997: 74f.)

Zum Ausgangspunkt für die Suche nach Steuerungsinstanzen nahm Weischenberg die journalistische Berufsethik. Die zentrale Frage ist dabei, welche Maßstäbe wir haben, wenn über journalistisches Handeln in Grenzbereichen der Berichterstattungspraxis geurteilt werden soll. Im diesem Zusammenhang unterschied er drei Ethiktypen:

- Maßstäbe, die als moralische Verhaltensregeln für den einzelnen Journalisten formuliert werden (Individualethik);
- Maßstäbe, die das berufliche Verhalten innerhalb der Gruppe der Journalisten berechenbar machen ('professionalisieren') sollen, und die zum Teil als 'Standesethik' von den Berufsverbänden kodifiziert werden (Professionsethik);
- Maßstäbe, die Medienbetriebe und ihre Verantwortlichen zu beachten hätten – in einem demokratischen System, das ihnen Freiräume zur Erfüllung einer 'öffentlichen Aufgabe' einräumt (Institutionenethik).

Im Journalismus läßt sich aber weder eine Individualethik für Journalisten, noch eine Professionethik, noch eine Institutionenethik zu alle befriedigenden Antworten führen. So lassen sich Maßstäbe für die journalistisches Handeln offenbar nicht gewinnen. Es ist daher notwendig, weiter auszuholen, bevor sich aus einer Kombination solcher 'Ethiken' eine anspruchsvolle und doch anwendbare 'Handlungsethik für die Journalisten' destillieren läßt. (vgl. Weischenberg 1992: 210f.)[98]

---

[96] Zum Konzept der Professionalisierung und zur Einführung in die Journalismusforschung vgl. Siebert (1987: 22-33); Donsbach (1978: 108-121). Zu einigen Problemen der Professionalisierung des Journalisten vgl. Windahl / Rosengren (1978: 466-473).

[97] Für Nicht-Übereinstimmung nannte Breed zwar drei Gründe: "1. bestehen kodifizierte journalistische Normen; 2. ist es eine Tatsache, daß Redaktionsmitglieder niedrigeren Ranges (Reporter usf.) tendenziell liberalere Ansichten und Sichtweisen haben als der Herausgeber und sich daher auf die Normen berufen, um der Politik zuwiderlaufende Artikel zu rechtfertigen; und 3. hindern moralische Tabus den Herausgeber daran, von seinen Untergebenen zu verlangen, seine Politik strikt zu befolgen". (Breed 1973: 356).

[98] Der Journalistik-Wissenschaftler Michael Haller begrifft die journalistischen Handlungsmaßstäbe als im Inneren umschlossen »von den übergreifende Maximen, Zwängen und Routinen«. Aus der Zahl der »Überformungen«, die sich funktionsethisch negativ auswirkten, zieht

Mit der Professionalisierung werden drei verschiedene Perspektiven verzeichnet : die Untersuchung allgemeiner *berufsstruktureller Prozesse* in einer Gesellschaft, die Untersuchung spezifischer Abschnitte *beruflicher Sozialisation* und die Untersuchung von *qualitativen Veränderungsprozessen* einzelner Berufe bzw. Berufssparten. (vgl. Scholl / Weischenberg 1998: 44-47) Kepplinger / Vohl betrachten das Konzept einer Professionalisierung vom Standpunkt beruflicher Sozialisation her: "Die Professionalisierung des Journalismus soll [...] die Qualität des Journalismus verbessern, eine spezifische Fachkompetenz der Journalisten schaffen, die Journalisten an ein anerkanntes Standesrecht binden und ihnen dadurch - ähnlich den klassischen Professionen, den Medizinern, Juristen und Militärs - zu einer relativen Autonomie gegenüber politischen Institutionen und privaten Interessen verhelfen." (Kepplinger / Vohl 1979: 224)

Die Linie einer Zeitung ist ein wichtiger Bestandteil der Redaktionsnormen, und der Journalist lernt sie wesentlich wie folgt kennen: "Das Redaktionsmitglied liest die eigene Zeitung täglich; einige Blätter verlangen dies sogar." (Breed 1973: 361) Obwohl keine Konformität mit dem Redaktionsmitglied aufrechterhalten wird, wird der Journalist zur Anpassung an die Zeitungspolitik von der Redaktion durch sechs Faktoren in Anspruch genommen: Institutionale Autorität und Sanktionen, Gefühle der Verpflichtung und Achtung gegenüber den Vorgesetzten, Aufstiegsbestrebungen, keine mit der Zeitungspolitik in Konflikt geratende Gruppenbindung, die Freude an der Arbeit wie spezifisches Gruppenbewußtsein in der Redaktion, außer-finanzielle Vergütungen, und Annahme der Nachricht als zentralem Wert. (vgl. ebd.: 364-370)

3.4.3. Das Publikum

Die Massenmedienhersteller arbeiten für eine Vielzahl von Publika und sind eng an die Forderungen ihres Publikums gebunden. (Groth 1930 Bd.4: 91-110) Die Betonung der Aktivität der Rezipienten der Kommunikationsprozesse führt zur Annahme geringer Medienwirkung, weil die Rezipienten ihre eigenen Motive, Bedürfnisse[99], Nutzen und Belohnung[100] einsetzen. Diese Perspektive bezeichnet eine Wandlung in der grundlegenden Frage der Wirkungsforschung der Massenmedien: 'Was machen die Massenmedien mit den Menschen?' wird zur Frage 'Was machen die Menschen mit den Massenmedien?'. Dieser Wechsel führt zu der These, daß Eigenschaften -

---

er die Schlußfolgerung: " Journalismusethik läßt sich sinnvollerweise weder auf Organisationsnormen des Mediensystems noch auf die Dimension persönlicher Gesinnung und Moral verkürzen; sie ist vielmehr der Sammelbegriff für Begründungen, die professionelle Verhaltens- und Verfahrensweisen rechtfertigen, soweit und solange die Medienproduktion nach Maßstabe der eröterten Funktionsnormen vonstatten gehen soll. [...] Die Frage nach Journalismusethik ist immer auch ein Hinweis auf den Graben, der zwischen erforderlichem und tatsächlichem Journalismus klafft – und diese Feststellung impliziert die Aufforderung, alles zu tun, um den Graben schmaler, zumindest nicht breiter werden zu lassen." (Haller 1992: 210)

[99] McQuail konkretisiert die einzelnen Bedürfnisarten: Informationsbedürfnis, Bedürfnis nach persönlicher Identität, Bedürfnis nach Integration und sozialer Interaktion, Unterhaltungsbedürfnis. Dazu vgl. McQuail (1983: 82f.).

[100] Zur Perspektive "Uses und Gratifications" (Nutzen und Belohnung) vgl. Rosengren / Wenner / Palmgreen (1985); Rosengren / Windahl (1972: 169-187); Burkart (1995: 210-227).

wie Alter, Geschlecht, Intelligenz, psychische Anlagen, soziale Situationen - und Bedürfnisse des Publikums die Wirkung der Massenmedien mehr bestimmen als Inhalt und Form der Massenmedien selbst. Das Publikum steht nicht am Ende der Kommunikationsprozesse, sondern es spielt darin die Rolle als ein beeinflußbares Kommunikationselement mit *Rückkopplungsmöglichkeiten* zum Kommunikator.[101]

In Zentrum des Journalismus steht das Publikum. Die Erwartungen des Publikums und die Inhalte der Medien sind zirkulär. Das Publikum bleibt nicht nur passiver Rezipient, sondern ist auch Käufer der durch journalistische Arbeit hergestellten Produkte. Aus wirtschaftlichen Gründen müssen die Massenmedien sich an den Wünschen und Bedürfnissen des Publikums orientieren. Diese Orientierungsbedarf wird nach den neuen Formulierungen der Medienziele noch vergrößert und er ändert den Begriff und die Merkmale des Publikums. Durch die Umstellung des Publikums vom 'passiven Rezipienten' zum 'aktiven Rezipienten', gewinnt dessen Kommunikationsverhalten nun ein ungleich größeres Gewicht.[102]

Die system-theoretischen Ansätze in der Journalismusforschung beziehen das Publikum in das System des Journalismus bzw. der Publizistik. Blöbaum meint, daß das Publikum per Inklusion zum System Journalismus gehört. Nach ihm entsteht die Publikumsrolle wie in anderen sozialen Systemen auch im Journalismus komplementär zu der spezialisierten Leistungsrolle. Mit der Erfüllung der Mindestvoraussetzung für die Inklusion der Bevölkerung in den Journalismus werden Personen als Rezipienten von Zeitungen und Zeitschriften in den Journalismus integriert. In Zusammenhang mit dem Publikum wird die Marktbeobachtung zum wichtigsten Instrument der Sicherstellung zukünftiger journalistischer Leistungen, denn wegen der wachsenden Konkurrenzsituation auf dem Markt müssen die Anbieter die Reaktionen des Publikums als den wichtigsten Faktor ansehen, um ihre Vorrangstellung auf dem Markt zu sichern. (vgl. Blöbaum 1994: 308-313) Marcinkowski zog das Publikum noch deutlicher in das System Journalismus hinein. Nach ihm ist das Publikum ein neuer, dritter Adressat, der mit der Einführung der Dualisierung des Rundfunks zur systeminternen Kommunikation hinzugekommen ist. Ein neuer Adressat beginnt die typisch hierarchische Zweier-Beziehung von Sender und Empfänger tendenziell aufzulösen. "Das Publikum sei demnach (Mit-)Erzeuger von Publizität und somit Systembestandteil; es sei aber 'innere Umwelt' für das Leistungssystem Journalismus. Einerseits ändere sich die prinzipiell rezeptive Position des Publikums nicht, die nur als strukturelle Kopplung mit dem Journalismus bestehe und nicht als wechselseitige Beeinflussung zu verstehen sei. Andererseits wachse die Bedeutung des Publikums mit der Ausdif-

---

[101] "Rückkopplung (feedback)" nennt man die entgegen der Hauptübertragungsrichtung vom Rezipienten an den Kommunikator gerichtete Information, die im allgemeinen zur Steuerung der Beziehung zwischen Kommunikationspartner dient. Eine Kommunikationssituation mit Rückkopplung unterscheidet sich von der schon behandelten reziproken Situation insofern, als die beteiligten Partner ihre Rollen grundsätzlich nicht tauschen." (Noelle-Neumann / Schultz / Willke 1997: 148).

[102] Habermas hob die Stellung des Hörer in der Kommunikation hervor. Der Hörer nimmt eine kritische Haltung in Bezug auf den Sprecher bzw. die Aussage des Sprechers ein. Entsprechend der Geltungsansprüche wie Wahrheit, Richtigkeit und Wahrhaftigkeit entscheidet er sich, die Aussage des Sprechers entweder anzunehmen oder abzulehnen. Im Ablehnungsfalle nur eines dieser Punkte wird die Kommunikation scheitern. (vgl. Habermas 1987. Bd. 1. und 2.)

ferenzierung des Journalismus zum aktiven Rezipienten, der (insbesondere infolge der Dualisierung des Rundfunks) zunehmend von einem kognitiven auf einen normativen Erwartungsstil umstellen könne." (Scholl / Weischenberg 1998: 121)

Die Frage wird aufgeworfen, ob es genügt, das Publikum in das System Journalismus einzuschließen, nur weil Journalisten bei der Produktion von Berichten an das Publikum denken müssen oder zielgerichtet für ein bestimmtes Publikum publizieren. "Zwar organisiert Journalismus kontinuierlich eine Vielfalt von Publika; dadurch ist aber noch keine Kongruenz der Erwartungen von Journalismus und Publikum gesichert." (ebd.) Der sozialen Differenzierung des Publikums und der Vervielfältigung seiner Interessen entsprechen Ausweitung und Differenzierung des durch den Journalismus vermittelten Informationsangebots.

3.5. Fazit

Die Primärfunktionen bzw. die Leistungen des Journalismus bestehen in der Selektion und nachfolgenden Bearbeitung von Ereignissen aus einer turbulenten und ständigen Wandlungsprozessen unterworfenen Welt.

Systemstrukturen, die dauerhaftes, sinnvolles Handeln ermöglichen und situationsunabhängig sind, bestehen aus generalisierten Verhaltenserwartungen, die durch primäre Auswahl typenmäßig festliegen. Eine solche Generalisierung findet in Systemen in zeitlicher, sachlicher und sozialer Hinsicht statt. Blöbaum unterscheidet drei Typen von Selektionsprogrammen: Programme mit zeitlicher, sachlicher und sozialer Dimension. In erster Linie werden Informationen und Ereignisse in einem journalistischen Selektionsprozeß darauf hin untersucht, ob sie aktuell sind (Zeitdimension), ob sie neu sind (Sachdimension) und ob sie relevant sind (Sozialdimension).

Als das Journalismus als System im 18. und 19. Jahrhundert mit der Verfolgung der journalistischen Organisation, journalistischen Programme und journalistischen Rollen entstand, werden die Auswahlkriterien zur Thematisierung im System Journalismus in der Stellungnahme durch Normen, Organisationen, redaktionelle oder journalistische Entscheidungsprogramme sowie journalistischen Rollen beeinflußt. Die bis heute durchgeführte Forschung bezieht sich im Grunde meist auf diese Elemente. Die Forschung nach dem 'Nachrichtenfaktoren-Ansatz' bzw. 'Nachrichtenwert' konzentriert sich auf die Frage, welche Eigenschaften der Ereignisse, Sachverhalte und Argumente auf die Prozesse der Nachrichtenauswahl schwerwiegende Einflüsse ausüben. Das ‚Gatekeeper'-Modell bezieht sich auf die Rollen des Journalisten. In diesem Modell werden Journalisten so betrachtet, daß sie einen Kanon spezieller Methoden anwenden, um einen höheren Grad an Objektivität zu erreichen und die eigenen effektive Leistungen zu erhöhen. Das Modell setzt voraus, daß Journalisten nicht nur Nachrichten über Ereignisse vermitteln, sondern in den Nachrichtenfluß eingreifen, wodurch sich ihre Subjektivität in den Nachrichten widerspiegelt und ihr Standpunkt aktiv unterstützt wird. Die Forschungen zum Publikum bezieht sich auch auf die Rollen im System Journalismus. Die Betonung der Aktivität der Rezipienten der Kommunikationsprozesse beispielweise führt zur Annahme geringer Medienwirkung, weil die Rezipienten ihre eigene Motive, Bedürfnisse, Nutzen und Belohnung einsetzen. Diese Perspektive bezeichnet eine Wandlung in der grundlegenden Frage der Wirkungsforschung der Massenmedien: 'Was machen die Menschen mit den Massenmedien?' wird zur Frage 'Was machen die Menschen mit den Massenmedien?'. Von diesem Gesichtspunkt aus betrachtet, entsprechen der sozialen Differenzierung des Publikums und der Vervielfältigung seiner Interessen Ausweitung und Differenzierung des durch den Journalismus vermittelten Informationsquantität und Informationsqualität.

4. Die Wirkung des Systems Journalismus: Die Rekonstruktion der Wirklichkeit

Die Frage, wie Menschen andere Personen und Sachverhalte wahrnehmen und die Wirklichkeit der Außenwelt strukturieren, kann als zentrale Frage der Philosophie angesehen werden. Was gesagt und gemeint wird, repräsentiert nicht die Wirklichkeit, sondern ist eine reproduzierte Wirklichkeit, welche durch ein Medium produziert wurde. Wir leben nicht immer in Übereinstimmung mit Logik und Vernunft, sondern haben Gefühle, wie Angst, Sorgen, Ärger, Mögen und Nichtmögen, u.a.; Wahrnehmung und Betrachtung anderer Personen und von Sachverhalten können auch durch Vermittlung dieser nicht logik- und vernunftorientierten Gefühle verwirklicht werden.[103]

Durch Aussagen wie "was wir über unsere Gesellschaft, ja über die Welt, in der wir leben, wissen, wissen wir durch die Massenmedien" (Luhmann 1996: 9), "Medien führen unzweifelhaft zu einem Wirklichkeitsgewinn, sie eröffnen den Zugang zur, sie ermöglichen die Abneigung von Wirklichkeit" (Boeckmann 1990: 12), und "Es bedarf heute wohl kaum noch einer langen Begründung, daß Massenmedien - allen voran das Fernsehen - für unsere Sozialisation, unsere Gefühle und Erfahrungen, unser Wissen, unsere Kommunikation, für Politik und Wirtschaft usw. eine entscheidende Rolle spielen" (Schmidt 1994: 14) wird ausgedrückt, daß die Massenmedien eine wichtige Rolle bei der Wirklichkeitskonstruktion spielen. An dem, was wir als unsere alltägliche Wirklichkeit erfahren, haben Kommunikation und Kommunikationsmedien meist immer schon mitgewirkt. In diesem Sinn können die Medien heutzutage 'als Instrument der Wirklichkeitskonstruktion' oder 'als Mittel sozial anschließbarer Wirklichkeitserfahrung' verstanden werden.[104]

Allgemein bekannt ist, daß bei der Wahrnehmung von anderen Personen und bei der Entstehung von Gegenstandbildern *Images*, *Vorurteile* und *Stereotypen* eine entscheidende Rolle spielen. Diese Begriffe - Images, Vorurteile und Stereotypen - sind sehr bedeutsam für alle Umweltbewältigung, alle Orientierung und Steuerung menschlichen Verhaltens. Die Beziehung zwischen den Massenmedien und den genannten drei Begriffen ist zirkulär: Image, Vorurteil und Stereotyp bezüglich der Außenwelt werden von den Massenmedien geprägt und alle drei spiegeln sich in den Themen der Massenmedien wider. Durch die Wiederholung solcher Prozesse könnte sich das geistige Bild allmählich zur Tatsache oder Überzeugung entwickeln.

Die Frage nach Merkmalen von *Image*, *Vorurteil* und *Stereotyp* führte zunächst zu einer wissenschaftlich noch nicht abgeschlossenen Diskussion um die kognitiven, af-

---

[103] Die Termini, die in diesem Kapitel verwendet werden, also 'Wirklichkeit' und 'Realität', werden im Prinzip aus synonymischer Sicht verstanden.

[104] Die Wirksamkeit der Presseberichterstattung steht in einem unmittelbaren Zusammenhang mit der Korrektheit der Realitätsbildung. Die Funktion der Massenmedien bei der Realitätsbildung wurde umfangreich in USA untersucht. "The world the publics see through the mass media's eyes is not a mirror image of reality, nor a true picture of events, people, places and issues. The media's news window on the world is, instead, a reflection of the media's own construction of reality" (Tuchmann 1978: 210f.) "The media provide their own account of reality, a pseudo-environment of a background and setting in which a few objects and selected attributes are highlighted." (McCombs 1994: 4)

fektiven und Verhaltens-Dimensionen. Die Frage nach den Abgrenzungen zwischen den Begriffen ist kaum eindeutig zu beantworten. Selbst wenn dies geschieht, wird die Abgrenzung beim Untersuchungsvorgang unredlich behandelt. Substantiell bestehen bei den Ergebnissen keine wesentlichen Unterschiede zwischen Untersuchungen, die über das nationale Image eines Landes durchgeführt wurde, und Untersuchungen, die über nationale Vorurteile durchgeführt wurde. Hierzu wurden noch keine ausreichend gründliche Untersuchungen durchgeführt.

4.1. Images

Für die Einschätzung einer Person oder eines Objekts wird oft die Floskel verwendet: 'Das Image ist gut oder schlecht'. Nach landläufiger Auffassung handelt es sich dabei um etwas, das mit Einbildung, Täuschung. Schein, Illusion, Unwirklichkeit, Nur-Gedachtem, phantastischen usw. zu tun hat. (vgl. Zankl 1972: 7f.)[105]

Es gibt unzählige Versuche zu definieren, was das Image ist. Ein einheitliches Konzept ist aber nicht zu erkennen. Das englische 'image' ist etwa gleichbedeutend mit dem französischen 'image', welches die Sinninhalte Bild, Abbild, Ebenbild, Spiegelbild und Vorstellung umfaßt. Allerdings muß das definitorische Bemühen sicherlich auch bei der lateinischen Stammform "Imago" ansetzen. Damit verband Lippmann weitgehend politische stereotype Vorstellungen. Er stellte die Vorarbeit für das Studium des sozialen oder politischen Images auf die gleiche Stufe mit den 'Pictures in our heads' (vgl. Lippmann 1922; vgl auch dt. Ausgabe 1992: 9-30). Freud verstand unter Image etwas, das die Psychologie einschließt und im Sinne eines Vorbildes für die Libido-Besetzung steht, "damit wird eine Reduktion auf eine positive Struktur vorgenommen, die dabei allerdings durchaus gruppenspezifisch unterschiedliche Qualitäten aufweisen kann" (Bergler 1966: 112; vgl. auch Freud 1955) Die Definition "Image als eine spezifische Form des Wissens und damit als Basis der Weltbewältigung und Verhaltenssteuerung" ergibt sich schon aus den einleitenden Definitionsversuchen von Boulding. (vgl. 1956; vgl. auch dt. Ausgabe 1958) In dem Untertitel seiner Arbeit »Knowledge in Life and Society« zeigte er deutlich den Ausgangspunkt seiner Überlegung und seines Philosophierens, der sich in die Frage kleiden läßt: "Welche psychologische Struktur und Bedeutung kommt jenem uns allgemein zugänglichen Wissen um die Welt, um unsere eigene Person, um wirtschaftliche Zusammenhänge, um Gefühlslagen usw. überhaupt zu?" (Bergler 1966: 113) Er stellte dar, daß das Wissen vielleicht die Wahrheit impliziert und 'wovon ich gesprochen habe' oder 'was ich als wahr glaube' ist.[106] Aus seinen Überlegungen schloß er, daß das Image zum größten Teil auf das Verhalten wirkt. Noelle-Neumann formulierte das Image als "neu entdeckte Gebilde." (vgl. Noelle-Neumann 1963) Im Handlexikon für Werbung und Marketing wird das Image als ein Vorstellungsbild festgelegt, das von

---

[105] Im Gegensatz dazu stehen das Wirkliche, das Echte, das Gültige, das Tatsächliche, das Reelle usw.

[106] In Zusammenhang mit dem *'Wissen'* schrieb Lippmann : "Knowledge, perhaps ist not a good word for this. Perhaps one would rather say may my image of the world. Knowledge has an Implikation of validity, of truth. What I am talking about is what I believe to be true : my subjektive knowledge. It is this image that largely governs my behavior." (Boulding 1956: 5).

einer Person oder Sache geschaffen wird. (vgl. Neske / Hauer 1970) Bei Antonoff ist das Image "so selbstverständlich, so einfach und so kompliziert zugleich wie das Leben selbst. Image, das bedeutet Vorstellungsbild. Nicht mehr und nicht weniger. Image einer Sache, das ist das Bild, das man sich in seiner Vorstellung von dieser Sache macht." (Antonoff 1975: 15) Spiegel stellte fest, daß das Image "die Gesamtheit aller Vorstellung, die mit irgendeinem Meinungsgegenstand verbunden sind" umfaßt. (vgl. Spiegel 1958)

Kleining bemüht sich, den Imagebegriff von dem des Stereotyps oder auch dem des Vorurteils eindeutig abzuheben. Er charakterisiert Image als "legitimen seelischen Komplex", Stereotyp als "Verfälschung" und Vorurteil als "negative Verfälschung der Realität." (vgl. Kleining 1959: 198-212)[107] Gemäß Antonoff haben Images folgende Merkmale: das Image als Realität, das Image als Information, das Image als Lebenshilfe, das Image als Daseinsbeweis und als Existenzgrundlage. (vgl. Antonoff 1975) Unter seiner ersten Begriffserläuterung könnte man verstehen, daß, obwohl man von der Existenz des Images nur indirekt aus Meinungsäußerungen und spezifischen Verhaltensweisen der Öffentlichkeit erfahren kann, das Image sich im unseren Leben als Wirklichkeit befindet. Er begreift, daß ein gutes Image positiv für den Träger dieses Image ist und es ein Liebesbeweis von Personen ist. Unter seiner Voraussetzung, daß das Image als Information funktioniert, folgt, daß das Image eine sehr wichtiges Wissensquelle über Objekte ist. Besonders dann, wenn der Empfänger wenig Informationen erhält, wird die Abhängigkeit des Empfängers vom Image noch größer. Das Image als Lebenshilfe bedeutet für ihn, daß der Mensch die vielfältigen und komplizierten Informationen durch Verdichtung, Selektion und Gruppierung für sich brauchbar macht. Mit Hilfe dieser Orientierungsinstrumente wird menschliches soziales Lebens ermöglicht. Durch die Fähigkeit, Unerfaßbares durch Vereinfachung zum Erfaßbaren zu machen, entsteht das Image, auch unter dem Zwang zur ökonomischen Informationsverarbeitung. In diesem Sinne ist das Merkmal 'das Image als Lebenshilfe' bedeutungsvoll für das menschliche Leben. Das letzte Merkmal, 'das Image als Daseinsbeweis und Existenzgrundlage', ist sinnvoll besonders für Unternehmen und Parteien. Für Unternehmen und Parteien ist ein optimales Image lebenswichtig. Ohne 'gutes Image' könnte ein Unternehmen fast unmöglich seine Führungsposition halten[108] und mit schlechtem Image könnte keine Partei als Koalitionspartner oder Führungsmacht dauerhaft auf der politischen Bühne bestehen.

Um die Eigenschaften des Images zu verstehen ist die Definition von Boorstin ist

[107] Der Versuch Kleinings bringt eine neue Problematik in die Diskussion durch die Einführung einer letzlich doch ethischen Kategorie, wie sie 'Verfälschung' notwendigerweise darstellt.

[108] Der Imagebegriff ist ein außerordentlicher Schlüsselbegriff im Rahmen der Wirtschaftspsychologie, aber auch im Rahmen aller praktischen Bemühungen um Werbung, Absatzplanung und Verkauf geworden. Einige Wissenschaftler schränken den Imagebegriff auf den Bereich des Angebots von Produktionsgütern und Dienstleistungen ein. Daß es ein vielfach affektiv gefärbtes Vorurteil im wissenschaftlichen Raum gegenüber wissenschaftlich analytischen Ansätzen im Raum des Wirtschaftslebens gibt, zeigt einerseits nur, daß auch der "Wissenschaftler" stereotypen Steuerungs- und Orientierungs- und damit auch Wertesystemen unterliegt, und darf aber andererseits nicht darüber hinwegtäuschen, daß mindestens im deutschsprachigen Raum der Großteil aller empirischen Untersuchungen zur Imagebildung und -struktur und damit zur Bedeutung, Struktur und Funktion stereotyper Systeme im Bereich der Wirtschaftspsychologie anfällt. Vgl. Gardner / Levy (1955: 34-50) ; Bergler(1963); Bergler (1965).

sehr nützlich: Das Image ist synthetisch, und aus verschiedenen Physiognomien zusammengesetzt. Das Image ist keine Wirklichkeit, aber ist es vertrauenswürdig. Falls ein Image über die Spezies nicht zuverlässig wäre, wäre das Image bedeutungslos. Das Image ist passiv. Das Image ist nicht zu sehen, es ist aber sehr lebhaft, wie es gesehen werden kann, und es ist konkret. Das Image ist vereinfachte Form. Das heißt, es ist viel naiver als die Realität, da der unerwartbare Teil im Werdegang des Image ausgeschlossen wurde. (vgl. Boorstin 1981: 185-193)

Zankl nannte zehn Thesen über das Verhältnis zwischen Image und Wirklichkeit : 1. Das Image ist auch Wirklichkeit. 2. Das Image ist um so zuverlässiger, je breiter es sich entwickeln kann. 3. Ideologisierende Images sind in der Regel wirklichkeitsfremd. 4. Übereinstimmung der psychologischen und der realen Wirklichkeit ist anzustreben. 5. Je ferner ein Image-Objekt von der Erfahrung des einzelnen ist, desto größer ist die Gefahr simplifizierender oder fehlerhafter Image-Bildung. 6. Die kritische Einstellung des Einzelnen zum Image ist eine wichtige Grundlage zum besseren Verständnis der Umwelt. 7. Die Wirksamkeit des Image führt zu neuer Wirklichkeit. 8. Öffentliche Wirksamkeit setzt voraus, daß in ausreichendem Maße Images gebildet werden. 9. Die Image-Bildung ist höheren Gesichtspunkten unterzuordnen. 10. Das Ansehen der meinungsbildenden Berufe ist vom sorgfältigen Umfang mit dem Phänomen Image abhängig. (vgl. Zankl 1972)

Welche notwendigen Bedingungen sollten für die Bildung eines Image vorgelegt werden? Mit dieser Frage zeigt Zankl sechs "Image-Faktoren" auf. Erstens, '*Persönlichkeit*' als Image-Subjekt: die Images sind sicher zunächst in der Persönlichkeit des einzelnen Menschen begründet. Er meint allerdings, daß die Persönlichkeit als Image-Faktor in ihrer Gesamtstruktur verstanden werden muß und dazu gehören vollgültig Veranlagung, Wissen, Erfahrung, Gedächtnis, Selbstverständnis usw. Zweitens, '*Objekt*' als Image-Faktor: Neben der Persönlichkeit ist naturgemäß das Objekt der Image-Bildung ein wesentlicher Faktor. Unter Umständen können Menschen, Dinge, Organisationen oder Ideen Objekte sein. Drittens, '*Zeit*' als Image-Faktor: Das Image ist nicht einfach da, sondern es entwickelt sich im Laufe der Zeit und ist ständigen Veränderungen unterworfen. Images werden nicht nur aus dem Image-Subjekt, sondern auch von den Grundlagen und den Einflußformen her fortdauernd verändert. Viertens, 'd*ie innere Situation*' als Image-Faktor: Das Image kann durch die vielfältigen Veränderung der inneren Situation des Menschen und durch die Erlebnistönung des Individuellen unterschiedlich gebildet werden. Fünftens, Images erfordern bestimmte '*Reize*', um diese erkennbar zu machen. Es ist daher notwendig zu untersuchen, welchen Einfluß die gewaltige Reizüberflutung auf die Image-Bildung in unserer modernen Welt ausübt. Letztens, *Massenmedien* als Reizträger: Heutzutage können die Massenmedien - Zeitung, Rundfunk, Fernsehen und Bücher – ein weitreichender Ausschnitt der gesamten Wirklichkeit sein. Ohne Zweifel vermittelt das jeweilige Medium keine wirkliche Sachverhalte, sondern von diesem reproduzierte Images der Wirklichkeit.

Das Image kann aber nicht feststehend und konstant bewährt werden, sondern muß fortdauernd verändert werden. Es wird nicht nach rationalen, vorhersehbaren, logischen und planbaren Gesetzmäßigkeiten gebildet. Man kann sagen, daß die Regeln der Image-Gestaltung nur eine gewisse Erfolgsaussicht gewähren, nie jedoch absolute Sicherheit. Mit der Gestaltung des Images hat Antonoff vier Unregelmäßigkeits-Regeln, die in den Prozessen der menschlichen Wahrnehmung abspielen, vorgeschlagen. Vor allem gebrauchte er dem Begriff *"Halo-Effekt (Hof-Effekt)"*. Dieses Begriff sagt aus, daß vorbildliche Eigenschaften hauptsächlich bei der Beurteilung einer Person, von Dingen oder Organisationen beachtet werden. Der Mensch übertragt die vorbildlichen Eigenschaften auf die Eigenschaften der Gesamtheit und läßt die anderen Eigenschaften im Schatten der Wahrnehmung liegen. Sein zweiter Begriff *'Irradiation'* entsteht im Fall, daß bei einigen ausgewählten Eigenschaften automatisch auf andere, mit diesen nicht zusammenhängenden Eigenschaften geschlossen wird. Bei Antonoff ist der Begriff *"Durchschnittswert"* jedoch sehr bedeutungsvoll. Der Mensch ist geneigt, das wahrnehmende Objekt nach seiner Klassenzugehörigkeit zu beurteilen, d.h. übermäßige Eigenschaften könnten sich beim vorhandenen Image als mittlerer Wert einprägen. Der Begriff *'willkürlicher Bezugspunkt'* beeinflußt auch die Gestaltung des Image. Immer häufiger wird das wahrgenommene Objekt zufällig und subjektiv mit bekannten Objekten verglichen und mit diesen auf eine gleiche Ebene gestellt. Von diesen Mechanismen der Urteilsbildung wird laut Antonoff unterstützt, daß Images aus subjektiven, unlogischen, zufälligen, triebhaften Motivationen geformt und verändert werden. (vgl. Antonoff 1975)[109]

Bei diesen Einflußfaktoren des Image ist es notwendig, zu unterscheiden, daß das Image und die Botschaft nicht den gleichen Sinn beinhalten. Botschaften bestehen in gewisser Hinsicht aus der Informationen und die Informationen wieder aus den Erfahrungen des Individuums. Das Image besteht dagegen aus ständig wechselnden Botschaften. Lippmanns Vorschlag entsprechend, könnte die Veränderung des Image gemäß der Mächtigkeit der Botschaft in drei Typen erscheinen. An erster Stelle könnte eine Veränderung des Images nicht nötig sein, für den Fall, daß die Botschaften eine mehr lockere Struktur angenommen haben. In diesem Fall passiert die Botschaft ohne Einfluß auf das Image. Der zweite Typ der Botschaft ist, daß das Image mit neuen Botschaften einigermaßen verändert wird. Unter der Bedingung, daß die Botschaft unsere Aufmerksamkeit geweckt hat, kann die Botschaft das vorhandene Image nicht grundsätzlich beeinflussen, sondern ergänzt einfach dieses durch regelmäßige und mit festlegenden Methoden. Für eine grundsätzliche Änderung des Image ist eine machtvolle Botschaft notwendig. Der dritte Typ der Veränderung des Image ist sozusagen eine revolutionäre Veränderung. Manchmal zerstört eine Botschaft den Kern oder die grundlegenden Struktur. In diesem Fall kann das Image in vollständiger und radikaler Weise verändert werden. Nach Lippmann bestehen die subjektiven Kenntnissysteme sowie das Image von Individuum und Organisationen nicht nur aus Tatsachen, sondern auch aus Werten. Es ist klar, daß es große Unterschiede zwischen den Aussagen "Korea ist in Fernost-Asien", "Korea ist ein schönes Land" oder " Korea ist ein besseres Land als X" gibt. Das Image von Werten bezieht sich auf einer Wertskala gute und schlechte "Noten" zugeordnet werden. Die Wertskalen eines Individi die Einschätzung der verschiedene Teile unseres Images von der Außenwelt. Ihm können auf duums oder einer Organisation sind vielleicht die wichtigsten und einzige Elemente, die auf das Image Einfluß nehmen. Falls eine Botschaft weder als gut noch als schlecht von einem Individuum wahrgenommen wird, wird die Botschaft

[109] Er bringt als Beispiel, daß ein Mensch mit Brille danach als intelligent, zurückhaltend, handwerklich unbegabt angesehen wird.

gewöhnlich nur geringe oder gar keine Effekte auf das Image ausüben.

Auch Boulding versuchte den Begriff Image zu klassifizieren. Nach ihm besteht das Image eines Individuums oder einer Organisation nicht nur aus dem Tatsachen-Image, sondern auch aus dem Wert-Image. Er faßte die Images als konkrete Formen wie folgt auf:

> "We have first the spatial Image, the picture of the individual's location in the space arround him. We have next the temporal image, his picture of the stream of time and his place in it. Third, we have the relational image, the picture of the universe around him as a system of regularities. Perhaps as a part of this we have, fourth, the personal image, the picture of the individual in the midst of the universe of persons, roles, and organizations around him. Fifth, we have the value image which consists of the ordering on the scale of better or worse of the various parts of the whole image. Sixth, we have the affectional image, or emotional image, by which various items in the rest of the image are imbued with feeling or affect. Seventh, we have the division of the image into conscious, unconscious, and subconscious areas. Eighth, we have a dimension of the certainty or uncertainty, clarity or vagueness. Ninth, we have a dimension of reality or unreality, that is, an image of the correspondence of the image itself with some 'outside' reality. Tenth, closely related to this but not identical with it, we have a public, private scale according to whether the image is shared by others or is peculiar to the Individual." (Boulding 1956: 47f.)

Obwohl das Image nicht logisch und nicht positiv ist, ist es aber doch bedeutungsvoll, da ein Individuum einem Objekt mit einem Image tatsächlich glaubt und dieses auf das individuelle Handeln schwerwiegende Einflüsse ausüben kann. Das Handeln hängt vom Image der umgebenden Welt ab und wenn das Image sich ändert, dann wird sich das Handeln im Allgemeinen auch ändern.

Zusammengefaßt kann man hieraus folgende Schlüsse ziehen: Das Image bezieht sich auf die Wirklichkeit und auf das Wesen, ist es aber selbst kein eigener Gegenstand der Wirklichkeit. Das Image kann leicht stark vereinfachen und übertreiben, da es meist durch ungenaue Informationen und indirekte Erfahrungen geformt wurde. Das Image ist aber nicht leicht veränderlich, da es ein Phänomen von Ansammlungen und Überlagerungen ist, das Änderungen Widerstand entgegensetzt. Eine bedeutende Änderung eines existierenden Images erfordert daher verschiedene Faktoren, wie die ständig wiederholte neue Botschaft über eine bestimmte Zeitdauer.

4.2. Stereotype

Das Stereotyp ist eine Folge, aber gleichzeitig auch Motivation unseres Verhaltens. Es ist ein wesentlicher Gegenstand der Sozialwissenschaft geworden, seit Lippmann den Terminus prägte.[110] "Die ursprüngliche Wortbedeutung ist das Endprodukt eines technischen Verfahrens: Die aus einem Stück gegossenen, starr verbundenen

[110] Der Terminus, 'Stereotype' ist eine Konzeption, die ursprünglich im Bereich der Psychologie debattiert wurde. Der Begriff wurde von Lippmann zum erstenmal im psychologischen Bereich vorgestellt und in die Sprache der Sozialwissenschaft eingeführt. Der Sinn des Terminus geistert immer noch in der Psychologie herum. "Was in der modernen Sozialpsychologie unter den Begriffen 'soziale Wahrnehmung', 'Bezugssystem', 'cognitive Struktur' und 'Belief System' abgehandelt wird, ist in Lippmanns Stereotyp- begriff schon enthalten, wurde aber damals noch nicht aufgegriffen, sondern erst viel später." (Manz 1968: 7)

Druckzeilen im Gegensatz zu den beweglichen Lettern. Für diese Bedeutung wird im Deutschen das Wort 'Stereotype' verwendet [...] Umgangssprachlich wird das Adjektiv 'stereotyp' zur Bezeichnung sinnentleerter Floskeln oder unproduktiver Nachahmung bzw. Wiederholung verwendet. In der übertragenen Bedeutung wird also umgangssprachlich und auch in der psychiatrischen Fachbedeutung die Unveränderlichkeit, Gleichförmigkeit und Sinnentleerung als charakteristisch hervorgehoben." (Manz 1968: 12f.) Der Begriff des Stereotypes von Lippmann bezieht sich auf die Aufnahme und Verarbeitung von Informationen aus der sozialen Welt, soweit diese Prozesse sozial geprägt sind. Bei Lippmann wird der Begriff der Stereotypen erweitert und erhält so auch größeren Einfluß.

Das System der Stereotypen stellte nach Lippmann vielleicht den Kern unserer persönlichen Überlieferung und die Verteidigungswaffen unserer gesellschaftlichen Stellung dar. Die Stereotypen bilden

> "ein geordnetes, mehr oder minder beständiges Weltbild, dem sich unsere Gewohnheiten, unser Geschmack, unsere Fähigkeiten, unser Trost und unsere Hoffnung angepaßt haben. Sie bieten vielleicht kein vollständiges Weltbild, aber sie sind das Bild einer möglichen Welt, auf das wir uns eingestellt haben [...] Es ist daher kein Wunder, daß jede Störung der Stereotypen uns wie ein Angriff auf die Grundfestungen des Universums vorkommt [...] Ein Stereotypenmodell ist nicht neutral. Es ist nicht nur eine Methode, der großen, blühenden summenden Unordnung der Wirklichkeit eine Ordnung unterzuschreiben. Es ist nicht nur ein Kurzschluß. Es ist alles dies und mehr. Es ist die Garantie unserer Selbstachtung; Es ist die Projektion unseres eigenen Wertbewußtseins, unserer eigenen Stellung und unserer eigenen Rechte auf die Welt. Die Stereotypen sind daher in hohem Grade mit den Gefühlen belastet, die ihnen zugehören. Sie sind die Festung unserer Tradition." (Lippmann 1992: 71f.)

Als gewisse Eigenschaften von Stereotypen nannte Heintz die Lenkung der Wahrnehmung in eine bestimmte Richtung: "Vor allem gilt für die Klischees, ebenso sehr aber auch für wissenschaftliche Begriffe und für andere Symbole, der Satz, daß sie unsere Perzeption oder Wahrnehmung wesentlich zu beeinflussen vermögen, daß sie insbesondere unsere Aufmerksamkeit in eine bestimmte Richtung lenken, daß sie wie ein Filter wirken, der uns dazu bringt, nur dasjenige wahrzunehmen, was dem Bilde, das wir uns von der Wirklichkeit machen, entspricht." (Heintz 1957: 51)

Begrifflich bleibt die Konzeption von Stereotypen jedoch noch vage. Mit Betonung auf innerlichen oder äußerlichen Charakterzügen gibt es aber vielfältige Begriffsbestimmung von verschiedenen Wissenschaftlern - meistens von Psychologen. Von Lange-Bostroem wird die Stereotype als die triebhafte, sich gegen das bewußte Denken oder als außerhalb der eigentlichen Denksituation sich durchsetzende Wiederkehr der gleichen oft sinnlos erscheinenden Gedanken, Worte, Wortbruchstücke, Wortneubildungen, aber auch von leeren Bewegungen und eigenartigen Handlungen bezeichnet. (vgl. Lange-Bostroem 1946: 41) Young kennzeichnet das Stereotyp als einen "falsch klassifizierender Begriff, mit dem im allgemeinen irgendein starker Gefühlston des Mögens oder Nichtmögens, der Anerkennung oder Ablehnung verbunden ist." (Sohdi / Bergius 1953: 19; vgl. auch Young 1944) Und bei Bowes ist die Stereotype ein festgesetztes und extremes Image, das trotz neuer Informationen fortbesteht. (vgl. Bowes 1977: 70-76)

Unter den verschiedenen Interpretationen über das Konzept des Stereotyps sind zwei Darlegungen besonders bemerkenswert: "Es besteht offenbar weitgehende

Einigkeit darüber, Stereotype im Zusammenhang mit dem Attitüdenkonzept zu sehen. Der Terminus scheint jedoch thematisch auf Urteile über Nationen, Rassen und andere soziale Gruppen festgelegt zu sein. Dabei werden teilweise die intrapsychischen Prozesse betont, teilweise wird die Gruppenbezogenheit der Urteile für wesentlich gehalten [...] Ein einheitliches Stereotypenkonzept ist nicht zu erkennen; die Situation ist eher durch eine zunehmende Aufsplitterung gekennzeichnet. Die Benutzung des Terminus ist kein verläßlicher Hinweis darauf, daß es sich tatsächlich um Stereotypenforschung handelt." (Lilli 1982: 6)

Nach Lippmann schließt die Stereotype eine Fiktion ein, in der Aufschluß über die Welt gegeben wird. Sie wird daher nicht angemessen als charakteristisches Werkzeug oder Produkt beschränkter oder abnormaler Befangenheit beschrieben, sondern ist kennzeichnend für normale Informations-Verarbeitungsprozesse. (vgl. Schäfer / Petermann 1988: 11)

Lippmann erkannte die Stereotype als Teil des Vereinfachungsmechanismus für die reale Außenwelt an.[111] Die menschlichen Aktionen reagieren nicht auf "direkt and certain knowledge", sondern auf "pictures made by himself or given to him." (Lippmann 1922: 25) Wegen "the way in which the world is imagined determines at any particular moment what men will do" (Ebd.: 23), reagieren wir nicht auf die reale Welt, sondern auf unsere Rekonstruktion der Welt.

In der Aussage "man könnte solche Stereotypen belächeln oder sie als primitive Vereinfachungen abtun; aber sie sind eine wichtige und gefährliche Macht" (Stackelberg 1965: 54) wird darauf hingewiesen, daß der Begriff 'Stereotype' mit negativer Färbung belastet in den Begriffsschatz der Sozialpsychologie aufgenommen wurde. Stereotypes Denken wurde oft genug lediglich als ein anderer Ausdruck für falsches und fehlerhaftes Denken angesehen.[112]

Vom logischen Standpunkt her ist die Stereotype eine falsche Konzeption. Man lebt aber gewöhnlich nicht in der Logik, sondern in der Gefühlswert von Liebe, Haß, Angst und Ärger, Sorge und Überlegenheitsgefühl. Diese sind normal und nützlich in unserem Alltagsleben. Daher kann behauptet werden kann, daß die Stereotypen eine sehr wichtige Funktionen bei den utopischen Träume von künftiger Gerechtigkeit und Glück haben. Mit anderen Worten, die Stereotypen helfen dem Menschen, sich selbst in der Vergangenheit, Gegenwart und Zukunft zu definieren. (vgl. Young 1944: 190-192) Tagiuri begreift, daß die Stereotype nicht notwendigerweise immer Ungenauigkeit bedeuten, sondern oft in genauere Folgerungen über andere überleiten. (Tagiuri

---

[111] Der Grund liegt darin, daß "real environment (which) is altogether too big, too complex, and too fleeting for direkt acquaintance." (Lippmann 1922: 16)

[112] Carter betracht die Stereotype als negative gefärbt: "1. Sterotyping suggests a process of categorial responding where the characteristics of a situation are increasingly interrelated and predictable from each other - the homogenization of an image. Viewed in this way, the process of stereotyping may be of some benefit as it may reflect one´s progress toward 'a stable, focused evaluation of the stimulus'. 2. The more negative effects of stereotyping are suggested when characteristics are not only homogenized, but become polarized as well. The holding of attributes in the extreme, applying them to the full degree, is polarization. 3. When a polarized and homogenized image persists over time, it is an instance of fixedness. The Suggestion here is the image has become resistant to changed conditions and events." (vgl. Carter 1962: 77-91)

1958: 316-336)[113]

Lippmann betonte auch, daß die Stereotype eine positive Funktion in unserem Leben besitzt. In der Vereinfachung und Schematisierung durch die Stereotype liegt natürlich auch Ökonomie. Der Versuch, alle Dinge immer aktuell und im Detail zu sehen, statt typisiert und verallgemeinert, ist in bedrohlichen Situationen sogar gefährlich. Das moderne Leben ist schnellebig und mannigfaltig und viele Begegnungen sind nur flüchtig. Es bleibt oft weder Zeit noch Gelegenheit für eine nähere Bekanntschaft. Bemerken wir beim unbekannten etwas, das einen wohlbekannten Typ kennzeichnet, so füllen wir ungewollt den Rest unseres Bildes mit dem zugehörigen Stereotypen, den wir in unserem Köpfen herumtragen. (Lippmann 1992: 61-114)

Unter Berücksichtigung der bisherigen Untersuchungen hob Lilli vier verschiedene Ausprägungen als vorherrschendes Konzept des Stereotypen hervor. Diese sind die Stereotype als *Verallgemeinerungen*, die Stereotype als *Ergebnis fehlerhafter Denkprozesse*, die Stereotype als *Kategorisierung* und die Stereotype als *Gewohnheit.* Stereotype als *Verallgemeinerungen* bedeutet, daß die Stereotype ein Produkt von Verallgemeinerungen oder Übergeneralisierung ist. Durch Verallgemeinerungen kann die Wahrheit verdreht und der Richtung nach inkorrekt werden. Dies bedeutet eine fehlerhafte Wahrnehmung. Stereotype als Ergebnis *fehlerhafter Denkprozesse* bedeutet, daß solche Stereotype ihren Ursprung in fehlerhaften Denkprozessen haben, die auf einer improvisierten, unlogischen Ebene ablaufen.[114] Stereotype als *Kategorisierungen* sagt aus, daß Personen, Gruppen, Nationen und Rassen, aufgrund unzureichender Informationen, nach Gewohnheiten, kategorisiert werden. Diese Stereotype kann auf den Gebrauch von Kategorien und Konzepten zurückgeführt werden. Aus den Prozessen der unvernünftigen Kategorisierung entspringen die Stereotypen.[115] Stereotype als *Gewohnheiten* bedeutet, daß man die Bilder und Formulierungen, derer sich die Vorurteile bedienen, in der Regel als Stereotyp sieht. Zum Stereotyp Hitler gehörten zum Beispiel seine in die Stirn fallenden Haare, zu demjenigen von Churchill die lange Zigarre." (Heintz 1957: 71)

In den neuesten Abhandlungen zur 'Psychologie stereotyper System' hat Bergler eine erste systematische Bestandsaufnahme der Forschung zum Stereotypenkonzept im deutschen Sprachraum vorgelegt. Mit seiner Psychologie entwickelt er den Begriff des stereotypen Systems als zentralen Begriff zur Kennzeichnung von Orientierungsverhalten in naiv gelebten Welten. Sein Ausgangspunkt ist der Versuch, den historisch zentralen Begriff der Sozialpsychologie, den der sozialen Einstellung, mit Begriffen wie Stereotyp, Vorurteil und Image unter dem Aspekt ihrer Orientierungsfunktion zu verbinden. Er knüpft mit seiner Konzeption an Lippmann an, in

[113] Die Perspektive der amerikanischen Sozialpsychologie wurde aber nicht unverändert übergenommen, um die negative Bedeutung auszuklammern. (vgl. Hofstätter 1949; vgl. auch Sodhi / Bergius 1953; Heintz 1957)

[114] Nach Klineberg können Denkprozesse auch insofern fehlerhaft sein, als die zugrundeliegende Informationen aus zweifelhaften Quellen (Hörensagen, Gerüchte, Anekdoten) stammen können. (vgl. Klineberg 1951: 505-515)

[115] Diese Sichtweise schließt den Aspekt mit ein, Stereotype als organisierte kognitive Systeme zu begreifen. Den folgenden Untersuchungen kann man weitere nützliche Informationen entnehmen. vgl. Deschamps (1973: 710-721); Harding (1969: 1-75); Saenger / Flowerman (1954: 217-238); Secord (1959: 309-314); Simpson / Yinger (1965).

der Stereotypen als Repräsentation einer komplexen Welt, die Orientierung und Identität vermittelten, funktionieren.[116]

"Die Beachtung, die das Stereotypenkonzept in der Sozialpsychologie bis über das Ende des zweiten Weltkrieges hinaus - In Deutschland wegen der verspäteten Entwicklung der Sozialpsychologie bis in die sechziger Jahre hinein - gefunden hat, verdankt es nicht einer theoretisch fruchtbaren Auseinandersetzung mit den Thesen von Lippmann, sondern dem Vorschlag, die 'Bilder in unseren Köpfen' durch ein einfaches Erhebungsverfahren zu operationalisieren." (Schäfer / Petermann 1988: 13)[117]

---

[116] "Stereotype Systeme sind primär latent vorhandene allgemeine Formeln von hohem Prägnanzniveau, die der emotionalen und pseudorationalen Bewältigung von solchen Situationen, personalen und apersonalen Gegebenheiten dienen, die dem Individuum nicht in Form einer echten Strukturerhellung, also objektiven Überschaubarkeit zugänglich sind. [...] Stereotype Systeme sind auf diesem Hintergrund schematische Interpretationsformen der Wirklichkeit, die im Dienste einer allseitigen aber vereinfachten Orientierung in der Umwelt sowie deren Bewältigung stehen und das Individuum von der Ungewißheit der je begegnenden Situationen und der sie definierenden Gegebenheiten befreien. [...] Stereotypien sind das Resultat einer objektiv nicht statthaften, subjektiv aber notwendigen Vereinfachung komplexer Sachverhalte, Beziehungs- und Bedeutungszusammenhänge unter Vernachlässigung spezifischer Wesensmerkmale und einer vorschnellen, fehlerhaften Generalisierung von Einzelerfahrungen [...] Stereotypen Systeme sind also gruppenspezifisch gebrauchte und prägnant profilierte Formen typologischer Natur, d.h. sie sind zu denken als ein überschaubares System von Merkmalsgruppierungen. Dieses Definitionsmerkmal beinhaltet gleichzeitig die grundsätzliche Mehrdimensionalität stereotyper Systeme überhaupt. [...] Stereotype Systeme sind "eine Gruppenleistung vom Typus des Bestimmens", d.h. sie sind gruppenspezifischer Natur, auch wenn sie im konkreten gebrauch so behandelt werden, also ob sie das Resultat individueller Überlegungen und Einsichten seien. Diese Gruppenspezifität aller stereotypen Systeme bedingt ihre Uniformität und Gleichförmigkeit im sozialen Feld. Stereotype Systeme sind unter diesem Aspekt letztlich Repräsentanten des Lebensraumes eines anderen Menschen bzw. einer Gruppe von anderen Menschen innerhalb des Lebensraumes der Person, die ein soziales Urteil abgibt [...] Stereotype Systeme, die mindestens über einen längeren Zeitraum im Lebensablauf einen außerordentlich hohen Grad von Verfestigung und Konstanz erreichen, können sich im mitmenschlichen Berei chen sowohl auf die unterschiedlichen Fremdgruppen (»Heterostereotypen«) wie auf die verschiedenen eigenen Bezugsgruppen (»Autostereotypen«) beziehen [...] Stereotype Systeme sind ihrer Struktur gleichbedeutend mit Erwartungssystemen. Dabei wird in diesem Zusammenhang noch nicht die Frage ihrer Genese oder ihrer möglichen Wandlung bedeutsam, sondern lediglich das Faktum an sich. Beschränkt man sich auf stereotype Systeme im mitmenschlichen Bereich, so spiegeln sie »meist die Rolle wider, die wir selbst gegenüber den Angehörigen einer gewissen Gruppe zu spielen beabsichtigen«, bzw. spiegeln erwartetes Rollenverhalten der Mitglieder anderer Gruppen auf den verschiedenen Abstraktionsebenen wider. Diese Überlegungen werden verständlich auf dem Hintergrund der oben betonten, grundsätzlichen hierarchischen und kontrastierenden Struktur stereotyper Systeme überhaupt ...Mit der Strukturierungs- und Orientierungsfunktion stereotyper Systeme in der je begegnenden Welt, also ihrer prinzipiellen Bezogenheit auf einen Gegenstand, seien dies nun Personen, Gruppen, Organisationen, Institutionen, Ideen, Produkte oder irgendwelche andere Sachverhalte, hängt unmittelbar ihre selektive Tendenz zusammen." (vgl. Bergler 1966: 108-111)

[117] Die meisten Stereotypenuntersuchungen benutzen drei technischen Methoden : 'adjective checklist', 'rating of photographs', und 'ratings of statements'. Die 'adjective checklist'-Methode wurde von Katz und Braly entwickelt und am häufigsten in Gebrauch genommen. Katz und Braly beabsichtigten, zehn ethnisch-nationale Gruppen durch Auswahl charakteristischer Eigenschaften aus einer vorgegebenen Eigenschaftsliste beschreiben zu lassen. Zur Her-

Lilli hat die Stereotypenforschungen wesentlich in zwei Arbeiten erfaßt. Eine davon ist die theoretisch-diskriptive Arbeit des Publizisten Lippmann und andere ist die empirische Studie "Rassische und Nationale Stereotype" von Katz / Braly. (vgl. Katz / Braly 1933: 175-193) Lippmann hat bereits im Einleitungskapitel seines Buches 'The world outside and the pictures in our head' die Diskrepanz zwischen den (inneren) Vorgängen des Wahrnehmens und Denkens und den (äußeren) Vorgängen in der Umwelt ausführlich beleuchtet. "We are told about the world before we see it. We imagine things before we experience them. And those preconceptions ... govern deeply the whole process of perception." (Lippmann 1922: 89)

Folglich müßte seine Vorstellung von Stereotypen als 'Bildern in unserem Kopf'[118] als mit der äußeren Welt nicht übereinstimmend angesehen werden. Von dem umfangreichen Stereotypenkonzept Lippmanns waren hauptsächlich zwei Aspekte übrig geblieben, nämlich "der Gruppenaspekt, der sich operational im Grad der Übereinstimmung bei der Charakterisierung von Rassen, Nationen, Minoritäten usw. erschöpfte und der Individualaspekt, nach dem Stereotype als Ergebnisse von defizitären psychischen Prozessen angesehen wurden." (Lilli 1982: 5) Die Arbeiten von Katz / Braly sind von entscheidender Bedeutung für die Überlegenheit gewesen und ihre Arbeiten sind ein aufschlußreiches Beispiel für die Sprachverführung durch das Wort 'Stereo-

---

stellung der Liste baten sie 25 Studenten, so viele spezifische Eigenschaften aufzuschreiben, wie zur Kennzeichnung der 10 Gruppen erforderlich seien. Die Autoren ergänzten die Aufzählung, so daß eine Liste von 84 Eigenschaften entstand. Einer zweiten Gruppe von 100 Studenten in Princeton wurde diese Liste mit der Aufgabe vorgelegt, für 10 Gruppen die jeweils typischen Eigenschaften herauszuschreiben. Nachdem sie für alle Gruppen Listen angefertigt hatten, sollten sie die verwendeter Eigenschaftsworte noch einmal durchlesen und die fünf Eigenschaften ankreuzen, die besonders typisch für diese Gruppen seien. Nur diese Eigenschaften wurden bei der Auswertung berücksichtigt. Die 'Eigenschaftslisten'-Methode wird kritisiert, da die Methode die Deskription der Subjekte durch die ausgewählte Eigenschaftsliste einschränkt. Das Problem ist, daß 'adjective checklist' keine auf die Untersuchungsgruppe bezogenen Eigenschaften enthalten könnte. Die 'Eigenschaftslistenverfahren' als eine Methode sind unübertroffen. Falls aber die Liste nicht immer auf den neuesten Zustand ergänzt wird, setzt sie die Wirksamkeit der Untersuchungen herab. (vgl. dazu Katz / Braly (1933: 280-290). Die zweite Technik, 'rating of photographs' wird in drei wesentlichen Weisen gebraucht. In der erste Situation werden die Bilder mit einem Etikett versehen. Zum Beispiel, wenn ein Bild eines Manns mit eines schlanken Krawatte mit der Etikett 'U.S. Senator' versehen wird, dann könnte dies Bild ein Stereotyp des U.S. Senators aufgefaßt werden. Zweitens werden die Bilder auf der Skala von 'Mögen-Nichtmögen' eingeschätzt, dann wird als zweite Stufe das Etikett, das zu dem Bild gehören soll, ausgewählt. In der nächste Stufe werden die Bilder, die normalerweise als zu einer ethnischen Gruppe gehörendes identifizierbar sind, auf der Liste der Eigenschaft geschätzt. Wenn durch ein Bild einer Gruppe, wie Negern, vermittelt wird, daß der Neger eine Eigenschaft, die die andere Gruppe nicht hat, besitzt, z.B. 'Unehrlich', und dann kann 'Unehrlich' als eine stereotypierte Eigenschaft der Gruppe geschätzt werden. Die Methode 'rating of Photographs' ist die beste, da sie die breiteste Freiheit in der Bestimmung des Inhalts des Stereotyps erlaubt. (vgl. dazu Gahagan 1933: 128-134; Litterer 1933: 59-69; Razran 1950: 7-27; Rice 1926/27: 267-276). Die dritte Haupttechnik schließt die Schätzung einer Darstellung, ob diese charakteristisch für die Gruppe ist, ein. Falls genügende Zahlen der Übereinstimmung zu der Darstellung gefunden werden, dann wird die Darstellung als Teil des Stereotypes betrachtet. (vgl. dazu Ehrlich 1962: 171-176; Richards 1950: 22-30; Tuckman / Lorge 1956: 239-245).

[118] Lippmann hat die Vorstellung von Stereotypen als den 'Bildern in unserem Kopf' von Rice (1926: 267-276) wörtlich genommen.

type'. Sie waren wohl die ersten, die Stereotypen und Vorurteile dem Einstellungsbegriff unterordneten. Sie beschrieben 'Stereotype als kognitiven Teil der Attitüde zu fremden Gruppen, als Vorurteile des affektiven Teils einer Attitüde zu fremden Gruppen'.[119] In ihrer ersten Untersuchung führen sie eine Methode, das Eigenschaftslistverfahren ('adjektive Checklist'), zur Erfassung der Stereotypen ein. Man kann sagen, daß mit dieser Methode die eigentliche Stereotypenforschung beginnt.

Alle Stereotypen beinhalten immer ein spezifisches Verhältnis zu einem bestimmten Objekt. Gemäß dem Gegenstand der Stereotype haben Bergler / Six die Stereotypen in sechs Bereiche unterschieden: 'nationale und rassische Stereotype', 'Personen-Stereotype', 'Berufs-Stereotype', 'regionale Stereotype', 'ideologische Stereotype' und 'Stereotype im ökonomischen Bereich'. (vgl. Bergler / Six 1972: 1371-1432)[120] Von diesen Bereichen wird 'nationale und rassische Stereotype' am häufigsten erforscht, wie bei Vinacke (1949: 265-291), Meenes (1943: 327-336), Child / Doob (1943: 203-219) und Diab (1962: 339-351) u.a..

Die Dimensionen, die von Edwards eingebracht wurden, bleiben die brauchbarste grundlegende Struktur für die Diskussion der Stereotypen. Edwards unterscheidet zwischen Inhalt (quality), Übereinstimmung (uniformity), Bewertungsrichtung (direction) und Grad der Bewertung (intensity) als Dimensionen von Stereotypen.[121] "Inhalt und Übereinstimmung werden in Abhängigkeit von den Bewertungsdimensionen gesehen; Meinungsgegenstände haben eine unterschiedliche Bedeutung, je nach der vorherrschenden, affektiv geprägten Einstellung." (Schäfer / Petermann 1988: 15)

Im deutschen Sprachraum haben Sohdi und Bergius die erste Arbeit nach dem Zweiten Weltkrieg in der von Lippmann und Katz / Braly ausgehenden Tradition unter dem Titel 'Nationale Vorurteile' vorgelegt.[122] Von Sohdi und Bergius werden die Begriffe Urteil, Vorurteil, Vorstellung, Bild und Stereotyp mit Bezug auf ihre Daten nicht eindringlich unterschieden. Sie haben den Begriff des Vorurteils gegenüber dem des Stereotyps als den allgemeineren, welcher sich eigentlich auf Eigenschaftswahlen

---

[119] Vgl. dazu Lilli (1982: 4); Saenger / Flowerman (1954: 217-238); Harding / Proshansky / Kutner / Chein (1969: 1-65); Mackie (1974: 279-292); Manz (1968).

[120] vgl. dazu Lilli(1982); zur ideologischen Stereotype, s. Buggle (1965); Wolf (1960). Stereotype im ökonomischen Bereiche hängen mit den Vorstellungen zusammen, die sich auf bestimmte Unternehmungen, Dienstleistungen oder Produkte beziehen. In Zusammenhang mit diesem Bereich kann die Untersuchung von Bergler: Psychologie stereotyper Systeme. ein Beitrag zur sozial- und Entwicklungspsychologie, Bern / Stuttgart, 1966, von einigem Nutzen sein.

[121] Bezüglich seiner vier Dimensionen bedeutet die Bewertungsrichtung die Reaktion des Individuums auf das Stereotyp, falls die Reaktion sich irgendwo auf des Skala der 'Mögen-Nichtmögen des Stereotyps' befindet. Der Grad der Bewertung bedeutet die Reaktion der Individuums, falls die Reaktion sich irgendwo auf die Skala, die den "Grad der Gefälligkeit-Nichtgefälligkeit des Stereotyps" entscheidet, bezieht. vgl. dazu Edwards (1940: 357-366); vgl. auch Edwards (1940: 566-572); Cauthen / Robinson / Krauss (1971: 103-125); Vinacke (1957: 229-243).

[122] Sohdi und Bergius knüpften methodisch eng an die Methode 'Eigenschaftslisten-Verfahrens' von Katz / Braly an. 14 Völker werden durch eine 205 Merkmale umfassende Liste beurteilt. Anstelle des Least-number-of-traits-Kriteriums wird ein Übereinstimmungsgrad verwendet, der den relativen Anteil der Wahl einer charakteristischen Bezeichnung angibt. Die Ergebnislisten enden bei einem Übereinstimmungsgrad von 40 Prozent. Vgl. Sodhi / Bergius (1953).

und deren Übereinstimmung bezieht, verstanden. Sohdi und Bergius zufolge wird eine Eigenart bezüglich ihrer Differenz, ihrer affektiven Besetztheit und ihrer sozialen Verbreitung verbindlich zugeschrieben. Wird das Stereotype zum Vorurteil durch Verfestigung und Verpersönlichung? Es wird vorgeschlagen, die Stereotypen als eine spezielle Klasse von Konzeptionen zu betrachten, die Vorurteile andererseits als eine spezielle Klasse des Verhaltens. "Im Unterschied zur breiter angelegten funktionalistischen Analyse Lippmanns werden hier vor allem die negativen Aspekte betont: Fiktion, Rationalisierung und Täuschung über den Gruppencharakter von Eigenschaften. Das Vorurteil wird nur in Verbindung mit dieser Betrachtung einer defizitären Urteilsstruktur verständlich." (Schäfer / Petermann 1988: 15) Trotz dieser unbestrittenen Unterschiede werden Stereotype und Vorurteil oft als identisch aufgefaßt.

4.3. Vorurteile

Die Verhaltensweisen von Individuen in Situationen des Alltags basieren meist auf bruchstückhaftem Wissen und sind oft Reaktionen aus Vorurteilen heraus. Wir leben alle ständig mit einer Fülle von Vorurteilen. Vorurteile über uns, Vorurteile über andere, Vorurteile über Einzelmenschen, Vorurteile über andere Völker und andere Kulturen. (vgl. Stackelberg 1965) "Kein Vorurteil wäre bedenklicher als die Annahme, ohne Vorurteile leben zu können. Die schlechthin vorurteilsfreie Existenz ist nicht vorstellbar. Das gilt im Prinzip für jeden Bereich, dessen wir uns vital, sozial, intellektuell oder sentimental bemächtigen." (Bergler 1976: 6) Das Vorurteil wirkt sich unmittelbar auf die Wahrnehmungsorientierung und die Relations- und Handlungsbereitschaft Menschen und Objekten gegenüber aus. Obwohl das Vorurteil keine Wirklichkeit ist, übt es aber eine seelische Macht als gewisse Wirklichkeit in unserem Alltag aus.

Goethe machte früher die treffenden Bemerkungen "daß niemand etwas begreift, als was ihm gemäß ist und was er deswegen zugeben mag. Im Wissen wie im Handeln entscheidet das Vorurteil alles, und das Vorurteil, wie sein Name wohl bezeichnet, ist ein Urteil vor der Untersuchung. Es ist eine Bejahung oder Verneigung dessen, was unsere Natur anspricht oder ihr widerspricht; es ist ein freudiger Trieb unseres lebendigen Wesens nach dem Wahren, wie nach dem Falschen, nach allem, was wir mit uns im Einklang fühlen." (vgl.Goethe 1790-1807: 288)

Der dem lateinischen 'Praejudicium' nachgebildete Begriff Vorurteil entstammt ursprünglich dem juristischen Sprachgebrauch. Er bezeichnete ein gerichtliches Urteil, das den endgültigen Urteil vorausging. Seit Beginn des 18. Jahrhundert wird dann der Terminus Vorurteil im heutigen Sinne gebraucht. Vorurteil nennt man ursprünglich einen harmlosen Tatbestand. In alten Zeiten war es das auf frühere Erfahrung und Entscheidung begründete Urteil, Praejudicium. Später hat die Methaphysik, besonders Descartes und Leibniz, 'eingeborene' Wahrheiten, Vorurteile im strengen Sinne, zur höchsten philosophischen Wahrheit erklärt. Erkenntnisse »a priori«, der Erfahrung logisch vorgeordnet, bilden nach Kant die reine Wissenschaft. Nur in England, wo seit Jahrhunderten als oberste Instanz die Erkenntnis gilt, galt prejudice, das heißt die Ansicht, die der Prüfung durch die Tatsachen vorhergeht oder ihr sich ganz entziehen will, längst als Vorurteil im negativen Sinn. (vgl. Horkheimer 1961: 194)

Von der lexikalischen Bedeutung her ist ein Vorurteil ein in unterschiedlicher Weise definiertes Einstellungs- und Bewertungsmuster. Das Vorurteil ist ein vorgefaßtes, emotional gefärbtes, durch neue Erfahrungen oder Informationen schwer veränderbares, für allgemeingültig und wahrhaftig erachtetes generalisiertes Urteil über Sachverhalte (Personen, Gruppen, ideologische Systeme, Religionsgemeinschaften, Produkte aus Wissenschaft, Technik, Kunst), das ohne differenzierende Begründung besteht. Das Vorurteil in der Umgangssprache ist eine voreilige, hartnäckig negative Einschätzung von Personen oder Gruppen. Es bedeutet als »Vor-Urteilen« Vorausverständnis, das auf unzureichenden Kenntnissen oder Erfahrungen beruht, aber durch geeignete Informationen jederzeit berichtigt werden kann. (vgl. Brockhaus Enzyklopädie Bd. 23: 460; vgl. auch Allport 1971) Vielleicht lautet die kürzeste aller Definitionen : "Von anderen ohne ausreichende Begründung schlecht denken." (vgl. Allport 1950: Kap. 5) Ausführlichen Arbeiten über die Vorurteilsforschung ist die Auffassung gemeinsam, daß "es sich bei Vorurteilen um ein verfestigtes, vorgefaßtes und negatives Urteil über Gruppen von Menschen handelt und zwar ein Urteil, das gefühlsmäßig unterbaut ist und nicht mit der Wirklichkeit übereinstimmt." (Bergler 1966: 97)[123]

Im wesentlichen kommen dem Vorurteil zwei Grundfunktionen zu. Die erste ist die sogenannte *Entlastungsfunktion*. In einer für den einzelnen oft nur schwer durchschaubaren Welt erleichtern vorgefertigte Vereinfachungen die Urteilsfindung, Unsicherheiten und Ängste in ambivalenten Entscheidungssituationen können verdrängt werden. Außerdem bieten Vorurteile, obwohl als solche im allgemeinen nicht gesellschaftlich gebilligt, die Möglichkeit einer in Grenzen gesellschaftlich tolerierten Aggressionsabfuhr - auch gegenüber vom eigenen Gewissen oder von der Gesellschaft auferlegten Tabubereichen. Zweitens hat das Vorurteil eine wichtige *Orientierungsfunktion*. Vorurteile erlauben dem Individuum eine Einordnung, die Definition der eigenen sozialen Position, die Identifikation mit einer bestimmten, nämlich der ihm eigenen Gruppe und damit eine scheinbare Geborgenheit. Die Übernahme der innerhalb dieser Gruppe akzeptierten Vorurteile bannt zudem die Gefahr, zum Außenseiter, vielleicht selbst zum Objekt von Vorurteil und Diskriminierung zu werden.[124] Zur Psychologie und Soziologie des Vorurteils erwähnte Ginsberg, daß eine Untersuchung der heute allgemein gebräuchlichen Anwendung des Begriffes Vorurteil für eine erste vorläufige Definition für die Unterscheidung folgender Begriffsinhalte nahelegt: 1. Meinungen, Überzeugungen, die ohne Prüfung oder sorgfältige Überlegung gebildet und ohne jede Kritik angenommen werden, wo Zweifel oder Kritik vernünftigerweise erwartet werden können. 2. Überzeugungen oder Ansichten, die von logisch irrelevanten Impulsen, Gefühlen, Emotionen, Stimmungen oder Komplexität

---

[123] Vgl. dazu Adorno / Frenkel-Brunswik / Levinson / Sanford (1950); Frenkel-Brunswik (1948: 295-306); Frenkel-Brunswik / Sanford (1945: 271-291); Allport (1971); Lippitt / Radke (1946: 167-176); Krech / Crutchfield (1948).

[124] Vgl. Brockhaus Enzyklopädie (461); Katz hat die weitgehend üblichen Funktionen der Vorurteile klar gefaßt. Seine vier Funktionen der Vorurteile sind 1.Wissen (Knowledge-function), 2.Anpassung (adaptive, adjustment, utilitarian function), 3. Selbstdarstellung (Value expressive oder self-realizing function), 4. Selbstbehauptung (ego-defensive function). Vgl. dazu Katz (1960: 163-204); Bergler (1976: 101-114).

beeinflußt werden. 3. Günstige oder nicht günstige Einstellungen zu Personen oder Dingen, die nicht auf Erfahrung oder Kenntnis ihrer Qualitäten beruhen, oder bereits geformt wurden, ehe solche Erfahrung oder Kenntnis gegeben war. Ganz allgemein hat der Terminus Vorurteile eine negative Bedeutung. Er wird häufiger angewandt, um eine ungünstige als eine günstige Einstellung zu etwas zu bezeichnen. (vgl. Ginsberg 1963) Im Prozeß der Vorurteilsbildung sind eine Reihe von Mechanismen[125]: 1. Die unkritische *Verallgemeinerung* von Eigenschaften. 2. Die *Verbesonderung* oder das Auswählen, das Hervorheben von Eigenschaften. 3. Das *Weglassen* erstrebenswerter Eigenschaften bei abgelehnten Gruppen. 4. Die *Diskriminierung*, d.h. die Tendenz, Eigenschaften bei einer Gruppe zu verdammen, die bei anderen vergeben, übersehen oder gar gerühmt werden. (vgl. Bergler 1976: 114-123)[126].

Bei Bergler sind Vorurteile "als Besonderheit eines allgemeineren Stils der Umweltbewältigung, eben in Form der noch zu erörternden stereotypen Systeme definiert: Es handelt sich um negativ akzentuierte Bedeutsamkeitsprofile, die Gegebenheiten außerhalb des eigenen Lebensraumes und der eigenen Bezugsgruppen zugeordnet werden." (Bergler 1966: 98)

Es ist klar, daß das Vorurteil die Funktion eines selektiven Filters in bezug auf das Wahrgenommene ausübt. Bei der Filtration kann aber die Wahrnehmung verzerrt oder in eine Richtung gelenkt werden. "Die perzeptuelle Verzerrung kann bekanntlich erst dann in Erscheinung treten, wenn die wahrgenommene Person auf dem einen oder anderen Weg, etwa auf Grund ihres Namens, der Sprache, der Gestik, des Aussehens, als Angehörige der Kategorie identifiziert worden ist, der gegenüber das Vorurteil besteht. Solange das vorurteilsvolle Individuum die zu beurteilende Person nicht in die betreffende Kategorie geordnet hat, wird sein Vorurteil nicht oder kaum wirksam, denn es ist in der Regel nicht in der Lage, auf Grund seines Vorurteils, bzw. bestimmter angeblich leicht erkennbarer Merkmale einzelne Personen merklich besser zu identifizieren als das Vorurteilsfreie." (Allport 1971: 58f.)

Die Abgrenzung von sozialen Kategorien ist in der Realität nicht einfach. Die Abgrenzung der einzelnen sozialen Kategorien erfolgt oft recht willkürlich.[127] "Jedenfalls scheint bei Abgrenzung der einzelnen sozialen Kategorien fast immer mehr oder weniger willkürlich zu sein, obwohl sie doch über das Schicksal lebendiger Menschen entscheidet." (Ebd.: 61f.) Davon ausgehend können wir festlegen, "daß die sozialen Kategorien in der Regel recht willkürlich umrissen sind und daß ihre Grenzen mehr oder weniger fließend bleiben, woraus sich die Existenz einer Randzone erklärt, die durch eine besondere Unsicherheit gekennzeichnet ist, ferner, daß dies so ist, obwohl die Vorurteile eine vorausgehende Identifikation nach grundsätzlich willkürlichen Kriterien ausgelöst wird. Damit soll jedoch nicht gesagt werden, daß eine solche Willkür bei der Abgrenzung der Kategorien tatsächlich vermeidbar wäre. Hier liegt vielmehr ein grundsätzlich unlösbares Problem des menschlichen Zusammenlebens vor, das, wie es scheint, auf die Bildung sozialer Kategorien nicht verzichten kann." (Ebd.: 63)

---

[125] Zit. aus Stackelberg (1965: 19)

[126] Bergler stellt vier Mechnismen dar, und zwar die Mechanismen der *Vereinfachung*, *Verdeutlichung*, *Verurteilung*, *Verallgemeinerung*.

[127] Beispielsweise muß man über die Grenzen der Kategorie 'Neger' keineswegs einig sein.

Wenn das stereotype Bild des Einzelwesens eine allgemeine Zustimmung findet, könnte das Vorurteil als Bestandteil der Kultur funktionieren. In diesem Sinne erklärte Allport, "wenn wir die stereotypen Bilder ausschließlich unter dem Aspekt von Gruppenmeinungen betrachten, dann erscheinen sie als Bestandteile der sozialen Kultur, welche als solche von Generation zu Generation weitergegeben werden können und deren Erklärung folgerichtig auf die Geschichte dieser Vorstellungen zurückgreifen muß." (Ebd.: 66) Man muß sich auch darüber klar sein, daß "stereotype Abneigungen oder Zuneigungen gegenüber den Mitgliedern irgendwelcher sozialer Kategorien niemals angeboren, sondern immer erlernt und also kulturbedingt sind." (Ebd.: 69) "Es gibt dem Vorurteil als einer stereotypen Formel gegenüber grundsätzlich nur verschiedene Grade der Zustimmung oder Ablehnung, nicht aber die Möglichkeit, es zu qualifizieren. Damit ist nicht gesagt, daß eine stereotype Formulierung immer ein besonders radikaler Ausdruck des betreffenden Vorurteils sein muß. Es kommt nämlich auch vor, daß gerade die geläufigen Vorurteile einen pseudodemokratischen, pseudoliberalen oder pseudoegalitären Mantel besitzen." (Ebd.: 71)[128]

Um die Eigenschaft des Vorurteils zu erläutern, definierte Heintz die Begriffe »Ingroup« und »Outgroup«: Das Vorurteil bezieht sich auf das Verhältnis von Mitgliedern einer bestimmten Ingroup zu Mitgliedern von Outgroups. Unter Ingroup versteht man dabei eine Gruppe, zu welcher der Einzelne in einer so nahen Beziehung steht, daß er sie als »wir« oder »uns« bezeichnet, wogegen er die Mitglieder der Outgroup distanziert als »sie« oder »diese« bezeichnet. So wird denn auch die Ingroup durch das Vorhandensein von »Wir-Gefühlen« gekennzeichnet. (vgl. Heintz 1957: 14f.) Jeder Mensch fühlt sich »Wir-Gruppen« zugeordnet, in denen er sich geborgen fühlt, wogegen er gegenüber Fremdgruppen zurückhaltend oder vielleicht sogar feindselig reagiert. (vgl. Allport 1971)[129] Vorurteile sind eng verbunden mit diesem »Wir-

---

[128] Nach Silbermann sind Vorurteile "nicht anderes als die Verfestigung, die Verpersönlichung von Stereotypen." (Stackelberg 1965: 91)

[129] Die Bildung von »Wir-Gruppen« weist darauf hin, daß er alle Mitglieder einer Familie, von Schulkameraden, Logenmitgliedern, Gewerkschaftsmitgliedern, Angehörigen von Vereinen, Staaten und Nationen in »Wir-Gruppen« einschließt. Er sagt auch, daß sich die Mitglieder von internationalen Organisationen noch auf undeutlichere Weise als »Wir-Gruppen« fühlen können. Er stellte eine Liste von »Wir-Gruppen« mit der Benennung eines fiktiven Mann, Sam, auf. Sams Liste (oder seine Liste) der »Wir-Gruppen« lautet wie folgend; väterliche Verwandtschaft, mütterliche Verwandtschaft, Pflege - Familie (in der er aufwuchs), selbstbegründete Familie (Frau und Kinder), der Freundeskreis seiner Knabenzeit (jetzt eine verblaßte Erinnerung), Grundschule (nur in der Erinnerung), Oberschule (nur Erinnerung), sein College (manchmal wieder besucht), seine College-Klasse (lebendig erhalten durch Klassentreffen), gegenwärtige Kirchengemeinde (er hat sie mit 20 gewechselt), seine Berufsorganisation (gut organisiert, feste Bindung), seine Firma (besonders die Abteilung, in der er arbeitet), der 'Kreis' (Gruppe von vier Ehepaaren, die einen Teil ihrer Freizeit zusammen verbringen), die überlebende Mitglieder einer Infanterikompanie aus dem Ersten Weltkrieg, der Staat, in dem er geboren wurde (ziemlich belanglose Zugehörigkeit), die Stadt, in der er jetzt lebt (lebendige Anteilnahme), New England (eine Bindung an diese Staatengruppe), die Vereinigten Staaten (ein durchschnittlicher Patriotismus), die Vereinten Nationen (grundsätzlich überzeugt, aber psychologisch etwas unbestimmt, weil er nicht recht weiß, wen das "Wir" in diesem Falle umfaßt), schottisch-irische Abstammung (ein unbestimmtes Gefühl der Verwandtschaft mit anderen gleicher Abstammung), die Republikanische Partei (er wählt republikanisch in den Vorwahlen, hat aber kein weiteres Zugehörigkeitsgefühl). Vgl. Allport (1971: 43-60)

Gruppen«-Denken und -Verhalten. König definierte auch soziale Vorurteile auf diese Art und Weise: 1. Sie charakterisieren das Verhältnis von Eigengruppen zu bestimmten Fremdgruppen, wobei Eigengruppe eine Anzahl von Menschen bedeutet, auf die sich der einzelne mit »Wir« bezieht, wogegen die Mitglieder einer Fremdgruppe als »Sie« bezeichnet werden. 2. Sie stellen eine typische Ausdrucksform des Ethnozentrimus dar. Folglich kann man zwischen positiven Vorurteilen in bezug auf die Eigengruppe und negativen Vorurteilen in bezug auf die Fremdgruppen unterscheiden. (vgl. König 1958) In anderen Worten wird formuliert, daß "der prestigemäßigen Heraufsetzung der Ingroup eine prestigemäßige Herabsetzung der Outgroups entspricht." (Heintz 1957: 16) Nach König ist daher das 'vorurteilvolle Verhalten' durch die Kombination folgender Verhaltensdispositionen gekennzeichnet: Neigung zu stereotypisiertem Denken, Feindseligkeit gegenüber Fremdgruppen und Bewunderung der durch die Eigengruppe repräsentierten Macht. (ebd.)

Wir-Gruppenzugehörigkeiten sind aber nicht dauerhaft fixiert. Für bestimmte Zwecke betont ein Mensch eine ganz bestimmte Kategorie von Zugehörigkeit. "Jeder Mensch hat seine eigene Auffassung davon, welche seiner Wir-Gruppen für ihn wichtig sind, aber er ist dabei vom Wandel der Zeiten nicht unbeeinflußt. Im letzten Jahrhundert sind nationale und Rassenzugehörigkeiten wichtiger geworden, dagegen haben Familien- und Religionszugehörigkeit an Wichtigkeit verloren (obgleich sie immer noch außerordentlich wichtig sind)." (Allport 1971: 48)

In gewissem Sinn entsteht das Vorurteil aus dem Kommunikationsmängel zwischen »Wir-Gruppen« und »Fremdgruppen«, mit denen uns unsere Zeit in ständig zunehmender Wichtigkeit konfrontiert.

Es ist nicht möglich, das negative Vorurteil vom positiven Vorurteil völlig zu isolieren, in anderen Worten, das ihm entsprechende positive Vorurteil unbeachtet zu lassen. Horkheimer hat auch auf die gegenseitigen Zusammenhänge wie folgt hingewiesen:

> "Das negative Vorurteil ist mit dem positiven eins. Sie sind zwei Seiten einer Sache. Daß der Neger wesenmäßig schlechter ist, bedeutet, daß der Weiße wesenmäßig besser ist, er braucht nichts dafür zu tun. Wenn es genügt, die Hautfarbe zu kennen, um über jenen den Stab zu brechen, gleichviel, was er als einzelner auch denkt und tut, dann sind dem eingesessenen Weißen seine eigenen moralischen Qualitäten garantiert. Sein Ich wird dadurch aufgebläht, daß er der richtigen Rasse angehört. An die Stelle eigener Verdienste tritt die Mitgliedschaft in einem Kollektiv. Auch dem vernünftigen Bewußtsein gilt die Zugehörigkeit zu einem Volk, zu einer Partei oder Institution, gleichviel ob der Zugehörige sich einfügt oder widerstrebt, nicht als bedeutungslos. Das Individuum für sich allein ist eine Abstraktion. Es ist in die Gesellschaft verflochten; von den Besonderheiten der Verflechtung hängt zum großen Teil nicht bloß sein Schicksal, sondern auch sein Charakter ab." (Horkheimer 1961: 197f.)

Heintz meint, daß "unter Umständen kann also die Betonung des positiven Aspekts bedeuten, daß dem negativen nur ein verhältnismäßig geringes Gewicht zu kommt. Obwohl wir uns also vor allem für das negative Vorurteil interessieren, dürfen wir doch das ihm entsprechende positive Vorurteil niemals ganz außer acht lassen." (Heintz 1957: 17)

Im Bezugsrahmen Ingroup-Outgroup sollen das positive Vorurteil und das negative Vorurteil gleichzeitig berücksichtigt werden, da "das negative Vorurteil immer in einer spezifischen Form auftritt, wenn auch sein Gegenstand mehr oder weniger spezifisch sein kann" (Ebd.: 17), sagt Heintz. Nach ihm besitzt das Vorurteil folgende Eigentümlichkeiten, "daß es sich immer gegen eine oder mehr oder weniger scharf umrissene soziale Gruppe oder Kategorie richtet, daß es in jedem Falle mit spezifischen Argumenten arbeitet, daß es nicht immer die gleichen diskriminierenden Eingriffe empfiehlt und daß es in seiner spezifischen Form - zum Beispiel als Antisemitismus oder als Jim Crow - jeweils eine eigene Geschichte besitzt. Besonders das letztere hat immer wieder dazu verleitet, die besonderen Erscheinungsformen des sozialen Vorurteils selbständig und getrennt voneinander zu behandeln, ja darin sogar völlig verschiedene Phänomene zu sehen." (Ebd.) Heintz behauptet vorwegnehmend, "daß sich die Vorurteile immer gegen bestimmte Kategorien von Personen (die Juden, die Armenier, die Neger, die Frauen, die Politiker, die Zigeuner u.a.) richten, wie willkürlich diese auch immer definiert sein mögen. Dagegen wird eine persönliche Antipathie gegen eine einzelne Person oder gegen eine einzelne Familie, sei sie auch noch so unbegründet, nicht als Vorurteil im sozialwissenschaftlichen Sinne des Wortes bezeichnet, wohl aber die Verfolgung einzelner Personen als Hexen, weil hierfür eben die soziale Kategorie Hexe vorgesehen ist." (Ebd.: 18)

4.4. Fazit

Durch die Primärfunktion der Massenmedien, die Thematisierungsfunktion von Ereignissen und Themen, wissen wir das meiste, was wir über unsere Gesellschaft, ja über die Welt, in der wir leben, wissen. An dem, was wir als unsere alltägliche Wirklichkeit erfahren, haben Kommunikation und Kommunikationsmedien immer schon mitgewirkt. In diesem Sinn können die Medien heutzutage 'als Instrument der Wirklichkeitskonstruktion' oder 'als Mittel sozial anschließbarer Wirklichkeitserfahrung' verstanden werden. In kantischer Terminologie gesprochen: Mit dem Druck und der Sendung, etc. erzeugen die Massenmedien eine transzendentale Illusion. Die von der Massenmedien erzeugende Illusion kann nicht einfach als Sequenz von Operationen angesehen, sondern als Sequenz von Beobachtungen, oder genauer: von beobachtenden Operationen.

Image, Vorurteil und Stereotyp sind Spiegelungen, der durch beobachtende Operationen der Massenmedien auf unsere Wahrnehmungsstruktur reflektiert werden. Das heißt: Die Massenmedien vermittelt eine rekonstruierte Wirklichkeit und durch den Kontakt mit den Inhalten der Massenmedien nehmen wir vereinfachte Bilder der Wirklichkeit aus den Massenmedien als reale Wirklichkeit wahr. Die »pictures on our heads« über die Außenwelt können Image, Vorurteil und Stereotyp sein.

Bei der Wahrnehmung von anderen Personen und bei der Entstehung von Gegenstandbildern spielen Images, Vorurteile und Stereotypen eine entscheidende Rolle. Diese Begriffe sind bedeutsam für alle Umweltbewältigung, alle Orientierung und Steuerung menschlichen Verhaltens. Die Beziehung zwischen den Massenmedien und diesen drei Begriffe ist zirkulär: Image, Vorurteil und Stereotyp bezüglich der Außenwelt werden von den Massenmedien geprägt und alle drei spiegeln sich in den Themen der Massenmedien wider. Durch die Wiederholung solcher Prozesse kann sich das geistige Bild allmählich zur Tatsache oder Überzeugung entwickeln.

II. EMPIRISCHER TEIL

5. Konzeption der Untersuchung

In diesem Kapitel möchte ich kurz das im nächsten Hauptkapitel behandelte Untersuchungsmaterial erklären und auf die Methode der Inhaltsanalyse eingehen.

5.1. Methodische Verfahren

Wer feststellen will, welches Bild die Medien vom Thema "Korea" in den deutschsprachigen Ländern zeichnen, kann das nur mit Hilfe der Inhaltsanalyse verwirklichen. Damit steht ihm keine besonders zuverlässige und allgemein anerkannte Methode zur Verfügung. Die Inhaltsanalyse kommt niemals ohne die Voraussetzung aus, daß jedes Dokument eine kommunikative Funktion in einer Gesellschaft hat. Ein Wort wie "gut" oder "schlecht" ist nächst einmal nur eine Aneinanderreihung von Buchstaben. Im Kontext eines gesellschaftlichen vereinbarten Sprachverständnisses erhalten aber die Zeichen als ein Wort ihre Bedeutung und ihre Funktionen. Durch die Analyse der Kontexte der Kommunikation kann man ihre inhaltliche Bedeutung erkennen. "Die Inhaltsanalyse stellt im Gegensatz zu den Datenerhebungsverfahren der Beobachtung und der Befragung ein Verfahren dar, dessen Untersuchungsgegenstand keine Personen oder Kollektive sind, sondern Produkte der Kommunikation von Personen und Kollektiven. Diese Produkte sind in der Regel Texte aller Art, aber auch Photos, Filme, Fernsehsendung, aufgezeichnete Reden etc." (Dreier 1994: 123) In den ersten Jahrzehnten dieses Jahrhunderts wurde die Inhaltsanalyse als systematische Methode der Publizistik zur Analyse von Zeitungsartikeln entwickelt, und mit ihr sind gewöhnlich nicht nur Inhalte, sondern auch Formen zu betrachten.[130]

Eine Definition der Inhaltsanalyse hat jedoch mit einer großen Schwierigkeit zu kämpfen. Die heute immer noch gültige Beschreibung der Inhaltsanalyse stammt von Berelson. Sie lautet: "Inhaltsanalyse ist eine Forschungstechnik für die objektive, systematische und quantitative Beschreibung des manifesten Inhalts von Kommunikation" (Berelson 1952: 18)[131]. Die drei in seiner Definition angeführten Merkmale, *objektiv*, *systematisch* und *quantitativ* werden als wesentlich hingenommen. Mayntz / Holm / Hübner beschreiben die Inhaltsanalyse als Instrument, das "die sprachlichen Eigenschaften eines Textes objektiv (eigentlich intersubjektiv) und systematisch identifiziert und beschreibt, um daraus Schlußfolgerungen auf nichtsprachliche Eigenschaften von Personen und gesellschaftlichen Aggregaten zu ziehen." (Mayntz / Hübner 1969: 151) Mayring sagt "zusammenfassend will also Inhaltsanalyse - Kommunikation analysieren - ; fixierte Kommunikation analysieren; dabei systematisch vorgehen; das heißt regelgeleitet vorgehen; das heißt auch theoriegeleitet vorgehen; mit dem Ziel, Rückschlüsse auf bestimmte Aspekte der Kommunikation zu ziehen."

---

[130] Vgl. zur Bemerkungen zur Entwicklung der Inhaltsanalyse, Berelson (1952); Becker / Lißmann (1973); Merten (1983).

[131] Zitiert aus der dt. Ausgabe von Mayring (1990: 11).

(Mayring 1990: 13)

Im Vergleich mit Berelson hebt Kracauer qualitative Methoden gegen den Vorrang quantitativer Verfahren hervor. Er behauptet, "einseitiger Verlaß auf quantitative Inhaltsanalyse könnte zu einer Vernachlässigung qualitativer Untersuchungen führen und so die Genauigkeit der Analyse beeinträchtigen" (Kracauer 1972: 53: vgl. auch 53-58)[132] und daß reine quantitative Analyse latente Inhalt nicht erfassen, den Kontext von Aussagen nicht beachtet und einzelnen Informationen von herausragender Bedeutung nicht gerecht werden kann. In der inhaltsanalytischen Diskussion steht die Frage um 'quantitativ' oder 'qualitativ' immer noch im Mittelpunkt. Bei Abgrenzung qualitativer versus quantitativer Analyse wendet Mayring verschiedene Kriterien an. (vgl. Mayring 1990). Bei ihm ist zunächst die Unterscheidung nach der Begriffsform ein formales und einleuchtendes Unterscheidungskriterium. "Sobald Zahlbegriffe und deren In-Beziehung-Setzen durch mathematische Operationen bei der Erhebung oder Auswertung verwendet werden, sei von quantitativer Analyse zu sprechen, in allen anderen Fällen von qualitativer Analyse." (ebd.: 16) Er unterscheidet anschließend nach den Skalenniveau der zugrundeliegenden Messung, "daß alle Analysen, die auf nominalskalierten Messungen basieren als qualitative Analysen gelten und solche, die auf ordinal-, intervall- oder ratio-skalierten Messungen basieren, als quantitative Analysen gelten."(ebd.:17)[133] Er untersucht zunächst die Unterscheidung nach dem implizierten Wissenschaftsverständnis und zeigt implizit einen aufscheinenden Gegensatz anhand dreier Gegensatzpare auf. Erstens, *Verstehen und Erklären*: "Qualitative Wissenschaft als verstehende will also am Einmaligen, am Individuellen ansetzen, quantitative Wissenschaft als erklärende will an allgemeinen Prinzipien, an Gesetzen oder gesetzähnlichen Aussagen ansetzen. Erstere versteht sich eher als *induktiv*, zweitere eher als *deduktiv*". Zweitens, *Komplexität oder Variablenisolation* : "Eines der Hauptschlagworte qualitativer Analyse ist, die volle Komplexität ihrer Gegenstände erfassen zu wollen, während quantitative Analyse ihren Gegenstand zerstückele, atomisiere, in einzelne Variablen zerteile und ihm auf diese Art seine eigentliche Bedeutung nehme." (ebd.: 18) In Zusammenhang mit dieser Differenzierung sagt Schön auch, daß quantitative Verfahren Erkenntnisse anstreben, "bei denen 'isolierte' Daten und Fakten gefunden werden, die möglichst frei von allen störenden Nebeneffekten, wie sie in der Alltagsrealität vorhanden sind, bestimmte Zusammenhänge, kausale Verknüpfungen usw. nachweisen. Dagegen berufen sich qualitative Verfahren auf der Erkenntnis der Sozialwissenschaften, daß menschliche Wirklichkeit [...] vielfältig und komplex wird." (Schön 1970: 20) Drittens, *Einzelfall oder repräsentative Stichprobe*: "Die Einzelfallorientierung qualitativer Forschung ist ein weiteres oft implizites Merkmal ihres Wissenschaftsverständnisses [...]. Einzig das Modell einer kontrollierten Stichprobenziehung und die quantitative Analyse dieser repräsentativen Stichprobe ermöglichten fundierte Aussagen über die entsprechende Grundgesamtheit." (ebd.:18)

Aufgrund der Erkenntnis, daß sowohl die quantitative als auch die qualitative Analyse in ihrer reinen Form Schwächen aufweisen und eine sinnvolle Verschmelzung beider Techniken umfassendere, differenziertere und aussagekräftigere Er-

---

[132] Vgl. auch zur Ansätze qualitativer Analyse, Mayring (1992: 11-41).

[133] Zur Meß-Skala in der empirischen Sozialforschung s. Kromrey (1995: 171-179).

gebnisse garantiert, müssen beide Verfahren kombiniert werden.[134] Die Zahlen aus quantitativer Analyse sprechen niemals für sich selbst, sie müssen immer an ihren Ausgangspunkt rückgeführt werden und interpretiert werden, um eine Bedeutung herauszulesen. Auch ohne einen quantitativen Schritt werden reine qualitative Analyse immer wieder mit dem Argument mangelnder Begründung zur Einschätzung des untersuchten Materials abgeblockt. "Von der Qualität zur Quantität und wieder zur Qualität. Diese drei Phasen im Forschungsprozeß lassen sich schematisch darstellen." (s. Abb. 4; ebd.: 19)

Abb. 4 : Phasenmodell zum Verhältnis qualitativer und quantitativer Analyse

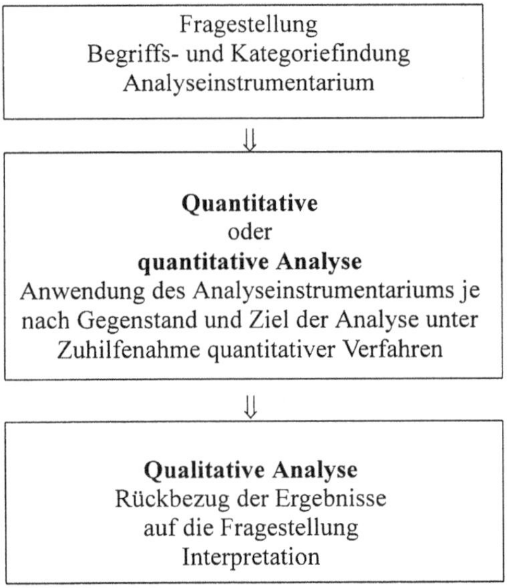

Quelle: : Mayring (1990: 13)

Die vorliegende Arbeit enthält sowohl die quantitative Analyse als die qualitative Analyse, um den Gefahr zu vermeiden, daß einseitiges sich verlassen auf quantitative Inhaltsanalyse zu einer Vernachlässigung qualitativer Untersuchungen führen könnte. Als erstes wird die quantitative Analyse nach dem Codebuch durchgeführt, das aus 33 Dimensionen gebildet wird. Bei der qualitativen Analyse werden alle kommentierten Berichterstattungen als Objekt der Untersuchung berücksichtigt. Um das Thematisierungsmuster zu darzustellen, wird die qualitative Annäherung nach folgenden vier

[134] Zur Beispiele der Zusammenfügung qualitativer und quantitativer Methoden s. Villar / Marcelo (1992: 177-218).

Typen durchgeführt.[135]

- Handlungsaspekte der graphischen Darstellung
- Struktur der Überschriften
- Einleitungsstruktur
- Thematische Entfaltungsmuster

5.2. Fragestellung zur Untersuchung

Um das Forschungsziel zu erreichen, werden folgende Einzelfragen untersucht.

1. Welche Themenstruktur von Nachrichten über Korea wird vornehmlich in Zeitungen des deutschsprachigen Raumes vorgefunden ?
2. Verschieben sich die inhaltlichen Strukturen vermittelter Informationen zwischen verschiedenen Untersuchungszeitpunkten ?
3. Verschieben sich die inhaltlichen Strukturen vermittelter Informationen bei den drei untersuchten deutschsprachigen Zeitungen ?
4. Lassen sich Verschiebungen in Bezug auf die angewandten Darstellungsformen zwischen verschiedenen Untersuchungszeitpunkten feststellen?
5. Lassen sich Verschiebungen in Bezug auf die angewandten Darstellungsformen zwischen den drei deutschsprachigen Zeitungen feststellen?
6. Lassen sich Verschiebungen in Bezug auf die Berichterstattung über Südkorea und Nordkorea feststellen?

5.3. Untersuchungsobjekte

Zur Beantwortung der forschungsrelevanten Fragen werden die Nachrichten über Korea in drei überregionalen Tageszeitungen aus dem deutschsprachigen Raum empirisch untersucht, nämlich der *'**Frankfurter Allgemeine Zeitung (FAZ)**'* für Deutschland, der *'**Neue Zürcher Zeitung (NZZ)**'* für die Schweiz sowie *'**Die Presse (DP)**'* für Österreich. Sie wurden aus folgenden Gründen ausgewählt: Erstens, sie werden im allgemeinen als Prestige-Zeitungen (Qualitätszeitung) mit einem hohen Niveau des Journalismus angesehen. Zweitens, sie sind deshalb Meinungsführer für die Journalisten anderer Tageszeitungen und anderer Medien und des Leser(-kreises) geworden. Drittens, sie sind einander ähnlich in ihren redaktionellen Neigungen, die

[135] Im Rahmen der Sprachhandlungstheorie sind die allgemeinen und speziellen Handlungsvoraussetzungen der Handlungsbeteiligten behandelt worden. Aus diesen Darlegung von Sprachhandlungstheorie geht es: Pressetexte als Resultat bzw. kognitive Konstrukte sprachlicher Handlungsmuster des Textautors (=Autorintentionen) gegenüber dem Leser(-kreis) (=Lesererwartungen) zu beschreiben. Die in dieser Untersuchung verwendeten vier Typen lehnen sich grundsätzlich an Pearle an. Pearle geht dabei von einer explizierten Formulierung aus und faßt dann die Regeln (Aufrichtigkeitsbedingungen) in vier Typen zusammen: Regeln des propositionalen Gehalts, Einleitungsregeln, Regeln der Aufrichtigkeit und wesentliche Regeln, die den Kern der betreffenden Sprachhandlung enthalten. Die vier Untersuchungsmuster sind wesentlich. (vgl. Searle 1969/71: 84ff.)

als 'gemäßigt konservativ' beschrieben werden können.

5.3.1. Frankfurter Allgemeine Zeitung

Die Frankfurter Allgemeine Zeitung kann nur eingeschränkt als eine Fortführung der traditionsreichen Frankfurter Zeitung angesehen werden. An deren Anfang stand der ab dem 21. 7. 1856 erschienene "Frankfurter Geschäftsbericht", dessen Nachfolge am 27. 8. 1856 die "Frankfurter Handelszeitung" antrat. Diese war zunächst als Wirtschaftszeitung gegründet worden, verlagerte ihr Interesse aber schon bald mehr in Richtung Politik. Am 1.9.1859 wurde ihr Name in "Neue Frankfurter Zeitung" umgeändert. Diese orientierte sich stark an der Politik der Liberalen Deutschen Fortschrittspartei, welche in der Arbeiterfrage in starkem Gegensatz zu Lassalle stand. Am 16.11.1866 wurde die Zeitung in "Frankfurter Zeitung und Handelsblatt" umbenannt, deren eines ihrer Ziele unter dem maßgeblichen linksliberalen Einfluß von Leopold Sonnemann die Bekämpfung der preußischen und später Bismarckschen Reichspolitik war. Die Zeitung selbst sollte nach den Wünschen Sonnemanns ein großes Nachrichtenblatt werden, daß internationalen Ansprüchen genügen sollte. Da seit den neunziger Jahren des letzten Jahrhunderts das Korrespondentennetz ständig ausgebaut wurde, erreichte die "Frankfurter Zeitung", wie sie kurz genannt wurde, schon bald internationale Reputation. Einen Höhepunkt in ihrer Wirksamkeit erreichte die "Frankfurter Zeitung" während der Weimarer Republik. Sie galt als eine weitgehend unabhängige liberale Zeitung, welche in zahlreichen Artikeln und Artikelserien sowohl den rechten als auch den linken Extremismus bekämpfte. Zu Beginn des Dritten Reiches wurden die Eigentümer von den Nationalsozialisten gezwungen, ihre Anteile zu verkaufen, um deren Einfluß zu beseitigen. Viele Mitarbeiter der "Frankfurter Zeitung" zogen sich in eine Art innere Emigration zurück, fanden aber trotzdem noch Gelegenheiten, Formen des Widerstandes zu entwickeln, weshalb am 18.8.1943 die Zeitung offiziell verboten wurde.

Ein Teil der ehemaligen Mitarbeiter fanden sich nach dem Krieg zusammen und gründeten am 24.12.1945 die Zeitschrift "Die Gegenwart". Wegen des durch die Alliierten ausgesprochenen Verbots aller während des Dritten Reichs erschienenen Zeitungen durfte die "Frankfurter Zeitung" nicht neu begründete werden. Mit dem Ziel, eine überregionale Zeitung zu schaffen, entwickelte sich aus der lokalen Mainzer "Allgemeine Zeitung" die Hauptausgabe "Allgemeine Zeitung mit Wirtschaftsblatt", zu deren Mitarbeitern etliche der alten "Frankfurter Zeitung" gehörten.

Nach der Befreiung der Presse von den Auflagen der Alliierten im Jahr 1949 verkündete die Redaktion der "Allgemeine Zeitung mit Wirtschaftsblatt" am 31.10.1949, daß sie ab dem 1.11.1949 unter dem neuen Namen "Frankfurter Allgemeine Zeitung" in Zukunft erscheinen würde. Die Redaktion fühlte sich zwar der Qualität der alten "Frankfurter Zeitung" verpflichtet, sah aber ihre Zeitung nicht als ein Nachfolgeblatt an und setzte eigene neue Schwerpunkte. Diese waren die Verpflichtung zur wahrheitsgemäßen streng sachlichen Berichterstattung, Gerechtigkeit gegenüber Andersmeinenden, Aufzeigen auch der geistigen Hintergründe, das Ansprechen der denkbereiten Mitglieder breiter Schichten auf hohem Niveau sowie die Erzeugung von neuem Vertrauen der Welt gegenüber Deutschland und das Vertreten deutscher Anliegen in der Welt. Auch sollte stets für alle Deutschen gewirkt und gesprochen werden, unabhängig von deren jeweiligen Aufenthaltsort.

Die zwischen den Herausgebern geschlossene Gesellschaftsvertrag verpflichtete diese, die "FAZ" in voller Unabhängigkeit von Regierungen, Parteien und Interessengruppen auf freiheitlich-staatsbürgerlicher Grundlage zu führen. Statt eines Chefredakteurs bestimmen die Herausgeber die politischen, wirtschaftlichen und kulturellen Richtlinien der Redaktion.

Bereits 1964 umfaßte der feste Mitarbeiterstab inklusive der Herausgeber 140 publizistische Persönlichkeiten. Es gab Redaktionsbüros in Berlin, Bonn, Düsseldorf, Hamburg, Hannover, Köln, München und Stuttgart sowie in London, Paris, New York, Brüssel, Rom und Wien. 450 Journalisten arbeiteten als regelmäßige Mitarbeiter an verschiedenen Orten im In- und Ausland. Mehr als 500 Spezialisten, Referenten und Rezensenten standen mit Beiträgen aus ihren Fachgebieten zur Verfügung. Sowohl national als auch international erwarb sich die "FAZ" in 101 Ländern der Welt verbreitet. Von der damaligen Auflage in Höhe von 282,000 Exemplaren entfielen auf den Auslandvertrieb mehr als 20,000.

Die Gestaltung der Zeitung ist schlicht und erscheint Kritikern antiqiert. Bis Ende 1965 erschien sie fünfspaltig und anschließend sechsspaltig. In ihrem Selbstverständnis betrachtet sie sich als "Vehikel von Informationen", das sich durch ein ruhiges Äußeres auszeichnet, "optischen Lärm" vermeidet und großen Wert legt auf gute Lesbarkeit. Qualität hat Vorrang vor Quantität. Die Beiträge der großen Zahl an verschiedenen Spezialisten bieten den meisten Lesern diese ansprechende Fachbeiträge.

Politisch wurde die vom früheren Bundeskanzler Adenauer eingeleitete, nach Westen orientierte Politik von den Herausgebern der "FAZ" wesentlich unterstützt, wobei einzelne Herausgeber durchaus abweichende Standpunkte vertraten, weshalb Adenauer mehrmals versuchte, auf die Berichterstattung Einfluß zunehmen, was zum Ausscheiden des Mitglieds Paul Sethe führte. Dies führte zu einer schweren Prestigeeinbuße der FAZ. Durch qualitative Analysen wurde gezeigt, daß die "FAZ" allgemein kritisch ist mit Tendenz zur CDU.

5.3.2. Neue Zürcher Zeitung

Die "Neue Zürcher Zeitung" wurde gegründet von dem damals in ganz Europa berühmten Maler und Dichter Solomon Gessner, zu dessen Freunden auch Goethe zählte, und erschien 1780 zum ersten Mal. Wesentliche Beiträge zu ihrem politischen Profil kamen vom prominenten Schweizer Politiker und Vorkämpfer des Liberalismus Paul Usteri, aus dessen Gedankengut 1848 der schweizerische Bundesstaat entstand, einem frühen freiheitlich demokratischen Rechtsstaat.

Nicht nur Führungskräfte aus Politik, Wirtschaft, Wissenschaft und Kultur sollten angesprochen und informiert werden über neue Entwicklungen und Ergebnisse aus den verschiedensten Fachgebieten. Zielpublikum war eine Leserschaft aus der gesamten Bevölkerung, bei der ein intellektuelles Niveau vorausgesetzt wurde.

Bis in die Gegenwart folgt die NZZ ohne Bruch ihrem Credo des freiheitlich-demokratischen Rechtsstaates und ihrem liberalen Profil. Dieses behauptete sie auch in den Auseinandersetzungen mit den totalitären linken und rechten Ideologien dieses

Jahrhunderts, weshalb sie in den totalitär beherrschten Staaten zeitweise verboten wurde. Erleichtert wurde die Aufrechterhaltung der Anfangsideale der NZZ, daß ihr Mutterland, die Schweiz, in den großen Krisen dieses Jahrhunderts neutral blieb.

Bis heute hat sich das Zielpublikum der NZZ nicht geändert, jedoch veränderten sich Ihre Zielschwerpunkte auch in Richtung von mehr internationaler Berichterstattung. Bereits um die Jahrhundertwende wurde ein eigener Stab zur Informationsbeschaffung aufgebaut, der heute international präsent ist. Außerhalb der Schweiz arbeiten heute etwa vierzig meist festangestellte Mitarbeiter, einige zeitweise festangestellte und viele gelegentliche Mitarbeiter. Für die Redaktion arbeiten etwa 90 Mitarbeiter und in der Schweiz werden zwanzig Korrespondenten beschäftigt. Vor Antritt ihrer Stelle bei der NZZ waren die meisten Mitarbeiter bereits vertraut mit ihren Themengebieten, so daß hierdurch ein hohes Niveau bei der Fachberichterstattung gewährleistet werden kann.

Ein Schwerpunkt der journalistischen Arbeit der NZZ ist heute, daß nicht allein die Fakten berichtet werden, sondern daß diese vertieft, kommentiert und in größere Zusammenhänge hineingestellt werden. Hinzu kommen das Aufzeigen und die Analyse der Hintergründe und möglichen Auswirkungen des letzten großen totalitären Systems in Europa, der Sowjetunion, auf eine liberale. menschenrechts- und wettbewerbsfreundliche Orientierung bei der Neugestaltung der Weltverhältnisse gelegt.

Zur Ergänzung der Berichterstattung in der Tageszeitung wird seit Mitte 1991 das Monatsmagazin "Folio" herausgegeben, welches aktuelle und hintergründig aktuelle Themenschwerpunkte aufgreift und auch bei Frauen und jüngeren Lesern beliebt ist.

Die NZZ hatte Mitte der siebziger Jahre eine Gesamtauflage von knapp 100,000 Exemplaren, welche auf heute etwa 160,000 stieg, wobei die internationale Auflage etwa 23,000 umfaßt. Der Umfang jeder Ausgabe liegt zwischen 25 und 40m Textseiten täglich. Jede Ausgabe des "Folio" wird regelmäßig von etwa 500,000 Lesern gelesen.

In Übereinstimmung mit dem Ziel einer anspruchsvollen Information der Kunden hat die NZZ sich bis heute ihre konservative Aufmachung erhalten, was sie mir anderen Zeitungen mit gehobenem Niveau und ähnlichen Zielpublikum wie der "FAZ", "Le Monde", der "New York Times" u.a. gemeinsam hat. Es wird auf "Schlagzeilen" und auf die Betonung der äußeren graphischen Form verzichtet, da für die Redaktion nur die Inhalte und die Sprache wesentlich sind.

Neben der papiergebundenen Berichterstattung werden Themen der NZZ seit September 1993 auch in eigenen Fernsehsendungen zusammen mit Partnern wie der DTCP oder der Presse TV AG produziert und ausgestrahlt. Seit 1993 werden die Texte der NZZ auf Online-Datenbanken angeboten und seit 1995 sind sie auch im Internet abrufbar.

5.3.3. Die Presse

Die erste Ausgabe der "Presse" erschien am 3. 7. 1948 zu einer Zeit, als in der Folge politischem Umsturzes der Kaiser vor der Revolution nach Innsbruck geflohen war und wurde herausgegeben von der schillerndern Persönlichkeit des August Zang. Dieser beabsichtigte nach dem Vorbild des französischen Zeitungsköniges Emile de

Girardin, der "La Presse" begründet hatte, reich zu werden.

Die "Presse" hatte eine vornehme Aufmachung, die sie von den meisten Zeitungsgründungen jener Zeit unterschied. Sie bekannte sich zu den Idealen der Märzrevolution, zu den Prinzipien der Demokratie, zu Freiheit, und Fortschritt, zu gleichem Recht für alle, vermied es aber, im Stil anderer Blätter radikale Forderungen zu stellen. Politisch orientierte sich "Die Presse" an der konservativ-liberalen Partei und erreichte Spitzenauflagen von 15,000 Exemplaren. Nach der Niederschlagung der Revolution und trotz der einsetzenden Einschränkungen der Pressefreiheit versuchte "Die Presse" ihre Linie durch vorsichtige Kritik an den herrschenden Verhältnissen zu verteidigen, was aber Ende 1849 zu ihrem Verbot in Wien führte. Der Herausgeber Zang verlagerte Redaktion und Verlag rasch nach Brünn, wo das Verbot nicht galt. Dort jedoch wurde die Zeitung im Dezember 1850 ebenfalls verboten. Nach intensiven Verhandlungen mit den Regierungsstellen gelang es Zang eine Wiederzulassung der "Presse" in Wien zu erreichen.

Diese "Presse" hatte aber mit ihrer Vorgängerin nur den Namen gemeinsam. In der Außenpolitik verfolgte sie eine eigenständige Linie. Unterschiedliche Auffassungen zwischen dem Autoritär führenden Zang und seinen beiden Chefredakteuren Etienne und Friedländer führten schließlich zum Bruch. Beide brachten bereits ab dem 1.9.1864 das Konkurrenzorgan "Neue Freie Presse" heraus und betonten hierbei die Kontinuität zur "Presse". Die politische Linie blieb die gleiche wie sie Etienne und Freiländer bereits 1848 vertraten: die eines gemäßigten Liberalismus. Schnell entwickelte sich die "Freie Neue Presse" zu einem Weltblatt, dessen Auflage bereits 187 335 000 Exemplare betrug, von denen zehn Prozent ins Ausland gingen. Zu dieser Zeit beschäftigte die Zeitung ständig 500 bis 600 Mitarbeiter, darunter 40 bis 50 interne Redaktionsmitglieder, 80 bis 100 Korrespondenten im Ausland sowie 100 bis 120 Inlandskorrespondenten.

Bis Ende des neunzehnten Jahrhunderts entwickelte sich die "Neue Freie Presse" zu dem führenden und einzigen österreichischen Blatt mit Weltgeltung. Bis zu Beginn des ersten Weltkrieges stieg die Tagesauflage auf 112,000 Exemplare, von denen etwa 25% ins Ausland gingen. Nach der Niederlage wurde die Donaumonarchie zerschlagen und die "Neue Freie Presse" verlor einen großen Teil ihrer Leser. Diese konnte jedoch innerhalb der neuen Republik ihre Bedeutung wahren und weiterhin schrieben bedeutende Autoren für sie. Nach dem Anschluß Österreichs an das Dritte Reich geschah rasch die Gleichschaltung. Bis zum 31.Januar 1939 erschien das Blatt, bevor es verboten wurde. Die Nationalsozialisten vernichteten sowohl das Archiv als auch die Druckerei und einige Redakteure begingen Selbstmord.

Der vor den Nazis nach Schweden emigrierte ehemalige stellvertretende Chefredakteuer Ernst Molden gab bereits am 26.1.1946 eine Nachfolgezeitung, die zunächst wöchentlich publizierte "Presse", heraus. Als Eigentümer zeichneten außer Molden fünf Gesellschaften aus den Reihen der Industrie und Großenbanken. Bereits während der ersten Monate erreicht die "Presse" Auflagen von bis zu 80,000 Exemplaren. Schwerpunkte der redaktionellen Arbeit waren neben den Idealen der "Neue Freie Presse" das Erreichen des alten intellektuellen Niveaus der "Neue Freie Presse", die Stärkung aller aufbauwilligen Kräfte, und die Wiederaufnahme von Kontakten mit der Außenwelt nach Jahren der Isolation unter dem Nationalsozialismus.

Schon bald nahmen die außenpolitischen Leitartikel und Berichte einen hervorragenden Platz ein. Unter Fritz Molden ermöglichen die ständig steigenden Leser- und Interessenzahlen es, schrittweise ein globales Korrespondentennetz auszubauen.

Die "Presse" verfolgt seit den fünfziger Jahren einen betont wirtschaftsliberalen Kurs, der Kritiker von einem "Sprachrohr gewisser Großbanken und der Industrie" sprechen ließ. Anfang 1960 gelang es Fritz Molden alle Anteile der "Presse" in seiner Hand zu vereinigen. Mit Beginn des Jahres 1961 wurde die "Presse" modernisiert. Das relativ kleine Zeitungsformat wurde beibehalten und man ging von der vierspaltigen auf die fünfspaltige Aufmachung über. Der Leitartikel rückte von der ersten Seite auf die dritte und der außenpolitische und der Kulturteil wurden ausgebaut, wodurch das Prestige erhöht wurde.

Im Oktober 1961 wurde die "Presse" von Molden an die ÖVP-nahe Internationale Werbegesellschaft mit der vertraglich fixierten Auflage, sie weiterhin als eine unabhängige Zeitung herauszugeben, verkauft. Ab dem 1.1.1963 erschien die Zeitung im repräsentativen Großformat der übrigen europäischen Weltpresse und ging vom fünfspaltigen zum sechsspaltigen Druck über. 1985 wurde die "Presse" als erste Tageszeitung Europas auf elektronischen Ganzseitenumbruch mit Datenfernübertragung in die Druckerei umgestellt. In den neunziger Jahren übernahm der Styria-Verlag die Mehrheit der Anteile an der Zeitung und im Juni 1994 wird die "Presse" auf das etwas kleinere Berliner Format umgestellt.

5.4. Der Untersuchungszeitraum

Der Zeitraum für die Untersuchung umfaßt die Jahre 1960, 1964, 1968, 1972, 1976, 1980, 1984, 1988 und 1992, wobei zur Sicherung der Verläßlichkeit alle Nachrichten des jeweiligen Jahres berücksichtigt werden. Für diesen Untersuchungszeitraum sprechen mehrere Gründe. Zum einen markieren die 60er Jahre den Anfang der wirtschaftlichen Entwicklung in Korea, die mit den '*Fünfjahresplänen für wirtschaftliche Entwicklung*' begann. Aus diesem Anlaß zog Korea das allgemeine Interesse der Völkergemeinschaft auf sich; in den ausländischen Zeitungen wurde häufig darüber berichtet. Zum anderen ermöglicht dieser Zeitraum zumindest teilweise, Verschiebungen der Thematisierungsstruktur der untersuchten Zeitungen zu erläutern. Vor allem aus ökonomischen Gründen ist es unmöglich, ***alle*** Beiträge der einschlägigen Jahre zu untersuchen, da es hier darum geht, einen Querschnitt der allgemeinen Koreaberichterstattung in den Zeitungen zu untersuchen und Themenkarrieren zu verfolgen.

5. 5. Untersuchungseinheiten

Als Untersuchungseinheit, die jeweils Gegenstand der Zuordnung zu den verschiedenen Kategorien sind, gelten alle Nachrichtenbeiträge in den untersuchten Zeitungen. Ein Beitrag ist ein redaktionell bearbeiteter Text. Untersucht wurden jeweils die am Erscheinungsort werktäglich herausgegebenen und die Sonntagsausgaben der drei Zeitungen. Zu den Untersuchungs- bzw. Kodiereinheiten werden alle journalistische Darstellungsformen, also Nachrichten, Berichte, Reportagen, Kommentare, Glossen und andere Meinungsformen gezählt. Nicht codiert werden jeweils Anzeigen, Romane, Witze, Leserbriefe und Pressestimmen. (Öffentlich oder amtliche Bekanntmachungen, Supplemente und Zeitungsbeilagen blieben unberücksichtigt). Bilder ohne Bildunterschriften und Karikaturen zählen nicht als Beitrag. Fortsetzungen sind keine eigenen Beiträge, auch wenn sie eine eigene Überschrift haben.

Alle analysierten Artikel mußten einen deutlich erkennbaren Bezug zu Nord- und Südkorea aufweisen. Auf diese Weise wurden Untersuchungseinheiten ermittelt, die mit Hilfe eines Kategoriesystems untersucht wurden.

5.6. Kategorien

Die Kategorien bestimmen, welche Struktur von Mitteilungen untersucht werden, und wie das geschehen soll. (vgl. Schulz 1997: 41-63; vgl. auch Merten 1983) Das Codebuch ist im Anhang dokumentiert und soll hier lediglich in seinem Grundzügen erläutert werden. (vgl. das Codebuch in Anhang 8.2.) Die hier durchgeführte Inhaltsanalyse besteht im wesentlichen aus zwei Teilen; diese sind erstens formale Struktur und zweitens inhaltliche Struktur. In der formalen Struktur ist die technische Struktur enthalten, die im Zusammenhang mit der Klassifikation der untersuchten Beiträge steht, wie die Nummer des Zeitungsartikels, das Erscheinungsdatum und die Identifikation der Zeitung. Die Kategorie formale Struktur bezieht sich auf äußerliche Eigenschaften, wie die Aktualität, den Umfang und die Plazierung der Beiträge. Aus den formalen Beitragsmerkmalen wurde ein Index berechnet, der den Beachtungsgrad eines Beitrags beschreibt. Der Beachtungsgrad setzt sich aus der Gestaltungsauffälligkeit (Summe der Variablen Ankündigung, grafische Auffälligkeiten und Illustration) und der zugewiesenen Wichtigkeit (Plazierung und Umfang). Die Kategorie inhaltliche Struktur bezieht sich auf die Kriterien, die bezüglich des Nachrichtenflusses allgemein bekannt sind, wie Frequenz, Schwellenfaktor und Eindeutigkeit der Nachricht, und welche sich auf die konkreten Inhalte der Nachrichten beziehen. Jede Meldung kann in jeder Kategorie nur einmal kodiert werden, jedoch muß jede Nachricht in jeder Kategorie einmal zugeordnet werden. Sie muß zumindest als Leerkategorie (als 0 oder 00) auftauchen. Teilweise wäre eine Mehrfachwahl möglich.

In Bezug auf die ***technische Struktur*** bestehen Kategorien aus
- Nummer des Zeitungsartikels,
- Erscheinungsdatum des Zeitungsartikels,
- Identifikation der Zeitung.

In Bezug auf die ***formelle Struktur*** sind Kategorien
- Präsentationsform des Beitrags,
- Teil oder Rubrik des Zeitungsartikels,
- Darstellungsform,
- Betonungstyp des Zeitungsartikels,
- Anlaß der Berichterstattung,
- Länge des Zeitungsartikels,
- Beachtungsausmaß,

- Verfassertyp des Zeitungsartikels,
- Übereinstimmung zwischen Ereignisort und Herkunft der Berichterstattung.

Und in Bezug auf die ***inhaltliche Struktur*** werden die Kategorien aus
- Bezug der Berichterstattung,
- Inhaltsbereich des Zeitungsartikels,
- Hauptgewicht der Berichterstattung,
- Sensationsgehalt der Berichterstattung,
- Aktualität der Berichterstattung,
- Widersprüche oder Inkongruenzen zwischen Artikel und Überschrift,
- Hauptakteur / Handlungsträger,
- Handlungsanweisung,
- Thema des Zeitungsartikels,
- Wirkungskreis des Themas,
- Anzahl der Toten / Verletzten,
- Reichweite,
- Überraschungswert des Ereignisses,
- Prominenz,
- Personalisierung,
- Sachlichkeit,
- Vollständigkeit der Berichterstattung,
- Bewertung der Berichterstattung,
- Typen der negativen Bewertung,
- Typen der positiven Bewertung zusammengesetzt.

5.7. Reliabilitätstest

Vor der Nutzung einer Forschungsmethode müssen die Verläßlichkeit und Gültigkeit der Forschungsmethode eingeschätzt werden[136]. 'Verläßlichkeit' bedeutet die Genauigkeit der Messung. Die Verläßlichkeit der Messung hängt sowohl von der objektiven Gültigkeit des Kodebuchs als auch von den Einstellungen und Fähigkeiten der Kodierer ab.[137] Die Codierung erstreckte sich über die Monate August, September und Oktober 1998. Für diese Untersuchung wurde insgesamt 1384 Berichte kodiert, dabei kamen mehrere Kodierer zum Einsatz. Somit war es notwendig, die Kodierübereinstimmung durch einen *Reliabilitätstest* zu testen.

[136] Als Zuverlässsigkeitskriterien wurden von Krippendorff z.B. Stabilität, Wiederholbarkeit und Genauigkeit vorgeschlagen. (vgl. Krippendorff 190) Als ein zentrales Problem der Inhaltsanalyse hebt Dreier die im Prozeß der Datenreduktion stattfindende Klassifikation hervor. "Es ist zu fragen, inwieweit solche Klassifikationen letztendlich konsistent und zuverlässig sind. Fehlerquellen bei Klassifikation können insbesondere die Mehrdeutigkeit von Begriffen sein, aber auch die Mehrdeutigkeit von Definitionen der Kategorien." (Dreier 1994: 127)

[137] "Es ist zu unterscheiden zwischen bei idealen Auswertern maximal erreichbarer und bei der Durchführung der Untersuchung im Durchschnitt faktisch erreichter Zuverlässigkeit. Erstens hängt von der Schwierigkeit der Texte und der Angemessenheit der Kategoriensysteme ab, letztere zusätzlich von Einstellungen und Fähigkeiten der Kodierer und Umständen der Auswertungsarbeit." (Liebhart 1971: 19)

In einem letzten Reliabilitätstest wurden alle Programme des System Journalismus sowie formale Variablen getestet. Hierzu wurden 10 Kodierern 5 Beiträge einer Zeitung aus der Zeit vom 20. Okt. bis zum 27. Okt. vorgelegt, die sie anhand des Kategoriensystems kodieren sollten. Der Reliabilitätskoeffizient[138] wurde errechnet, indem die doppelte Anzahl der übereinstimmenden Codierungen durch die Summe der Kodierungen beider Kodierer geteilt wurde. (vgl. Früh 1991: 170) Die Ergebnisse des Reliabilitätstests sind insgesamt als durchaus zufriedenstellend zu betrachten. Die formalen Variablen wiesen einen durchschnittlichen Reliabilitätskoeffizienten von 0.88 auf. Bei den Kategorien variierte der Reliabilitätskoeffizient zwischen 0.58 (Dimension 30) und 0.98 (Dimension 24). Es ergab sich ein Durchschnitt von 0.76. Der Themenbereich wurde mit 69-prozentiger Übereinstimmung erfaßt.

[138] Eine hohe Übereinstimmung zweier Kodierer hieße, daß im Nenner und Zähler die gleiche Zahl stünde, das Ergebnis also 1 wäre. 10 Übereinstimmungen bedeuten also, daß die Hälfte aller Codierung übereinstimmten, der Koeffizient wäre 0,5. Der Reliabilitätskoeffizient variiert so zwischen 0 und 1.

6. Ergebnisse der Untersuchung

In einem Schritt, wie in den anderen statistischen Analysen, soll in dieser Untersuchung zunächst gesamte ausgewertete Nachrichtenmaterial hinsichtlich einiger wichtiger formaler und inhaltlicher Merkmale charakterisiert werden. Zur Darstellung der Resultate der Untersuchung ist das Kapitel 6 aus zwei Teilen zusammensetzt: Formale Strukturmuster und Inhaltliche Merkmale.

6.1. Formelle Strukturmuster

Es handelt sich hierbei um die Untersuchung der formellen Einbindungs- und graphische Präsentationsmöglichkeit journalistischer Beiträge. Die Aufmachung jedes journalistischen Beitrags ist ein wichtiger Träger journalistischer Produktionshandlungen. Die Aufmachung ist „ein Mittel der politischen Willensbildung ganz besonderer Art und eine Technik, dem Leser in der von der Redaktion (subjektiv) gesehenen Rangordnung die Nachrichten praktisch und anschaulich nahezubringen." (Dovifat / Wilke 1976: 132) Auf Grund der Formulierung von Bucher könnten die berichtspezifischen Aufmachungshandlungen in der Pressekommunikation noch weitreichender verstanden werden.

> „Die Präsentationsformen umfassen Handlungsmöglichkeiten, die den pressespezifischen Charakter des Berichtens ausmachen und insofern die Presseberichterstattung von anderen Formen medialen Berichtens unterscheiden. Dazu gehören beispielsweise die Schlagzeile, also eine besondere Form der Berichterstattung, der Lead als Kurzmeldung des zu berichtenden, die Inhaltsübersicht, die Querverweise und der redaktionelle Vorspann als Orientierungshilfen für Zusammenhänge zwischen einzelnen Beiträgen, Kurzformen von Orts-, Zeit-, Verfasser-, und Agenturangaben in der Einleitung eines Beitrags, Ressort- und Textsortenangaben usw. Typische Präsentationsmittel für das Berichten im Medium Zeitung sind die druckgraphischen Hervorhebung durch Schriftsatz, Unterstreichungen, Einrahmungen, Rubrikenembleme und –Kennzeichnungen, die Plazierung eines Beitrags im Umbruch der Zeitungsseite, die Umläufertechnik und die Ressort-Einleitung jeder Ausgabe einer Zeitung." (Ebd.: 15f.)

6.1.1. Identifikation der Untersuchungsobjekte

Bei der prozentualen Darstellung der Anzahl ausgewerteten Beiträge in den untersuchten Zeitungen im Zeitraum von 1960 bis 1992 wurde festgestellt, daß grundsätzlich gleiche Trends zu beobachten sind. Bei allen Zeitungen steigt bzw. fällt die Zahl der Beiträge in den gleichen Zeiträumen. Im Olympiajahr 1988 allerdings weisen die FAZ und die DP eine deutlich gegenüber den anderen Zeiträumen erhöhte Zahl von Beiträgen auf, während die NZZ dieser Jahr nicht besonders wertet.

Da jedoch die NZZ im untersuchten Zeitraum mit Abstand die meisten Beiträge lieferte, liegt sie bezüglich der absoluten Zahlen fast ausnahmslos immer an der Spitze mit insgesamt 658 Beiträgen, gefolgt von der FAZ mit 439 und der DP mit 286 Beiträgen.

Tab. 5: **Anzahl der ausgewerteten Beiträge in FAZ, NZZ und DP**

	FAZ		NZZ		DP	
	abs.	in %	abs.	in %	abs.	in %
1960	49	1,2	111	16,9	22	7,7
1964	16	3,6	30	4,6	3	1,0
1968	76	17,3	104	15,8	39	13,6
1972	55	12,5	52	7,9	32	11,1
1976	23	5,2	39	5,9	15	5,2
1980	49	11,2	105	16,0	35	12,2
1984	34	7,7	58	8,8	20	7,0
1988	91	20,7	110	16,7	75	26,1
1992	46	10,5	49	7,4	46	16,0
Summe	439	100,0	658	100,0	286	100,0

Abb. 5: **Wandel der Beitragsanzahl in FAZ, NZZ und DP**

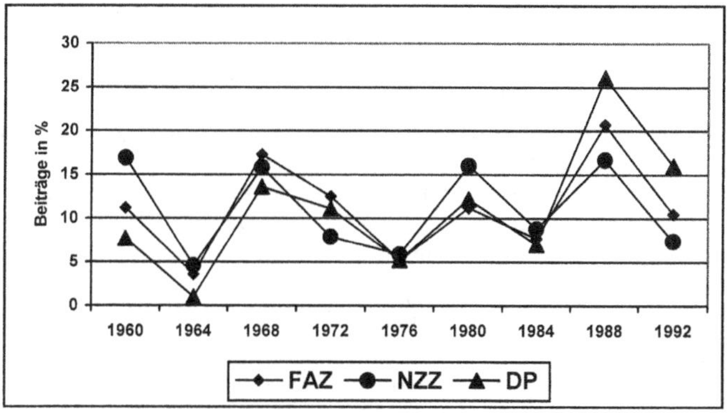

6.1.2. Die graphischen Darstellungsformen

In Pressetexten erscheinen zusätzlich unregelmäßig visuelle Präsentationensformen, nämlich graphische/emblematische Darstellungen, Karikaturen, Bilder und Photos, als Elemente textkonstitutiven kommunikativen Handelns. Obwohl die meisten der bisherigen Pressetextanalysen von den wesentlichen Funktionen dieser visuellen Bilder oder Präsentationsformen abgesehen haben, tragen diese visuellen Präsentationsformen in hohem Maße zum wirkungsvollen Textverständnis bei und geben Aufschluß über die fokussierte Verfasserperspektive gegenüber dem Textthema. Bei Pressetexten über das Ausland wirken die visuellen Darstellungsformen wie Bilder und Photos in höherem Maße auf das Textverständnis, und dies um so mehr, wenn nur visuelle Darstellungsformen ohne Texte präsentiert werden. Textleser werden leicht aus den bruchstückhaften und einmaligen visuellen Darstellungsformen die ganze Wirklichkeit des Objektlandes ableiten.

In diesem Sinne kann das Bild/Photo alltagsverständlich als eine optische Abbildung, Nachbildung visuell wahrnehmbarer Wirklichkeit angesehen werden. Im ersten Schritt der statistischen Analyse soll zunächst das insgesamt ausgewertete Nachrichtenmaterial zusammenfassend skizziert werden. Tabelle 5 zeigt die Anzahl der ausgewerteten Beiträge in FAZ, NZZ und DP nach Jahren. Bei dieser Untersuchung wurden insgesamt 1,384 Beiträge ausgewertet.
züglich nahm Lee zwei wesentliche Verstehensvoraussetzung als Sachverhaltenswissen an:

> -Alle ikonische-visuelle Wahrnehmung ist subjektiv bzw. zielgerichtet selektiv. Das bedeutet: Bestimmung Einzelheiten und bestimmte Aspekte der selektierten Wirklichkeitseinzelheiten werden immer FÜR-WAHR-GENOMMEN.
> -Alle ikonisch-visuelle Wahrnehmung ist Interpretation. Sie ist durch Handlungsmuster, d.h. etwa durch individuelle, sozio-kulturell vermittelte und kontrollierte Verstehensvoraussetzungen (im Sinne von Alltagswissen) BEWUSST oder UNBEWUSST ENTWICKELT worden. Anders formuliert: Unsere sozio-kulturellen Erwartungen, Motivationen, Wissen u.a. als informative Verstehensvoraussetzungen BEEINFLUSSEN bzw. STEUERN den Wahrnehmungs- bzw. Verstehensprozeß. In diesem Prozeß werden Einzelheiten und Aspekte optisch wahrnehmbarer Wirklichkeit zu subjektiver, sozialer kontrollierter UMGEFORMT. (Lee 1990: 88)

Eingeschlossen werden hier alle visuellen Darstellungsformen, Bilder, Photos, Karikaturen in der Untersuchung, die ohne Texte präsentiert werden, gezählt. An dieser Stelle soll die Frage, welche kommunikativen Funktionen bzw. Verfasserperspektiven unter Verwendung von visuellen Bildern ausgeführt werden, zur Erläuterung der Thematisierungsstruktur über Korea in den FAZ, NZZ, DP beantwortet werden. Aus Gründen der Ökonomie wird hier aber nur die Quantität aller visuellen Darstellungsformen untersucht.

Bei allen drei Zeitungen ist zu beobachten, daß Beiträge ohne Bebilderung stark dominieren, wobei Die Presse mit 22,0% Bildanteil hier den höchsten Wert aufweist. Am konservativsten Verhält sich die NZZ mit 9,7%, gefolgt von der FAZ 13,4%.

Tab. 6: Präsentationsformen der Beiträge in FAZ, NZZ und DP

	FAZ		NZZ		DP	
	abs.	in %	abs.	in %	abs.	in %
nur Text	380	86,6	594	90,3	224	78,0
bebilderter Beitrag od. nur Photo/Karikatur	59	13,4	64	9,7	63	22,0
Summe	439	100,0	658	100,0	287	100,0

Abb. 6: Vergleich der Quantität der visuellen Darstellungen zwischen den Zeitungen

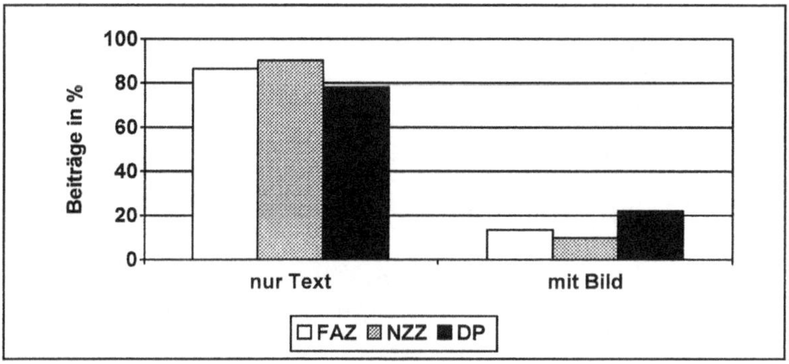

6.1.3. Plazierung

Ein wichtiger Hinweis für die Thematisierungsstruktur im journalistischen System ist die Seite, auf der ein Zeitungsartikel publiziert wird, wobei dies dadurch noch weiter differenziert werden könnte, indem die Position auf der jeweiligen Seite ebenfalls in Betracht gezogen wird. Dabei wären besonders die ersten Seiten bzw. die oberen Hälften als aufmerksamkeitsaktiv zu werten. Der zugehörigen graphischen Darstellung ist zu entnehmen, daß die Rubrik Ausland/Politik bei weitem die meisten Beiträge mit mehr als 69,0% der Gesamtzahl aufweist, wobei mit 88,8% die NZZ an der Spitze liegt, gefolgt von der FAZ mit 75,4% und der DP mit 69,9%. Interessanterweise weist das Olympiajahr 1988 keine signifikante Erhöhung der Sportbeiträge auf. Nach der Rubrik Ausland/Politik folgt mit weitem Abstand die Rubrik Wirtschaft mit weniger als zehn Prozent. Alle Zeitungen weisen eine weitgehende Übereinstimmung in der Plazierung ihrer Beiträge auf. (Tabelle 7)

Tab. 7: Rubriken der Beiträge in FAZ, NZZ und DP

	FAZ		NZZ		DP	
	abs.	in %	abs.	in %	abs.	in %
Ausland/Politik	331	75,4	584	88,8	200	69,9
Wirtschaft	40	9,1	35	5,3	22	7,7
Sport	22	5,0	6	0,9	4	1,4
Olympiade 1988	31	7,1	14	2,1	17	5,9
andere	15	3,3	19	3,1	43	14,8
Summe	439	100,0	658	100,0	286	100,0

Abb. 7: **Rubrik der Beiträge in FAZ, NZZ und DP**

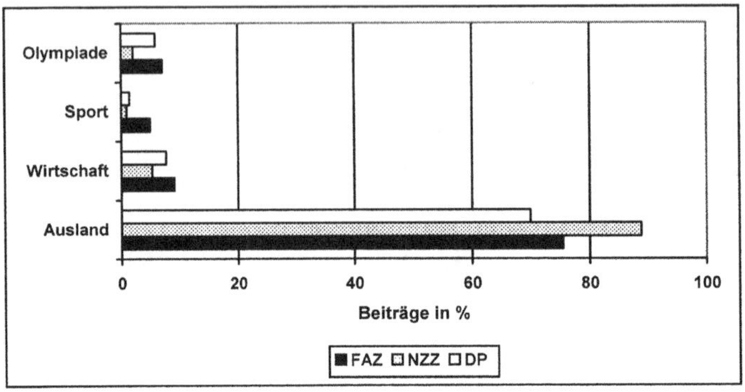

6.1.4. Darstellungsformen

Tab. 8-1: **Journalistische Darstellungsformen in FAZ, NZZ und DP**

	FAZ		NZZ		DP	
	abs.	in %	abs.	in %	abs.	in %
Agentur –Nachrichten	223	50,8	476	72,5	110	38,3
manifeste Meinungsformen	160	36,6	161	24,6	127	44,4
Dokumentation	2	0,5	5	0,8	6	2,1
Interview	1	0,2	-	-	1	0,3
Reportage	28	6,5	10	1,5	31	10,8
Features	12	2,7	-	-	4	1,4
nur Foto/nur Karikatur/andere	13	3,0	5	0,8	8	2,8
Summe	439	100,0	657	100,0	287	100,0

Ein typisches formales Merkmal ist die Nachrichtendarstellungsform. Die Darstellungsformen beschreiben die Formen des Aufbaus der Inhalte einer Zeitungsnachricht. Dieser Aufbau ist einerseits eine Reflexion des Journalistenverhaltens, unterstreicht aber andererseits mögliche Einflüsse, denen sein kommunikatives Handeln unterliegt. Grundsätzlich konnten die folgenden Verteilungen beobachtet werden. (Tabelle 8-1) Bei den journalistischen Darstellungsformen dominieren klar bei allen Zeitungen die Agenturnachrichten und manifesten Meinungsformen[139] mit zusammen mehr als 80 % Anteil. Bei den genannten Rubriken gibt es zwischen den Zeitungen allerdings klare Unterschiede. Während bei der FAZ die Agenturnachrichten mit einem Vorsprung von 14,2% vorne liegen, ist dies bei der NZZ mit 47,9% der Fall.

---

[139] Die manifesten Meinungsformen umfassen Leitartikel, Kommentare sowie Korrespondentenberichte

Abb. 8: Vergleich der journalistischen Darstellungsformen von FAZ, NZZ und DP

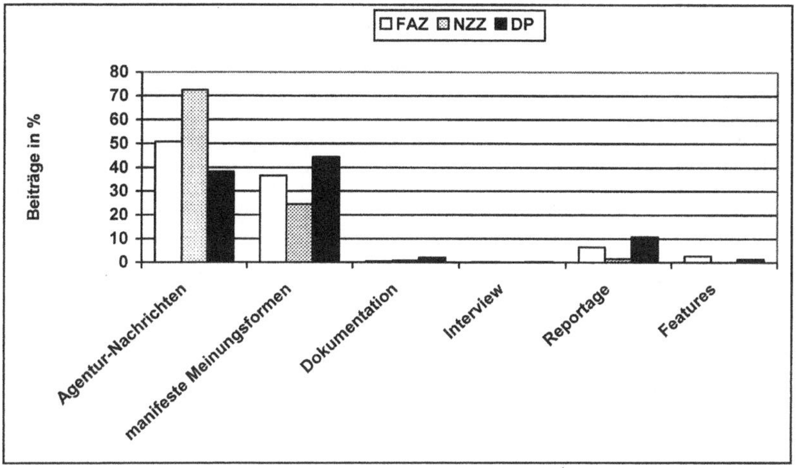

Die manifesten Meinungsformen wie Leitartikel, Kommentar sowie Korrespondentenbericht führen bei der DP allerdings mit 44,4% von den Agenturnachrichten mit 38,3%. Die Dominanz der NZZ bei der Gesamtzahl der ausgewerteten Beiträge ist allein auf die hohe Zahl der Agenturnachrichten zurückzuführen. Ein Vergleich bezüglich der anderen Rubriken zwischen den Zeitungen ergibt ähnliche absolute Zahlen. Bei der NZZ fällt allerdings auf, daß es dort weder Interviews noch Features gibt.[140]

[140] Eine Nachricht ist die nach bestimmten Regeln gestaltete aktuelle Information über Ereignisse, Sachverhalte und Argumente. Reportage ist ein tatsachenbetonter, aber persönlich gefärbter Erlebnisbericht. Sie bezieht sich auf Ereignisse und vermittelt sie als Erlebnisse. Es gibt zwei Grundformen der Reportage: den farbigen Bericht (Report) über ein handlungsreiches Ereignis und die durch die Beschreibung von Handlungen spannend aufgelockerte Milieustudie. Das Feature im engeren Sinne ist ein Nachrichten -Streiflicht – so wie die Glosse ein Meinungs-Streiflicht ist -, eine auf einen Gesichtspunkt zugespitzte Reportage. Die Glosse ist der Farbtupfer, das Streiflicht oder der ›Mückenstich‹ unter den Meinungsstilformen: ein Sammelbegriff vor allem für kurze Meinungsartikel. Allgemeine Kennzeichen: zugespitzte Form der Argumentation und die Konzentration auf einen bestimmten Aspekt. Zu weiteren journalistischen Darstellungsformen vgl. Noelle-Neumann/Schulz/Wilke 1997: 95-116)

Tab. 8-2: Darstellungsformen der Beiträge bezüglich der Bezüge

	Nur Südkorea	Nur Nordkorea	Süd- und Nordkorea	Südkorea und andere Länder	Nordkorea und andere Länder	beide Korea und andere Länder
Agentur-Nachrichten	356 58,6%	41 58,6%	187 74,8%	81 47,1%	83 63,8%	61 39,9%
manifeste Meinungsformen	186 30,6%	16 22,9%	49 19,6%	76 44,2%	40 30,8%	80 52,3%
Dokumentation	11 1,8%			2 1,2%		
Interview		1 1,4%	1 ,4%			
Reportage	36 5,9%	7 10,0%	7 2,8%	6 3,5%	6 4,6%	7 4,6%
Features	7 1,2%	1 1,4%	4 1,6%	3 1,7%		1 ,7%
nur Foto/nur Karikatur/andere	11 1,8%	4 5,7%	2 ,8%	4 2,3%	1 ,8%	4 2,6%
Summe	607 100,0%	70 100,0%	250 100,0%	172 100,0%	130 100,0%	153 100,0%

Die Zeitung mit der absolut kleinsten Anzahl von Meldungen, die Presse, veröffentlichte mit 31 die größte Zahl von Reportagen, gefolgt von der FAZ mit 28 und der NZZ mit zehn.

Die graphische Darstellung der prozentuellen Daten zeigt deutlich, daß bei den Darstellungsformen die Agenturnachrichten und manifesten Meinungsnachrichten mit zusammen mehr als 80% dominieren, wobei die Agenturnachrichten außer bezüglich beider koreanischer Staaten in Verbindung mit anderen Ländern führen. Bei den restlichen Darstellungsformen der Beiträge führen die Reportagen mit weniger als 11,0%.

Abb. 9: Vergleich der journalistischen Darstellungsformen nach Bezügen

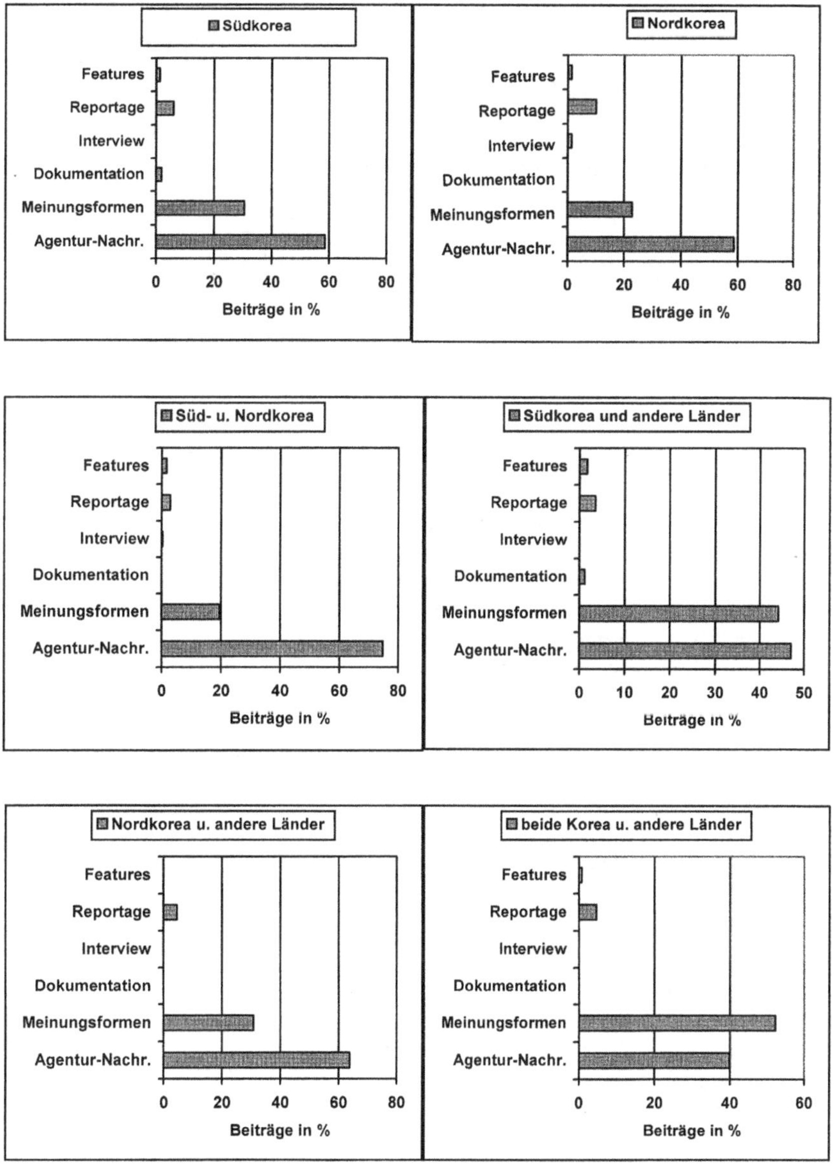

6.1.5. Die Form der Betonung

Die verschiedene Betonungsformen helfen, die Aufmerksamkeit des Lesers zu erregen. Bei mehr als 90% aller Beiträge dominiert bei allen untersuchten Zeitungen die schlichte Darstellung ohne Heraushebung. Bei den anderen Darstellungen führt bei der Umrahmung die FAZ mit 3,4% und Die Presse mit 5,2% Anteil bei der Verwendung von Fettdruck und großen Buchstaben. (Tabelle 9)

Tab. 9: Betonungstypen der Beiträge in FAZ, NZZ und DP

	FAZ		NZZ		DP	
	abs.	in %	abs.	in %	abs.	in %
keine Heraushebung	421	95,9	636	96,7	267	93,0
umrahmt	15	3,4	2	0,3	4	1,4
Fettdruck / große Buchstaben	1	0,2	7	1,1	15	5,2
andere	2	0,5	13	2,0	1	0,3
Summe	439	100,0	658	100,0	287	100,0

6.1.6. Umfang

Die verschiedene Untersuchungen haben nachgewiesen, daß bei inhaltsanalytischen Arbeiten der Umfang allein mit sehr hoher Wahrscheinlichkeit ein hinreichender Indikator für dieses publizistische Rollenverständnis ist. Mehrere mögliche Meßgrößen für den Umfang der Berichterstattung der Zeitungen sind in der Tabelle enthalten. Man zählt zunächst die Nachrichten oder Beiträge pro Zeitungsausgabe. Der Umfang eines Artikels ist die offensichtlichste Determinante dafür, daß entweder auf seiten des Kommunikators eine intentionale Gebundenheit besteht (die durch das Thema selbst, den Primärkommunikator bzw. als Eigenintention des Sekundärkommunikators erklärbar wäre) oder aber, daß der Kommunikator der Erwartungssituation seiner Rezipienten entgegenkommt.

Tab. 10: Länge der Beiträge in FAZ, NZZ und DP

	FAZ		NZZ		DP	
	abs.	in %	abs.	in %	abs.	in %
1 – 10 Zeilen	16	3,6	93	14,2	12	4,1
11 – 20 Zeilen	74	16,9	265	40,3	39	13,6
21- 50 Zeilen	123	28,0	137	20,9	73	25,4
51- 100 Zeilen	117	26,7	72	11,0	92	32,1
101- 200 Zeilen	69	15,7	75	11,4	61	21,3
über 200 Zeilen	23	5,2	10	1,5	6	2,1
über ganze Seite	11	2,5	3	0,5	2	0,7
nur Bild/Photo/Karikatur ohne Text	6	1,4	2	0,3	2	0,7
Summe	439	100,0	657	100,0	287	100,0

Die graphische Darstellung der Tabelle 10 zeigt deutliche Unterschiede zwischen den drei Tageszeitungen. Bezüglich der Zeilenanzahlen besitzen bei der NZZ die Beiträge von 11-20 Zeilen den höchsten Anteil mit 40,3%, gefolgt von den Beiträgen mit 21-50 Zeilen mit 20,9% und den mit 1-10 Zeilen mit 14,2%. Die Beiträge mit 51-200 Zeilen liegen zwischen 11,0% und 11,4% Anteil. Längere Beiträge besitzen nur einen Anteil von weniger als 5,0%.

Abb. 10: Vergleich der Beitragslänge zwischen den Zeitungen

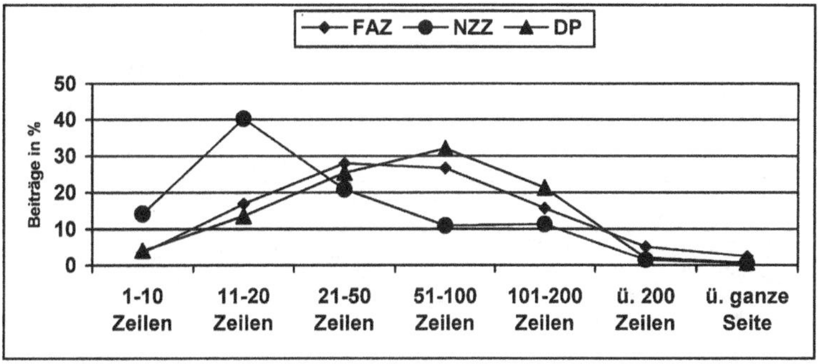

Deutlich weniger ausgeprägt sind die Peaks bei der NZZ und der Presse. So hat die FAZ zwei fast gleich große maximale Werte bei 21-50 Zeilen und 51-100 Zeilen, deren Summe 54,7% beträgt. Zu längeren Beiträgen hin weist sie stets deutlichere Werte als die NZZ auf. Dies bedeutet allgemein, daß die FAZ sich wesentlich intensiver mit den Themen auseinandersetzt als die NZZ.

Die Länge der Beiträge der „Presse“ zeigt einen ähnlichen Verlauf, wie ihn die FAZ aufweist, wobei das Anteilsmaximum bei längeren Textbeiträgen zwischen 51-100 Zeilen liegt.

6.1.7. Beachtungsausmaß

Die Kategorie Beachtungsgrad bedarf einiger Erklärungen, zumal sie als wichtiger Indikator für den Nachrichtenwert eine zentrale Rolle bei der Auswertung spielt. Bei vielen Untersuchungen wird der Beachtungsgrad einer Nachricht jeweils nach einer vierstufigen Intensitätsskala bestimmt, nämlich Hauptaufmacher auf Titelseite, sonstige Beiträge auf der Titelseite, Seitenaufmacher im Innenteil und alle übrigen Beiträge. (vgl. Schulz 1976: 38) Als Anhaltspunkt dienen medienspezifische Mittel zur Hervorhebung einer Nachricht nach deren „Wichtigkeit“, bei Pressemedien Plazierung und Aufmachung.

In dieser Untersuchung wird die Intensitätsskala noch weiter unterteilt. Der graphischen Darstellung (Tabelle 11-1) ist klar zu entnehmen, daß bei allen Zeitungen die Berichte selten als so bedeutend gewertet werden, daß sie auf der Titelseite erscheinen, was durch einen Gesamtanteil von weniger als 24,0% ausgedrückt wird. Bei der NZZ dominieren dagegen die einspaltigen Beiträge im inneren Teil mit 65,3%, bei der FAZ nun die die mehrspaltigen Beiträge im inneren Teil mit 40,8% und bei der Presse mit 44,9% Anteil.

Tab. 11-1: Beachtungsausmaß der Beiträge in FAZ, NZZ und DP

	FAZ		NZZ		DP	
	abs.	in %	abs.	in %	abs.	in %
Hauptaufmacher auf der Titelseite	27	6,2	30	4,6	13	4,5
sonstiger mehrspaltig auf der Titelseite	52	11,8	23	3,5	24	8,4
einspaltig auf der Titelseite	24	5,5	10	1,5	7	2,4
sonstiger Beitrag auf der Titelseite und im inneren Teil	12	2,8	13	2,0	2	0,7
mehrspaltig im inneren Teil	179	40,8	134	20,4	129	44,9
einspaltig im inneren Teil	114	6,0	429	65,3	88	30,7
einspaltig oder mehrspaltig innerhalb des Sonderraums für die Olympiade in Seoul	23	5,2	14	2,1	16	5,6
entfällt bei Illustration	8	1,8	4	0,6	8	2,8
Summe	439	100,0	657	100,0	287	100,0

Abb. 11: Vergleich des Beachtungsausmasses von Beiträge zwischen den Zeitungen

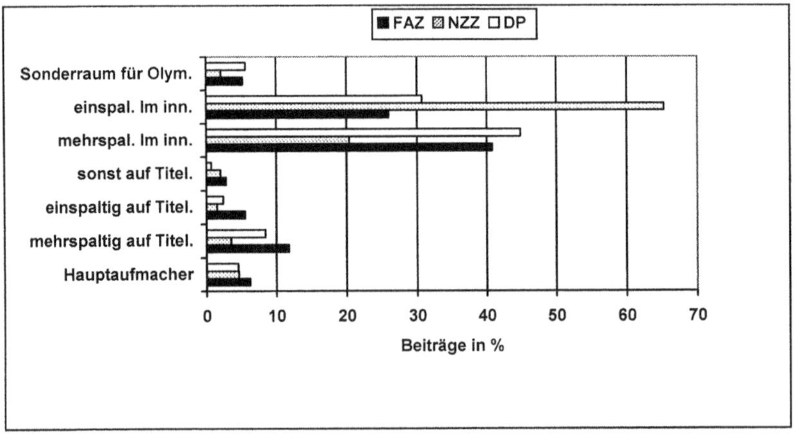

Tab. 11-2: Beachtungsausmaß der Beiträge nach Bezügen

	Nur Südkorea	Nur Nordkorea	Süd- und Nordkorea	Südkorea und andere Länder	Nordkorea und andere Länder	Beide Korea und andere Länder
Hauptaufmacher auf der Titelseite	21 3,5%		10 4,0%	10 5,8%	10 7,7%	19 12,5%
sonstiger mehrspaltig auf der Titelseite	29 4,8%	5 7,1%	16 6,4%	17 9,9%	13 10,0%	19 12,4%
einspaltig auf der Titelseite	20 3,3%		9 3,6%	4 2,3%	6 4,6%	2 1,3%
sonstiger Beitrag auf der-Titelseite und im inneren Teil	18 3,0%	1 1,4%	4 1,6%	2 1,2%	2 1,5%	
einspaltig im inneren Teil	274 45,1%	39 55,7%	155 62,0%	58 33,7%	68 52,3%	37 24,2%
mehrspaltig im inneren Teil	200 32,9%	23 32,9%	54 21,6%	72 41,9%	30 23,1%	63 41,2%
einspaltig oder mehrspaltig innerhalb des Sonderraums für die Olympiade in Seoul	36 5,9%	1 1,4%	1 ,4%	3 1,7%		12 7,8%
entfällt bei Illustration	10 1,6%	1 1,4%	1 ,4%	6 3,5%	1 ,8%	1 ,7%
Summe	608 100,0%	70 100,0%	250 100,0%	172 100,0%	130 100,0%	153 100,0%

Auffallend ist das geringe Beachtungsausmaß für die Olympiade 1988 in Seoul, das bei allen Zeitungen unter einem Anteil von 6,0% liegt. Hier drückt sich bei allen Zeitungen ein geringes Interesse an Sportthemen aus.

Die graphischen Darstellung bezüglich der FAZ und der Presse zeigen eine weitgehend übereinstimmende Struktur, von der die der NZZ deutlich abweicht.

Die graphische Veranschaulichung der Tabelle 11-2 zeigt ausgeprägte Unterschiede bei den Beiträgen und deren Bezügen. Bei vier Bezugsorten dominiert mit Anteilen von 45,1% bis 62,0% die einspaltige Darstellung im inneren Teil. Bei den beiden anderen reichen die Werte von 41,2% bis 41,9% für die mehrspaltige Darstellung im inneren Teil. Ein- und mehrspaltige Darstellungen im inneren Teil dominieren mit zusammen mehr als 65% Anteil bei allen Themen. Darstellung auf der Titelseite erreichen zusammen maximal 26,2% bei allen Themen.

Abb. 12: Ausgeprägte Unterschiede bei den Beiträgen und deren Bezügen

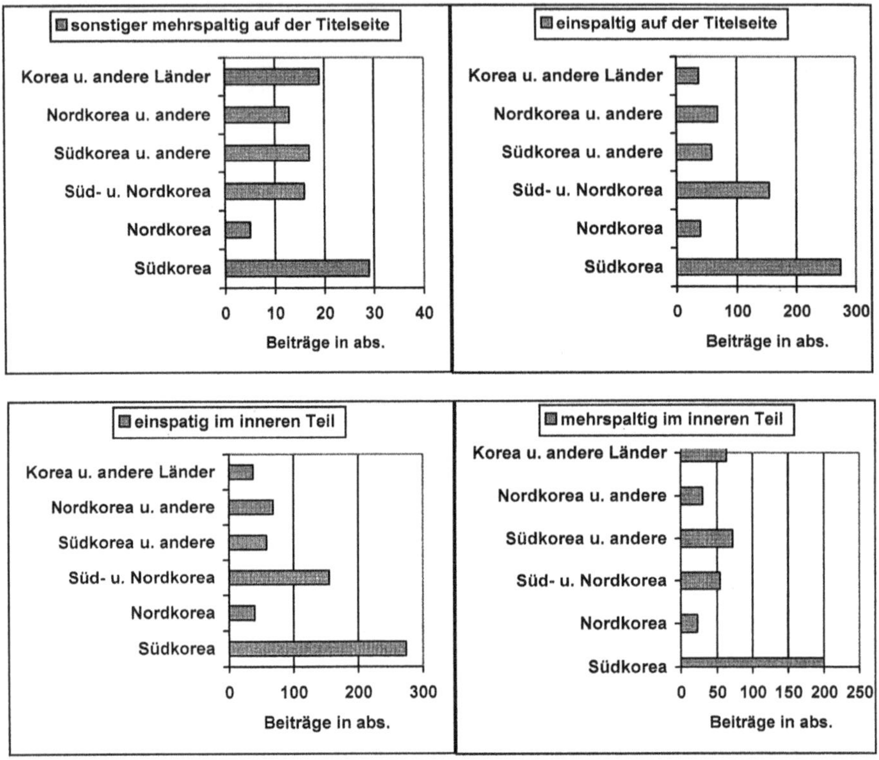

6.1.8. Verfasser

Den Einfluß der Nennung einzelner Autorennamen auf die Berichterstattung in der Zeitung muß man als erstaunlich groß betrachten. Die graphische Darstellung (Tabelle 12) zeigt bei allen Zeitungen deutliche quantitative Unterschiede. Gemeinsam ist allen Zeitungen, daß die meisten Beiträge von den Presseagenturen stammen. Hierbei dominieren diese bei der NZZ mit 73,1%, bei der FAZ mit 53,1% und bei der Presse mit 40,4%.

Starke Unterschiede weisen die Anteile der Benennung der Beiträge mit vollem Namen aus. Hierbei führt die Presse mit 37,6%, gefolgt von der FAZ mit 23,0% und der NZZ mit 1,1%. Bei der Rubrik bezüglich der abgekürzten Namen der Autoren führt die NZZ mit 22,7% gefolgt von der FAZ mit 20,0% und der Presse mit 7,0%.

Bei Zusammenfassung der Anteile der Rubriken „voller Name“ und „abgekürzter Name“ liegen die Zahlen bei allen Zeitungen zwischen 23,8% (NZZ) und 44,6% (DP).

Tab. 12: Verfasser der Beiträge in FAZ, NZZ und DP

	FAZ		NZZ		DP	
	abs.	in %	abs.	in %	abs.	in %
fällt (bei Agenturnachrichten)	233	53,1	480	73,1	116	40,4
mit vollen Namen	101	23,0	7	1,1	108	37,6
mit Abkürzung des Autors	88	20,0	149	22,7	20	7,0
nicht ersichtlich / andere	17	3,9	21	3,2	43	14,9
Summe	439	100,0	657	100,0	287	100,0

6.1.9. Anlaß der Berichterstattung

Die Tabelle 13-1 zeigt die Motive der Berichterstattung. Die graphische Darstellung zeigt starke Übereinstimmung bei der Presse und der NZZ und deutliche Übereinstimmung bei der FAZ mit beiden anderen Zeitungen.

Tab. 13-1: Motive der Berichterstattung in FAZ, NZZ und DP

	FAZ		NZZ		DP	
	abs.	in %	abs.	in %	abs.	in %
Pressekonferenz	9	2,1	33	5,0	15	5,2
Kongress, Tagung, Versammlung etc,	43	9,8	35	5,3	9	3,1
Bericht	113	25,7	61	9,3	6	2,1
Ereignis	214	48,8	464	70,7	187	65,2
Rede, Vortrag, Podiumsgespräche	8	1,8	12	1,8	4	1,4
Reaktion auf Medienbericht	5	1,1	19	2,9	4	1,4
Kalenderereignis	2	0,5	5	0,8	1	0,3
Olympiade 1988 in Seoul	37	8,4	15	2,3	31	10,8
nicht feststellbar/andere	8	1,8	13	2,1	30	10,5
Summe	439	100,0	657	100,0	287	100,0

Allen drei Zeitungen gemeinsam ist die starke Betonung des Anlasses „Ereignis“. Hier führt die NZZ mit 70,7% Anteil gefolgt von der Presse mit 65,2% und der FAZ mit 48,8%. Kaum Unterschiede gibt es bei den Anlässen „Pressekonferenz“, „Rede, Vortrag, Podiumsgespräche“, „Reaktion auf Medienbericht“, „Kalenderereignis“, während bei den Anlässen „Kongress, Vortrag, Podiumsgespräche etc.“, „Bericht“ die FAZ klar dominiert (9,8% und 25,7%).

Abb. 13: Vergleich des Anlasses der Berichterstattung zwischen den Zeitungen

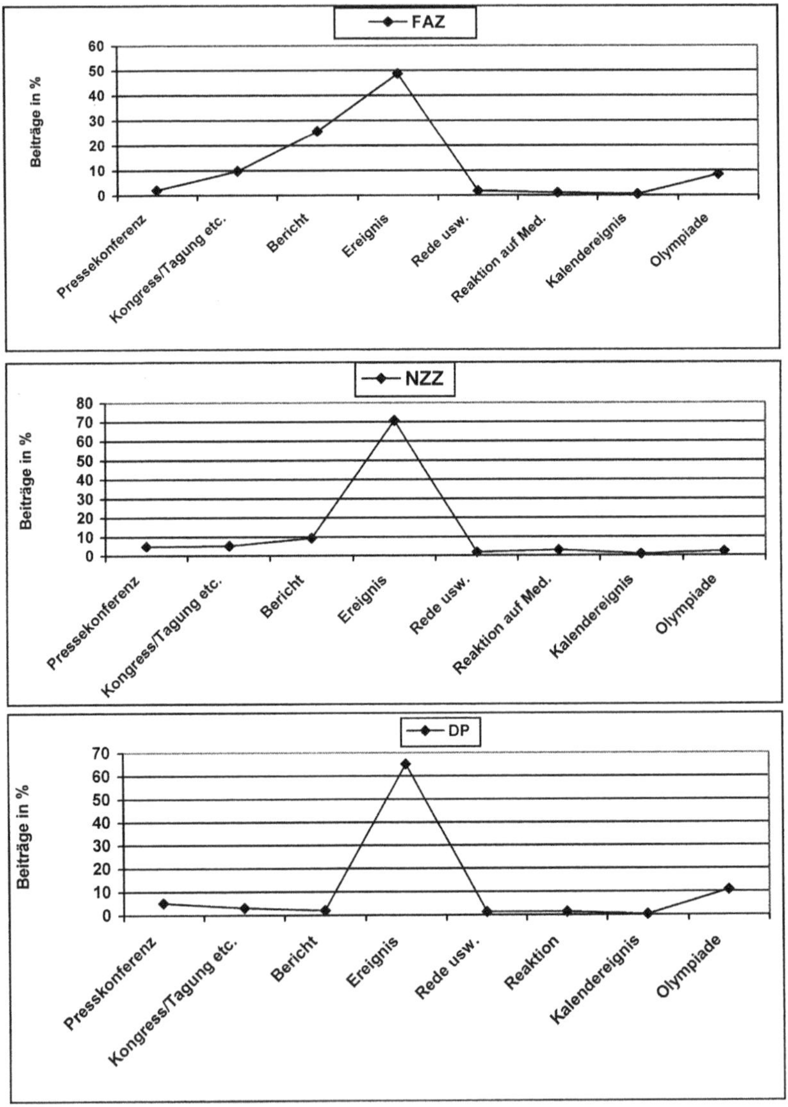

Bezüglich der Olympiade 1988 in Seoul fällt auf, daß hier der Anteil der NZZ mit 2,3% deutlich geringer als bei der FAZ mit 8,4% und der Presse mit 10,8% liegt. Hier drückt sich offenbar bei der NZZ ein im Vergleich zu den anderen Zeitungen noch geringeres Interesse an Sportthemen aus.

Die graphische Veranschaulichung der Tabelle 13-2 zeigt sehr klar, daß mit 54,3% bis 66,9% die Ereignisse bei allen Bezügen dominieren.

Die Berichte folgen abgeschlagen mit 9,8% bis 21,4% gefolgt von dem Anlaß „Kongress, Tagung, Versammlung etc." mit 3,1% bis 12,8%, den Beiträgen bezüglich der „Olympiade 1988 in Seoul" mit 0,8% bis 9,8% und den „Pressekonferenzen" mit 1,8% bis 7,2%. Alle anderen Anlässe weisen noch geringere Werte auf.

Tab. 13-2: Anlaß der Berichterstattung nach Bezügen

	Nur Südkorea	Nur Nordkorea	Süd- und Nordkorea	Südkorea und andere Länder	Nordkorea und andere Länder	beide Korea und andere Länder
Pressekonferenz	11 1,8%	2 2,9%	18 7,2%	9 5,2%	7 5,4%	10 6,5%
Kongress, Tagung, Versammlung etc.	19 3,1%	6 8,6%	32 12,8%	13 7,6%	5 3,8%	12 7,8%
Bericht	73 12,0%	15 21,4%	27 10,8%	26 15,1%	24 18,5%	15 9,8%
Ereignis	407 66,9%	38 54,3%	138 55,2%	107 62,2%	84 64,6%	91 59,5%
Rede, Vortrag, Podiumsgespräche	12 2,0%		7 2,8%	3 1,7%		2 1,3%
Reaktion auf Medienbericht	5 ,8%	4 5,7%	7 2,8%	5 2,9%	5 3,8%	2 1,3%
Kalenderereignis	6 1,0%			1 ,6%		1 ,7%
Olympiade 1988 in Seoul	50 8,2%	2 2,9%	9 3,6%	6 3,5%	1 ,8%	15 9,8%
Nicht feststellbar/andere	25 4,2%	3 4,3%	12 4,8%	2 1,2%	4 3,1%	5 3,3%
Summe	608 100,0%	70 100,0%	250 100,0%	172 100,0%	130 100,0%	153 100,0%

Abb. 14: Vergleich des Anlasses nach Bezügen

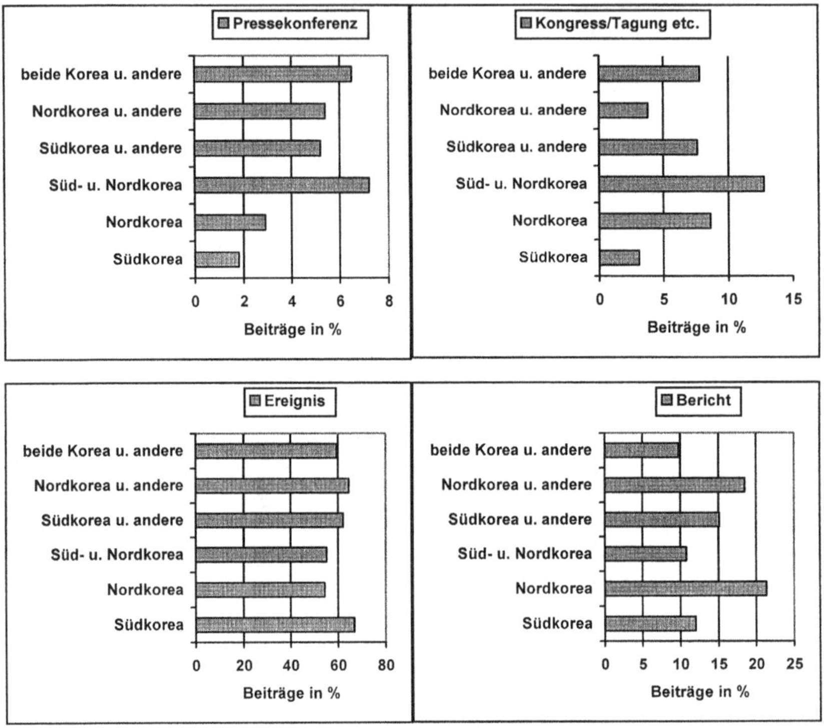

6.2. Inhaltliche Merkmale

Eine Reihe von Kategorien bezieht sich auf inhaltliche Merkmale, die in teilweise elaborierter Form aus der traditionellen Nachrichtenanalyse übernommen wurden und thematische Struktur der Medienrealität ermitteln. Diese Kategorien sagen etwas über die Proportion des Nachrichtenbildes in einen Medium aus, etwa unter Anwendung von Sachgebietsgliederungen wie Politik, Wirtschaft, Kultur usw.

6.2.1. Ereignisort und Herkunftsort

Die Tabelle 14 bringt eine Aufgliederung der Meldungen nach der Übereinstimmung zwischen Ereignisort und Herkunftsort. Oft wird diskutiert, ob die Wirklichkeit des Gegenstandes oder Gegenlandes der Berichterstattung verdreht werden kann, falls ein Journalist ohne direkte Erfahrung in dem Artikel berichtet.

Die graphische Veranschaulichung zeigt eine klare Dominanz bei der Rubrik „identisch" mit 57,2% bis 63,8%, gefolgt von der Rubrik „nicht identisch" mit 25,1% bei der DP und 29,9% von der FAZ. Die Rubrik „nicht ersichtlich" erreicht Werte von 7,2% (NZZ) bis 17,1% (DP). Bei allen Zeitungen ist eine ähnliche Tendenz festzustellen.

Tab. 14: Übereinstimmung zwischen Ereignisort und Herkunftsort in der Beiträge

	FAZ		NZZ		DP	
	abs	in %	abs.	in %	abs.	in %
identisch	251	57,2	419	63,8	166	57,8
nicht identisch	131	29,9	191	29,1	72	25,1
keine Angaben/ nicht ersichtlich	57	13,0	47	7,2	49	17,1
Summe	439	100,0	657	100,0	287	100,0

6.2.2. Bezug der Berichterstattung

Die graphische Veranschaulichung (Tabelle 15-1) der Daten zeigt, daß die Beiträge, die nur Südkorea betreffen, bei allen Zeitungen mit 38,7% (DP) bis 46,6% (NZZ) stark dominieren. Allein Nordkorea betreffende Beiträge erreichen lediglich zwischen 3,1% (DP) und 6,8% (FAZ) Anteile. Beiträge die Nord- und Südkorea betreffen, erreichen Anteile, die zwischen 17,4% (NZZ) und 19,4% (FAZ) liegen.

Ebenfalls sehe nahe beieinander liegen die Zeitungen bei der Rubrik „Südkorea und andere Länder". Bei der Rubrik „Nordkorea und andere Länder" liegen die DP (11,5%) und die NZZ (10,2%) wesentlich näher beieinander als zu der FAZ (6,8%)

Die Rubrik gesamt Korea und andere Länder zeigt wiederum größere Übereinstimmung zwischen FAZ (10,3%) und NZZ (9,1%), da die DP einen Anteil von 16,7% aufweist.

Tab. 15-1: Bezüge der Berichterstattung in FAZ, NZZ und DP

	FAZ		NZZ		DP	
	abs.	in %	abs.	in %	abs.	in %
nur Südkorea	191	43,5	306	46,6	111	38,7
nur Nordkorea	30	6,8	31	4,7	9	3,1
Süd- und Nordkorea	85	19,4	114	17,4	51	17,8
Südkorea und andere Länder	58	13,2	79	12,0	35	12,2
Nordkorea und andere Länder	30	6,8	67	10,2	33	11,5
beide Korea und andere Länder	45	10,3	60	9,1	48	16,7
Summe	439	100,0	657	100,0	287	100,0

Abb. 15: Wandel der Bezüge der Berichterstattung in FAZ, NZZ und DP

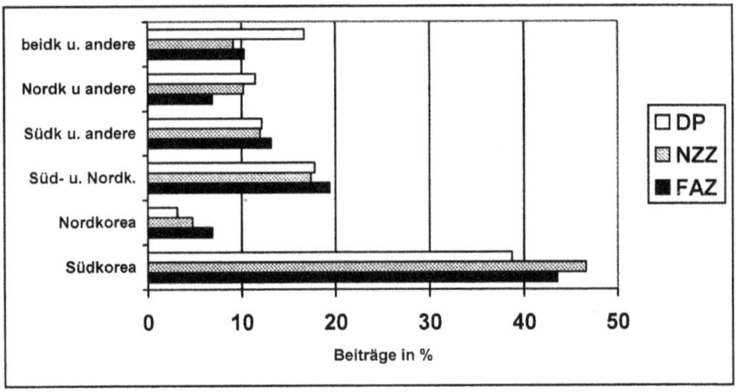

Die graphische Veranschaulichung der Tabelle 15-2 zeigt von Zeitraum zu Zeitraum starke Schwankungen bei den absoluten Gesamtbeitragszahlen. Das absolute Maximum liegt bei 276 Beiträgen im Jahr 1988 und das absolute Minimum bei 49 Beiträgen im Jahr 1964, also um etwa den Faktor 5.6 niedriger. Die Gesamttendenz der Zahl der Beiträge ist ansteigend, was auf ein stetig wachsendes Interesse an Themen bezüglich Korea hinweist. Das oben beschriebene Maximum ist offenbar auf die Olympiade 1988 in Seoul zurückzuführen. Die Anzahlen der Beiträge zahlen bezüglich der einzelnen Bezüge unterscheiden sich in zeitlichen Verlauf teilweise drastisch. Im Jahr 1960 dominierten die Beiträge allein Südkorea betreffend mit einem Anteil von 86,8%, während der Anteil der Beiträge nur Nordkorea betreffend bei 2,1% liegt.

Tab. 15-2: **Bezüge der Berichterstattung nach Jahren**

	60	64	68	72	76	80	84	88	92
in Bezug auf Südkorea	158 86,8%	42 85,7%	59 27,0%	41 36,7%	21 27,3%	153 81,4%	50 44,6%	170 61,6%	76 53,9%
in Bezug auf Nordkorea	4 2,1%	3 6,1%	72 32,9%	15 10,8%	21 27,3%	14 7,5%	24 21,5%	21 7,6%	26 18,5%
in Bezug auf Süd- und Nordkorea	20 10,9%	4 8,1%	88 40,2%	73 52,5 %	35 45,5%	21 11,2%	38 33,9%	85 30,8%	39 27,7%
Summe	182 100,0%	49 100,0%	219 100,0%	139 100,0%	77 100,0%	188 100,0%	112 100,0%	276 100,0%	141 100,0%

Abb. 16: **Wandel der Bezüge der Berichterstattung nach Jahren**

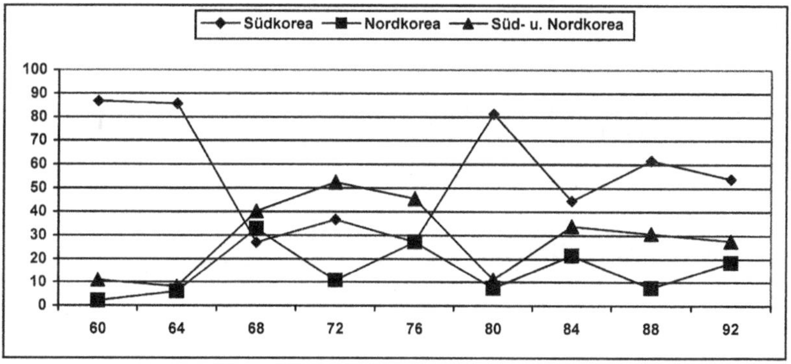

Bezüglich des Jahres 1964 ergibt sich ein stark verändertes Gesamtbild, da wie oben beschrieben die Zahl der Gesamtbeiträge stark geschrumpft ist. Der Anteil der südkoreanischen Beiträge bleibt aber mit 85,7% auf einem hohen Niveau, während der bezüglich Nordkorea 6,1% erreicht.

Für das Jahr 1968 ist ein Ansteigen der absoluten Beitragszahlen bei allen Bezügen auf 219 verzeichnen. Hier dominiert mit einem Anteil von 40,2% der Bezug auf Nord- und Südkorea, gefolgt vom Bezug auf Nordkorea mit 32,9%. Der Bezug auf Südkorea allein hat einen Anteil von 27,0%.

Im Jahr 1972 fällt die Gesamtzahl der Beiträge auf 139 ab. Hier dominieren mit einem Anteil von 52,5% die Bezüge bezüglich Nord- und Südkorea, gefolgt vom Bezug Südkorea mit 36,7% und vom Bezug Nordkorea mit 10,8%.

Für das Jahr 1976 ist die zweitkleinste Gesamtzahl aller koreanische Themen betreffenden Beiträge mit 77 zu verzeichnen. Hier dominieren mit einem Anteil von 45,5% die Beiträge, die beide koreanische Staaten betreffen. Die Beiträge, die alleine Nord- und alleine Südkorea betreffen, besitzen beide einen Anteil von jeweils 27,3%.

Das Jahr 1980 zeichnet sich durch einen starken Anstieg der Gesamtzahl der Beiträge auf 188 aus. Dieser Anstieg ist allein durch Beiträge verursacht, die allein Südkorea betreffen, die einen Anteil von 81,4% ausmachen. Die absoluten Zahlen der Beiträge bezüglich Nordkorea allein und beide koreanische Staaten betreffend fallen weiter von 21 auf 14 bzw. von 35 auf 21.

Von 1980 bis 1984 fällt die Gesamtanzahl der Beiträge auf 112 ab. Bei der Untersuchung der einzelnen Anteile fällt auf, daß dieser Abfall allein auf die gesunkene Zahl der Beiträge bezüglich Südkoreas zurückzufahren ist, denn die Zahl der anderen Beiträge steigt jeweils. Die Verhältnisse sind nun ausgeglichener und Themen alleine Südkorea betreffend führen nur noch mit einem Anteil von 44,6%, gefolgt von denen beide koreanische Staaten betreffend mit 33,9% und alleine Nordkorea betreffend mit 21,5%.

Im Olympiajahr 1988 steigt die Gesamtanzahl der Beiträge drastisch auf 276 an, wobei die Themen Südkorea allein betreffend mit einem Anteil von 61,6% stark dominieren, gefolgt von denen beide koreanische Staaten betreffend mit 30,8%. Die alleine Nordkorea betreffenden Beiträge sinken auch absolut und haben nur noch einen Anteil von 7,6%

Im Jahr 1992 sinkt die Gesamtanzahl der Beiträge wieder stark ab auf 141. Die Beiträge alleine Südkorea betreffend sinken auf einen Anteil von 53,9%. Diejenigen alleine Nordkorea betreffend, steigen absolut auf 26 (18,5%) und die Beiträge, die beide koreanische Staaten betreffen, sinken auf 39 (27,7%).

6.2.3. Inhaltsbereich der Beiträge

Die graphische Veranschaulichung der Tabelle 16-1 zeigt eine klare Dominanz der ersten beiden Rubriken bei den absoluten Zahlen. Mit Abstand führt die NZZ bei den aktuellen Beiträgen mit 359 (54,6%), gefolgt von der FAZ mit 199 (45,3%) und der DP mit 81 (28,2%). In der Rubrik „oder auch Hintergrund" führt gleichfalls die NZZ mit 241 Beiträgen (36,7%), gefolgt von der FAZ mit 140 Beiträgen (31,9%) und der DP mit 135 Beiträgen (47,0%).

Tab. 16-1: Inhaltsbereiche der Berichterstattung in FAZ, NZZ und DP

	FAZ		NZZ		DP	
	abs	in %	abs.	in %	abs.	in %
nur aktueller Bericht	199	45,3	359	54,6	81	28,2
oder auch Hintergrund	140	31,9	241	36,7	135	47,0
Verweis auf früheres Geschehen	34	7,7	22	3,3	51	17,8
allgemeine Information/Vorstellung	62	14,1	27	4,1	16	5,6
andere	4	0,9	8	1,2	4	1,4
Summe	439	100,0	657	100,0	287	100,0

Die DP weicht hier von den anderen Zeitungen insofern ab, als bei ihr nicht die aktuellen Berichte, sondern die Rubrik „oder auch Hintergrund" den Schwerpunkt bilden. Die Rubrik „Verweise auf früheres Geschehen" ist für die DP (51 Beiträge) wichtiger als für die beiden anderen Zeitungen (FAZ: 34, NZZ: 22). Bei der Rubrik

„Allgemeine Information und Vorstellung" führt mit Abstand die FAZ (62 Beiträge) vor der NZZ (27 Beiträge) und der DP (16 Beiträge).

Abb. 17: Vergleich des Inhaltsbereichs in FAZ, NZZ und DP

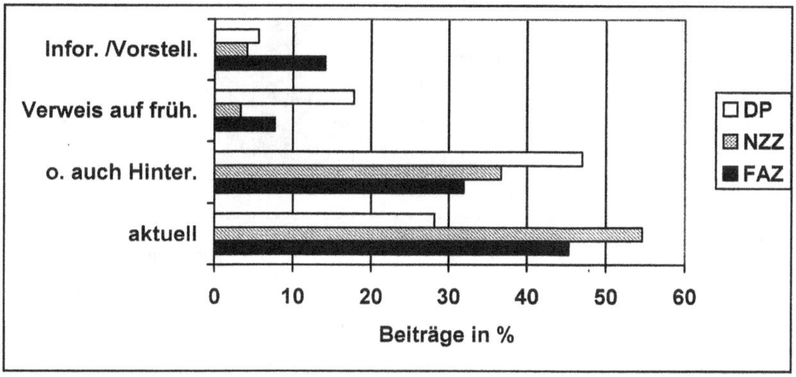

Die graphische Darstellung der absoluten Zahlen der Tabelle 16-2 zeigt, daß bezüglich aller Beitragsformen die Beiträge über Südkorea dominieren. Am stärksten ist dies zu beobachten bei den aktuellen Berichten mit 302 Beiträgen, gefolgt von den Berichten über Süd- und Nordkorea mit 131 Beiträgen, den Berichten über Südkorea und andere Länder mit 71 Beiträgen, den Berichten, über Nordkorea und andere Länder mit 69 Beiträgen, über beide koreanischen Staaten mit und andere Länder mit 36 Beiträgen. Aktuelle Berichte allein über Nordkorea gibt es nur 30.

Tab. 16-2: Inhaltsbereich der Beiträge nach Bezügen

	Nur Südkorea	Nur Nordkorea	Süd- und Nordkorea	Südkorea und andere Länder	Nordkorea und andere Länder	beide Korea und andere Länder
nur aktueller Bericht	302 49,7%	30 42,9%	131 52,4%	71 41,3%	69 53,1%	36 23,5%
oder auch Hintergrund	213 35,0%	28 40,0%	77 30,8%	73 42,4%	50 38,5%	75 49,0%
Verweis auf früheres Geschehen	31 5,1%	4 5,7%	23 9,2%	15 8,7%	9 6,9%	25 16,3%
allgemeine Information/Vorstellung	54 8,9%	5 7,1%	16 6,4%	12 7,0%	2 1,5%	16 10,5%
andere	8 1,4%	3 4,3%	3 1,2%	1 ,6%		1 ,7%
Summe	608 100,0%	70 100,0%	250 100,0%	172 100,0%	130 100,0%	153 100,0%

Abb. 18: **Vergleich des Inhaltsbereichs der Berichterstattung nach Bezügen**

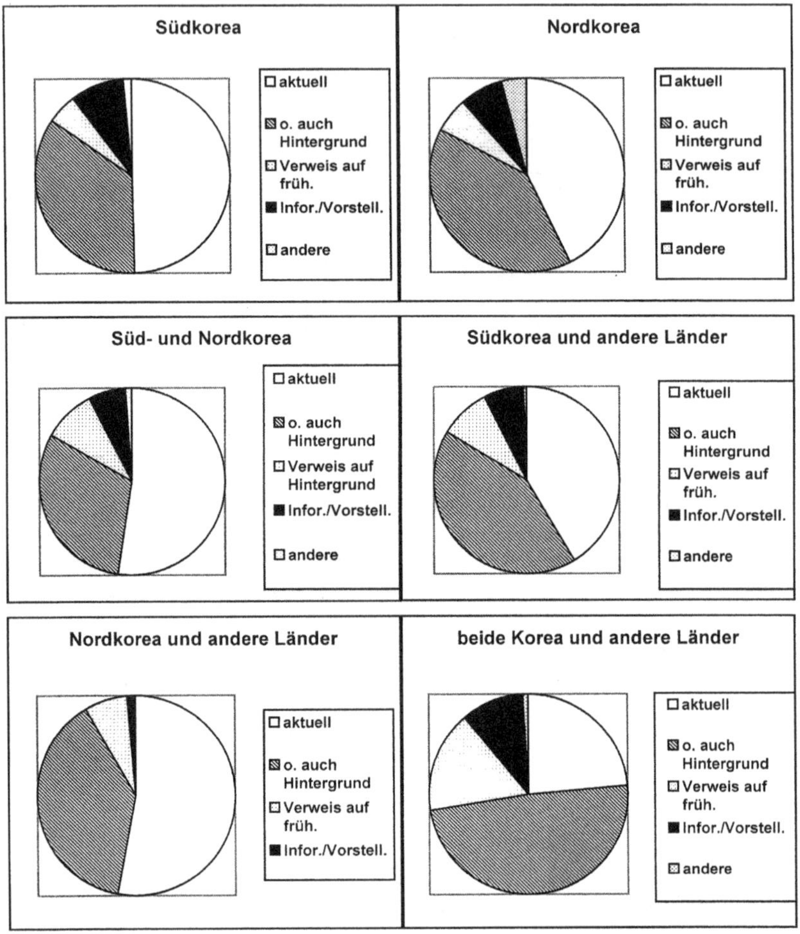

Auch bei der Rubrik „oder auch Hintergrund" führen die Berichte über Südkorea mit 213 (41,3%). Berichte nur über Nordkorea sind deutlich mit 28,0% nach allen anderen am geringsten vertreten.

Alle Orte liegen bei der Rubrik „Verweis auf früheres Geschehen" unterhalb von 32 Beiträgen. Mit Ausnahme der Beiträge über Südkorea nehmen die Zahlen in der Reihenfolge der anderen Rubriken ab. Beiträge über Südkorea erreichen mit 54 ein lokales Maximum bei der Rubrik „allgemeine Information und Vorstellung"

6.2.4. Hauptgewicht der Beiträge

Tab. 17-1: Hauptgewicht der Berichterstattung in FAZ, NZZ und DP

	FAZ		NZZ		DP	
	abs.	in %	abs.	in %	abs.	in %
auf eine oder mehrere Personen	69	15,7	234	35,6	18	6,3
auf ein oder mehrere Ereignisse	180	41,0	293	44,6	81	28,2
auf ein Thema oder mehrere Themen	189	43,1	128	19,5	187	65,2
andere	1	0,2	2	0,3	1	0,3
Summe	439	100,0	657	100,0	287	100,0

Die Frage, worauf das Hauptgewicht der Berichterstattung legt, liefert den Anhaltspunkt für die Erläuterung des gate-keeper-Verhaltens oder der Thematisierungsstruktur. Die graphische Darstellung der Tabelle 17-1 zeigt deutlich Unterschiede sowohl bezüglich der Bedeutung der einzelnen Rubriken insgesamt als auch bezüglich der einzelnen Zeitungen. Die meisten Beiträge bezüglich der Rubriken Personen und Ereignisse lieferte mit deutlichem Vorsprung die NZZ (234 und 293 Beiträge) vor der FAZ (69 und 180 Beiträge) und der DP (18 und 81 Beiträge), während das absolute Maximum der Beiträge der NZZ bei der Rubrik Ereignisse liegt, ist dies bei der FAZ und DP bei der Rubrik Themen der Fall (189 und 187 Beiträge), welche hier auch vor der NZZ (128 Beiträge) liegen. Die Rubrik „andere" kann hier vernachlässigt werden.

Strukturell klare Unterschiede zeigen sich insgesamt bei den Anteilen der Beiträge der einzelnen Zeitungen bezüglich der Rubriken. Bei der Rubrik Personen führt dominant mit 35,6% die NZZ, die hier auch ihr absolutes Maximum besitzt, gefolgt von der FAZ (15,7%) und der DP (6,3%). In Richtung der Rubrik Ereignisse fällt der Anteil der NZZ auf 44,6% während der der FAZ 41,0% und der der DP auf 28,2% steigt. Bei der Rubrik Themen erreicht der Anteil der NZZ sein absolutes Minimum (19,5%), während der der DP (65,2%) und der der FAZ (43,1%) ihre absoluten Maxima erreichen.

Abb. 19: **Vergleich des Hauptgewicht der Berichterstattung zwischen den Zeitungen**

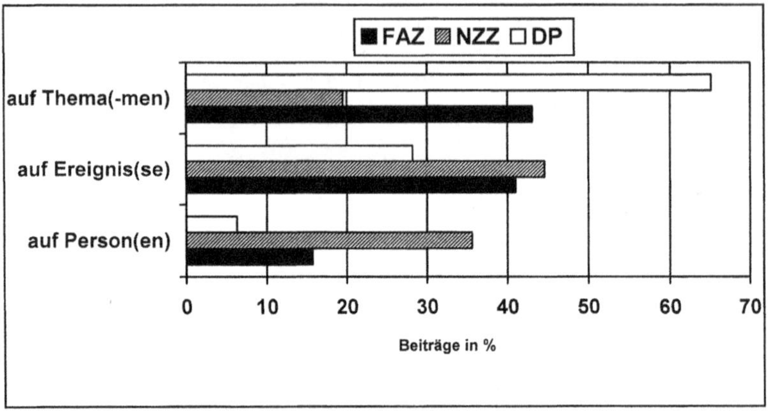

Auch bei der Untersuchung der Anteile der Rubrik an der Beiträgen der einzelnen Zeitungen ergeben sich deutlich Unterschiede. Sehr klar dominieren bei der DP (65,2%) die Themen, abgeschlagen gefolgt von den Rubriken Ereignisse (28,2%) und Personen (6,3%). Bei der NZZ dominieren die Beiträge über Ereignisse (44,6%) vor denen über Personen (35,6%) und denen über Themen (19,5%). Bei der FAZ liegen die Anteile der Rubriken Themen (43,1%) nahe beieinander, während der Anteil der Rubrik Themen nur bei 15,7% liegt.

Tab. 17-2: **Hauptgewicht der Berichterstattung nach Bezügen**

	Nur Südkorea	Nur Nordkorea	Süd- und Nordkorea	Südkorea und andere Länder	Nordkorea und andere Länder	beide Korea und andere Länder
auf eine oder mehrere Personen	185 30,4%	18 25,7%	24 9,6%	43 25,0%	29 22,3%	22 14,4%
auf ein oder mehrere Ereignisse	245 40,3%	19 27,1%	114 45,6%	66 38,4%	57 43,8%	53 34,6%
auf ein Thema oder mehrere Themen	178 29,3%	32 45,7%	111 44,4%	62 36,0%	44 33,8%	77 50,3%
andere		1 1,4%	1 ,4%	1 ,6%		1 ,7%
Summe	608 100,0%	70 100,0%	250 100,0%	172 100,0%	130 100,0%	153 100,0%

Die graphische Darstellung der Tabelle 17-2 weist bezüglich aller Rubriken außer „andere", die zu vernachlässigen ist, aus, daß die Beitragszahlen bezüglich Südkorea viel höher als die bezüglich Nordkorea sind. Bei den anderen Ländern und Länderkombinationen weisen die Rubriken Ereignisse und Themen ähnliche aber höhere

Werte als bei der Anzahl der Beiträge der Rubrik Personen auf. Die Reihenfolge der Länder und Länderkombination ist hier von oben nach unten: Südkorea, Süd- und Nordkorea, Südkorea und andere Länder, beide koreanische Staaten und andere Länder, Nordkorea und andere Länder, nur Nordkorea.

Die Untersuchung der Anteile der Beiträge bezüglich der verschiedenen Länder an der einzelnen Rubriken zeigt bei allen Rubriken eine Dominanz von jeweils mehr als 55% zugunsten Südkoreas. Die Anteile bezüglich Nordkoreas liegen stets unter 11%. Die Zahlen bezüglich der Länderkombinationen liegen stets oberhalb von denen bezüglich Nordkoreas.

Abb. 20: Vergleich des Hauptgewichtes der Beiträge nach Ländern

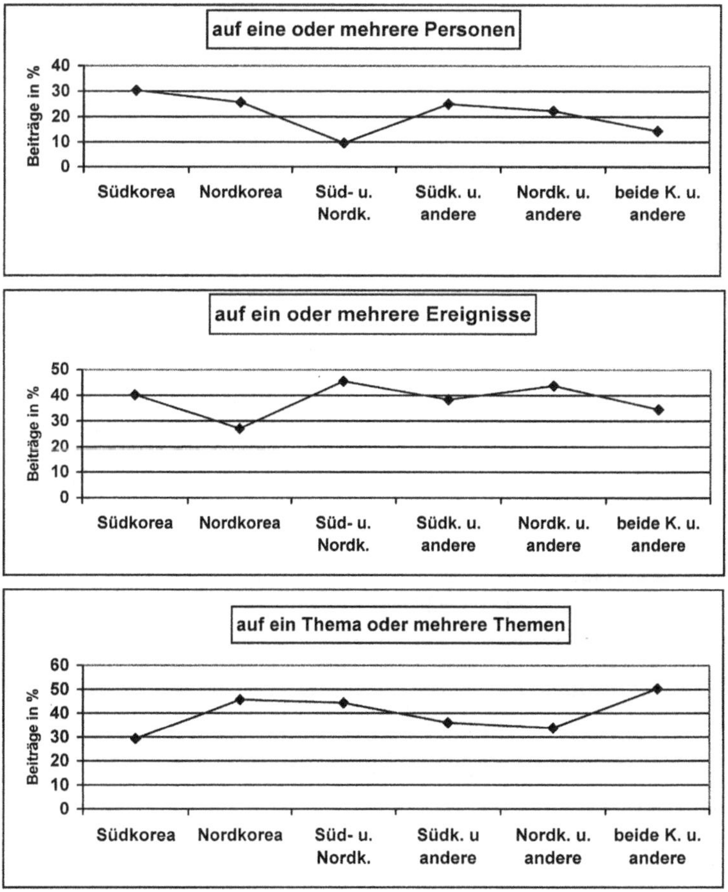

Ein gemischtes Bild bietet die graphische Darstellung der Beiträge der verschiedenen Rubriken bezüglich der einzelnen Länder und Länderkombination.

Eine klare Dominanz der Rubrik Themen liegt bei den Beiträgen bezüglich Nord- und Südkorea und andere Länder mit 50,3% vor, gefolgt von den Rubriken Ereignisse (34,6%) und Personen (14,4%). Die Berichterstattung bezüglich Südkoreas ist relativ ausgeglichen, da die Anteile relativ beieinander liegen: Ereignisse (40,3%), Personen (30,4%), Themen (29,3%)

Bei den Beiträgen bezüglich Nordkoreas gibt es ein absolutes Maximum bei der Rubrik Themen (45,7%), die gefolgt wird von den Ereignissen (27,1%) und den Personen (25,7%). Die Beiträge über Süd- und Nordkorea liegen bei den Ereignissen (45,6%) und den Themen (44,4%) nahe beieinander, abgeschlagen gefolgt von der Rubrik Personen (9,6%).

Bei den Beiträgen über Nordkorea und andere Länder führt die Rubrik Ereignisse (43,8%) vor den Rubrik Themen (33,8%) und Personen (22,3%).

6.2.5. Sensationsgehalt der Beiträge

Einen wichtigen Indikator für Negativismus kann man in der Berichterstattung über den Wertgehalt der Medienrealität erblicken. Mit der Frage, ob Journalismus aus einem Universum vorgegebener Nachrichten einen signifikant höheren Prozentsatz negativer Nachrichten auswählen, hat sich schon die ältere Gatekeeper-Forschung befaßt. (vgl. Gieber 1955: 311-318) Die Tabelle 18-1 zeigt, wie sich in den Zeitungen der Wertgehalt der journalistischen Berichterstattung entwickelt hat. Diese Kategorie „Sensationsgehalt“ bezieht sich auf das Thema des Beitrags selbst.

Die graphische Darstellung der absoluten Beitragszahlen zeigt bei allen Zeitungen eine ausgeprägte Betonung der schlechten Nachrichten (NZZ: 236, FAZ: 174, DP: 114). Beiträge mit guten Nachrichten veröffentlichte die NZZ (133), die FAZ (102) und die DP (56). Die Zahlen bezüglich der neutralen Nachrichten lauten NZZ (139), FAZ (83) und DP (33). Gute und schlechte Nachrichten enthielten bei der NZZ 92 Beiträge, bei der DP 69 und bei der FAZ 42. Die Beiträge der anderen Rubriken sind vergleichsweise niedrig.

Bei der Untersuchung der Betonung der einzelnen Rubriken für die einzelnen Zeitungen ergeben sich deutlich Unterschiede. Die Rubrik „andere“ wird hier wegen der geringen absoluten Beitragszahlen vernachlässigt.

Bei den neutralen Nachrichten dominiert klar die NZZ (21,2%) vor der FAZ (18,9%) und der DP (11,5%). Die DP (39,7%) führt bei den schlechten Nachrichten vor der FAZ (39,6%) und der NZZ (35,9%). Zu den guten Nachrichten tragen die FAZ mit 23,2%, die NZZ mit 20,2% und die DP mit 19,5% bei.

Auch bei der Rubrik gute und schlechte Nachrichten dominiert die DP (24,0%) vor der NZZ (14,0%) und der FAZ (9,6%). Wegen der geringen Zahl der Beiträge der restlichen Rubriken ist deren weitere Auswertung kaum sinnvoll.

Tab. 18-1: Sensationsgehalt der Beiträge in FAZ, NZZ und DP

	FAZ		NZZ		DP	
	abs.	in %	abs.	in %	Abs.	in %
weder bad-, noch good News	83	18,9	139	21,2	33	11,5
bad News	174	39,6	236	35,9	114	39,7
good News	102	23,2	133	20,2	56	19,5
beide obigen Aspekte	42	9,6	92	14,0	69	24,0
angeblich good News, aber wesentlich bad News	11	2,5	8	1,2	6	2,1
angeblich bad News, aber wesentlich good News	2	0,5	1	0,2	-	-
nicht ersichtlich / andere	25	5,7	48	7,3	9	3,1
Summe	439	100,0	657	100,0	287	100,0

Abb. 21: Vergleich des Sensationsgehalts der Beiträge zwischen den Zeitungen

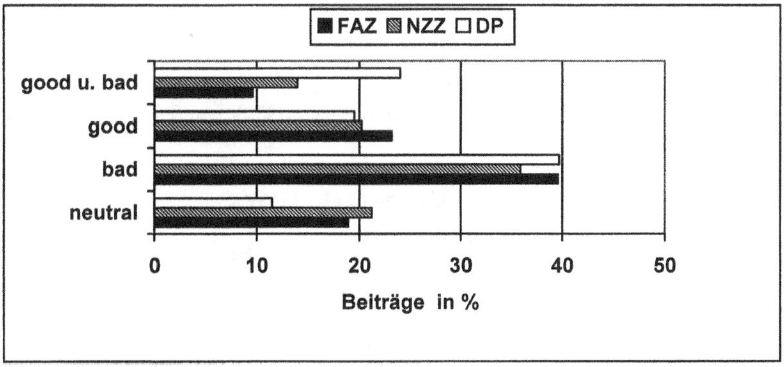

Bei der Untersuchung der Betonung der einzelnen Rubriken für die Zeitungen gibt es bei der FAZ und der NZZ weitgehende Übereinstimmung. Bei allen drei Zeitungen gibt es ein relatives Maximum bei den schlechten Nachrichten (DP: 39,7%, FAZ: 39,6%, NZZ: 35,9%). Bei den neutralen Nachrichten führt die NZZ (21,2%) vor der FAZ (18,9%) und der DP (11,5%). Die guten Nachrichten sind vertreten bei der FAZ mit 23,2%, bei der NZZ mit 20,2%, und der DP mit 19,5%. Ähnlich sind bei der Rubrik gute und schlechte Nachrichten die Anteile von NZZ (14,0%) und FAZ (9,6%) im Vergleich zur DP (24,0%). Die anderen Rubriken wurden wegen der kleinen absoluten Zahlen nicht weiter ausgewertet.

Die graphische Darstellung der absoluten Zahlen der Beiträge zeigt ein von Jahr zu Jahr teilweise sehr stark sich Ändern des Bild. Außer in den Jahren 1960, 1972 und 1992 führen mit deutlichem oder auch großem Abstand die schlechten Nachrichten. (Tabelle 18-2)

Im Jahr 1960 dominieren die gute und schlechte Nachrichten enthaltenden Beiträge. 1972 führen die neutralen Berichte und 1992 die guten. Ausgeprägte Maxima zeigen die schlechten Nachrichten 1968 (118 Beiträge), 1980 (97 Beiträge) und 1988 (77 Beiträge). Eine immer geringe Rolle spielen die Beiträge die angeblich gute, aber wesentlich schlechte und die angeblich schlechte, aber wesentlich gute Nachrichten enthalten.

Ausgeprägte Maxima zeigen die guten Nachrichten in den Jahren 1960 (47), 1972 (44) und 1988 (67). Die neutralen Berichte besitzen maximale Werte in den Jahren 1972 (50), 1980 (46) und 1988 (52). Maxima weisen die gute und schlechte Nachrichten enthaltenden Beiträge 1960 (62), 1968 (36) und 1988 (57) auf.

Die graphische Darstellung der Anteile der verschiedenen Sensationsgehalte an den Beiträgen in den einzelnen Jahren zeigt ebenfalls ein abwechslungsreiches Bild. Wie oben dominieren außer in den Jahren 1960, 1972 und 1992 die Anteile der schlechten Nachrichten. Diese erreichen im Jahre 1976 ein absolutes Maximum mit einem Anteil von 61% und ein absolutes Maximum 1972 mit 20,9%.

Das absolute Maximum bei den neutralen Beiträgen gibt es 1972 (36,0%) und das absolute Minimum 1960 (6,6%). 1960 war das Jahr, in welchem bei sowohl gute als auch schlechte Nachrichten enthaltende Beiträge mit 34,1% ihr absoluten Minima erreichen. 1980 zeigt sich als das Jahr des absoluten Minimums mit 0,5%. Die guten Nachrichten erreichen 1992 den maximalen Wert von 33,3% und 1976 den minimalen Anteil von 7,8%.

Tab. 18-2: Sensationsgehalt der Beiträge nach Jahren

	60	64	68	72	76	80	84	88	92
weder bad-, noch good News	12 6,6%	4 8,2%	36 16,4%	50 36,0%	20 26,0%	46 24,5%	13 11,6%	52 18,8%	22 15,6%
bad News	52 28,6%	25 51,0%	118 53,9%	29 20,9%	47 61,0%	97 51,6%	36 32,1%	77 27,9%	43 30,5%
good News	47 25,8%	13 26,5%	22 10,0%	44 31,7%	6 7,8%	22 11,7%	23 20,5%	67 24,3%	47 33,3%
beide obigen Aspekte	62 34,1%	1 2,0%	36 16,4%	11 7,9%	4 5,2%	1 ,5%	19 17,0%	57 20,7%	12 8,5%
angeblich good News, aber wesentlich bad News	2 1,1%	1 2,0%	6 2,7%	2 1,4%		3 1,6%	5 4,5%	4 1,4%	2 1,4%
angeblich bad News, aber wesentlich good News				2 1,4%				1 ,4%	
nicht ersichtlich / andere	7 3,8%	5 10,2%	1 ,5%	1 ,7%		19 10,1%	16 14,3%	18 6,5%	15 10,6%
Summe	182 100,0%	49 100,0%	219 100,0%	139 100,0%	77 100,0%	188 100,0%	112 100,0%	276 100,0%	141 100,0%

Die graphische Darstellung der Anteile der verschiedenen Jahre an den Sensationsgehalten zeigt gleichfalls starke Schwankungen. Ausgewertet werden hier aber nur die ersten vier relevanten Sensationsgehaltvarianten.

In den Jahren 1960 (34,1%) und 1988 (20,7%) dominieren die Beiträge mit sowohl guten als auch schlechten Nachrichten, welche 1964 (2,0%) und 1980 (0,5%) sehr niedrige Anteile aufweisen. Die Anteile der schlechten Nachrichten führen lediglich 1968 (53,9%) und 1980 (51,6%) und weisen 1972 ihren geringsten Anteil mit 20,9% auf.

Die guten Nachrichten erreichen Maxima 1992 (33,3%), 1972 (31,7%) und 1964 (26,5%) und ausgeprägte Maxima 1968 (10,0%) und 1976 (7,8%).

1972 (36,0%), 1976 (26,0%) und 1980 (24,5%) sind die Jahre, welchen die neutralen Nachrichten deutlich maximale Anteile aufweisen. Die Jahre 1960 (6,6%), 1964 (8,2%) und 1984 (11,6%) zeigen hier lokale Minima.

Abb. 22: Wandel der Sensationsgehalts der Berichterstattung nach Jahren

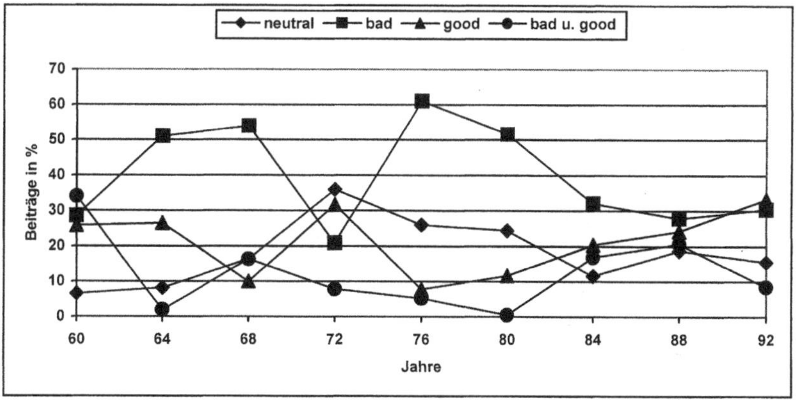

Die graphische Darstellung der absoluten Zahlen der Beiträge (Tabelle 18-3) zeigt klar, daß es bei den Rubriken große Unterschiede gibt. Schnell zu erkennen ist, daß die schlechten Nachrichten insgesamt (524 Beiträge) und bezüglich Südkorea (236 Beiträge) überwiegen, gefolgt von denen bezüglich Süd- und Nordkorea (103 Beiträge), beide koreanische Staaten und andere Länder (67 Beiträge), Nordkorea und andere Länder (47 Beiträge), Südkorea und andere Länder (44 Beiträge) sowie Nordkorea allein (27 Beiträge).

Die guten Nachrichten stehen bezüglich Südkorea an zweiter Stelle (138 Beiträge), gefolgt von denen bezüglich Süd- und Nordkorea (59 Beiträge), Südkorea und andere Länder (51 Beiträge), beide koreanische Staaten und andere Länder (20 Beiträge), Nordkorea und andere Länder (17 Beiträge) sowie nur Nordkorea (6 Beiträge).

Die meisten neutralen Berichte gibt es bezüglich Südkorea, gefolgt von denen bezüglich Süd- und Nordkorea (47 Beiträge), Südkorea und andere Länder (39 Beiträge), Nordkorea und andere Länder (35 Beiträge), nur Nordkorea (21 Beiträge) sowie beide koreanische Staaten und andere Länder (15 Beiträge).

Gute und schlechte Nachrichten enthielten 86 Beiträge über Südkorea, 41 über beide koreanische Staaten und andere Länder, 27 über Südkorea und andere Länder, 26 über Südkorea und Nordkorea, 19 über Nordkorea und andere Länder sowie 4 über Nordkorea.

Die Zahl der Beiträge bei den verbleibenden Sensationsgehaltarten bleibt stets unter zehn.

Tab. 18-3: Sensationsgehalt der Beiträge bezüglich der Bezüge

	nur Südkorea	nur Nordkorea	Süd- und Nodkorea	Südkorea und andere Länder	Nordkorea und andere Länder	Beide Korea und andere Länder
weder bad-, noch good News	98 16,1%	21 30,0%	47 18,8%	39 22,7%	35 26,9%	15 9,8%
bad News	236 38,8%	27 38,6%	103 41,2%	44 25,6%	47 36,2%	67 43,8%
good News	138 22,7%	6 8,6%	59 23,6%	51 29,7%	17 13,1%	20 13,1%
beide obigen Aspekte	86 14,1%	4 5,7%	26 10,4%	27 15,7%	19 14,6%	41 26,8%
angeblich good News, aber wesentlich bad News	9 1,5%	2 2,9%	6 2,4%	4 2,3%		4 2,6%
Angeblich bad News, aber wesentlich good News			2 ,8%		1 ,8%	
nicht ersichtlich / andere	41 6,7%	10 14,3%	7 2,8%	7 4,1%	11 8,5%	6 3,9%
Summe	608 100,0%	70 100,0%	250 100,0%	172 100,0%	130 100,0%	153 100,0%

Abb. 23: Wandel des Sensationsgehalts der Beiträge nach Ländern

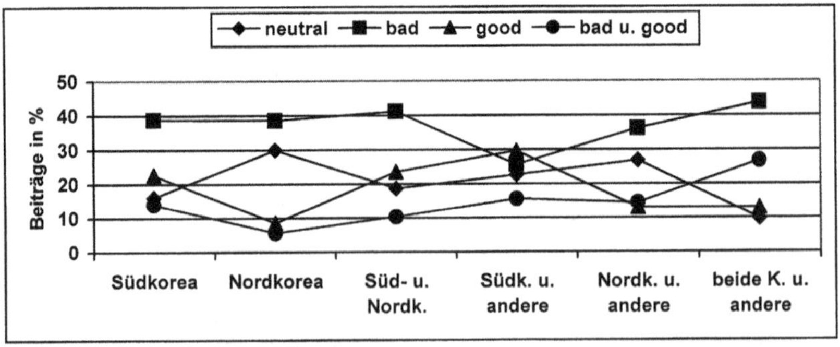

6.2.6. Aktualität

Ein wichtiger Indikator zur Erläuterung der Thematisierungsstruktur des System Journalismus hängt von seiner Unterscheidung von „aktuell/nicht aktuell“ ab. Darauf sind alle Programme im Journalismus ausgerichtet.

Die graphische Veranschaulichung der absoluten Zahl der Beiträge (Tabelle 19) zeigt teilweise drastische Unterschiede zwischen den Zeitungen. Die Rubrik „heute“ weist bei allen Zeitungen ohne Unterschied einen flauen Zahlenwert auf. Anders sieht es aus bei der Rubrik „gestern“. Hier führt mit 302 Beiträgen die FAZ vor der NZZ mit 91 und der DP mit 65. Bei der Rubrik „vorgestern“ allerdings führt die NZZ mit 389 Beiträgen, gefolgt von FAZ mit vier und der DP mit drei Beiträgen. Ebenfalls liegt die NZZ bei den „nicht aktuellen“ Beiträgen mit 125 Beiträgen vorne, dahinter folgt die FAZ mit 18 und die DP mit 10 Beiträgen. Die Zahlen bei der Rubrik Prognosen lauten DP (23), FAZ (6) und NZZ (2). Die Rubriken „von dauerhafter Bedeutung“, „Geschichte“ und einmalige Sondernachrichten weisen absolute Zahlen auf, die stets unter 15 liegen. Bei der Rubrik „keine Angabe“ führt die DP mit 166 Beiträgen vor der FAZ mit 80 und der NZZ mit 39.

Die Untersuchung der Anteile der einzelnen Rubriken an der Anzahl den Gesamtbeiträgen bei den einzelnen Zeitungen ergibt ebenfalls ein differenziertes Bild. Die Rubrik „heute“ ist bei allen Zeitungen nur mit weniger als zwei Prozent vertreten. Bei der Rubrik „gestern“ führt aber die FAZ dominant mit 68,8% vor der DP mit 22,6% und der NZZ mit 13,9%. Anders führt die NZZ bei der Rubrik „vorgestern“ mit 59,2% vor der DP mit 1,0% und der FAZ mit 0,9%. Auch bei den „nicht aktuellen“ Beiträgen liegt die NZZ mit 19,0% Anteil vorne, gefolgt von der FAZ (4,1%) und der DP (3,5%).

Die DP weist den höchsten Anteil bei den Prognosen mit 8,0% auf, die FAZ 1,4% und die NZZ 0,3%. Die Anteile bei den Rubriken „von dauerhafter Bedeutung“ und „Geschichte“ liegen stets unter 2,2%. Bei den „einmaligen Sondernachrichten“ gibt es bei der DP einen Anstieg auf 4,9% und der FAZ auf 3,2% während der entsprechende Wert bei der NZZ null ist. Eine Sonderrolle spielt die Rubrik „keine Angabe/nicht ersichtlich“, die bei der DP 57,8%, bei der FAZ 18,2% und bei der NZZ 5,9% ausmacht.

Tab. 19: Aktualität der Beiträge in FAZ, NZZ und DP

	FAZ		NZZ		DP	
	abs.	in %	abs.	in %	abs.	in %
heute	5	1,1	10	1,5	4	1,4
gestern	302	68,8	91	13,9	65	22,6
vorgestern	4	0,9	389	59,2	3	1,0
nicht aktuell	18	4,1	125	19,0	10	3,5
Prognose/Vorschau	6	1,4	2	0,3	23	8,0
von dauerhafter Bedeutung	9	2,1	-	-	2	0,7
Geschichte	1	0,2	1	0,2	-	-
einmalige Sondernachrichten	14	3,2	-	-	14	4,9
keine Angabe/nicht ersichtlich	80	18,2	39	5,9	166	57,8
Summe	439	100,0	657	100,0	287	100,0

<u>Abb. 24</u>: Vergleich der Aktualität der Beiträge zwischen den Zeitungen

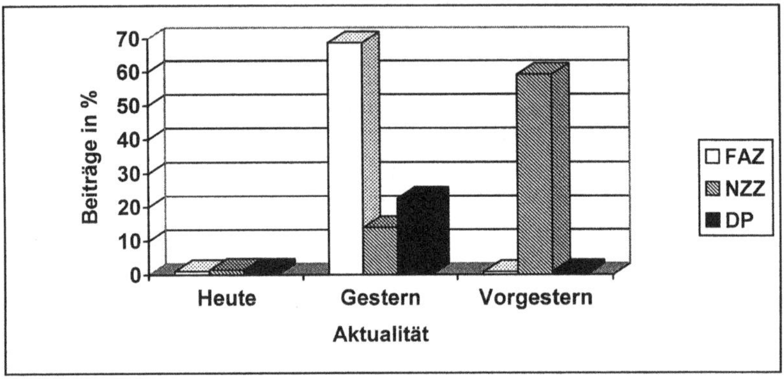

6.2.7. Überschriften der Beiträge

Zur Untersuchung der Thematisierungsstruktur des Systems Journalismus wird die Überschrift und die dabei speziell untersuchten Indikatoren wie Größe, Verhältnis zum Text, Druck und typographische Maßnahmen etc. als ein wichtiger Indikator für die gate-keeper-Verhaltensmuster betrachtet. Sie unterstreichen zusätzlich zu den bereits behandelten Faktoren die Bedeutung, die der Schleusenwärter einer gewissen Information beimißt. Man prüft vorerst alle Zeitungsüberschriften auf ihren flächenmäßigen Umfang. Die am häufigsten verwendeten Auslandsinformationen, die Kern- und Hauptnachrichten, werden generell mit größeren Überschriften betitelt als der Rest der Artikel. Allgemein informierende, besonders entspannende Beiträge erhalten kein vergleichbares „editorial treatment".

In dieser Untersuchung wurde das Verhältnis der Überschrift zum Text als Forschungsaufgabe ausgewählt. Die graphische Veranschaulichung der Beiträge (Tabelle 20) zeigt ein sehr differenziertes Bild. Bei der NZZ dominieren klar mit 81,1 % die Überschriften, die das Wesentliche zusammenfassend enthalten, gefolgt von denen der FAZ mit 74,0% und denen der Presse mit 48,4%. Interessanterweise folgt als nächst wichtiges Kriterium das, bei welchem kein Zusammenhang zwischen Überschrift und Beitragsinhalt besteht. Hier führt die Presse mit 29,3% gefolgt von der FAZ mit 18,5% und der NZZ mit 9,9% der eigenen Beiträge. Weitere Untersuchungen über die Qualität der Recherchen könnten die großen Unterschiede zwischen den drei Zeitungen erklären, welche hier doch als sehr bedeutend erscheinen.

Beim Kriterium, daß der Artikel eine Folgerung enthält, den die Überschrift vorbereitet, führt deutlich die Presse vor den anderen Zeitungen, was auf eine Spezialisierung hinweisen kann. Die Bedeutung der anderen Rubriken kann aufgrund der geringen jeweiligen Zahl der absoluten Beiträge vernachlässigt werden.

Tab. 20: Widersprüche oder Inkongruenzen zwischen Artikel und Überschrift in FAZ, NZZ und DP

	FAZ		NZZ		DP	
	abs.	in %	abs.	in %	abs.	in %
nein, Überschrift enthält keinen Zusammenhang	81	18,5	65	9,9	84	29,3
nein, Überschrift enthält das Wesentliche, Resümee, usammenfassung	325	74,0	533	81,1	139	48,4
ja, Überschrift enthält eine Folgerung, die der Artikel vorbereitet	18	4,1	30	4,6	17	5,9
ja, Überschrift "hebt ab", verstärkt Tendenz	2	0,5	15	2,3	39	13,6
ja, Überschrift schwächt Tendenz ab	3	0,7	6	0,9	2	0,7
keine Überschrift	5	1,1	1	0,2	2	0,7
Anderer Kommentar/Wertung	5	1,1	7	1,1	4	1,4
Summe	439	100,0	657	100,0	287	100,0

Abb. 25: Vergleich der Überschriftsstruktur zwischen den Zeitungen

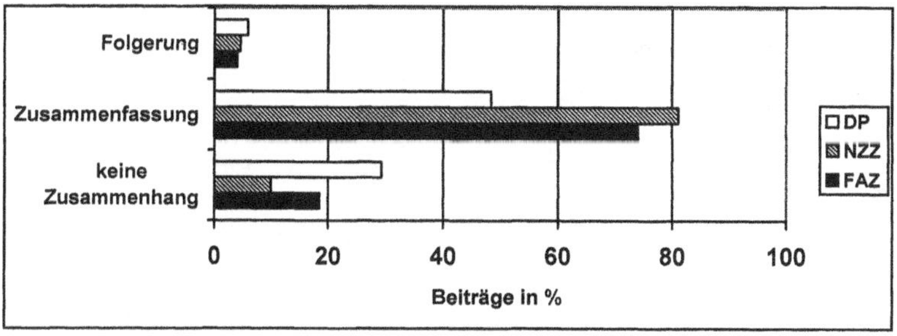

6.2.8. Handlungsanweisende Institution oder Person

Die Tabelle 21 enthalten eine Kategorisierung nach „Handlungsträgern". Mit dieser Aufschlüsselung soll dargestellt werden, welche Personen, Gruppen und Institutionen das Bild des Geschehens bestimmen. Bei der Kodierung wurde jeweils eine schwerpunktmäßige Zuordnung vorgenommen: entscheidend war, welche Person oder Institution im Mittelpunkt des Geschehens steht, das Ereignis verursacht oder dominiert.

Die graphische Veranschaulichung der Beiträge der einzelnen Zeitungen zeigt bei allen eine klare Dominanz der Exekutive mit einem Gesamtanteil von 49,1% als Handlungsträger. Diese ist bei der FAZ mit 61,4% Anteil an den eigenen Beiträgen am klarsten ausgeprägt, gefolgt von der Presse mit 44,7% und der NZZ mit 42, 6%. Als nächstes folgt die Rubrik "sonstige/Individuen/ personale Systeme/öffentliche Meinung" mit 13,4% aller Beiträge, die bei der Presse mit 16,2%, bei der FAZ mit 13,0% und der NZZ mit 12,5% Anteil an den jeweilige eigenen Beiträge vertreten ist.

Der Handlungsträger "andere Staaten" stellt 9,3 % aller Beiträge, an denen die NZZ mit 11,7%, die Presse mit 11,0% und die FAZ mit 4,8% beteiligt sind.

An vierter Stelle steht die Legislative mit einem Gesamtanteil von 7,1%, von denen die NZZ 8,5%, die FAZ 5,3% und die Presse 6,6 % stellen. Die absoluten Zahlen der anderen Rubriken sind so gering, daß eine statistische Auswertung wenig sinnvoll erscheint.

Tab. 21: Hauptakteure / Handlungsträger der Beiträge in FAZ, NZZ und DP

	FAZ		NZZ		DP	
	abs.	in %	abs.	in %	abs.	in %
Legislative	20	5,3	49	8,5	15	6,6
Exekutive	232	61,4	247	42,6	102	44,7
Judikative	12	3,2	20	3,5	8	3,5
supranationale Organisationen	17	4,5	13	2,3	4	1,8
Militärs	8	2,1	34	5,9	9	3,9
Wirtschaft allgemein	8	2,1	14	2,4	16	7,0
sonstige Organisationen/Institutionen	14	3,7	49	8,5	11	4,8
Medien	-	-	12	2,1	1	0,4
Sonstige/Individuen/personale Systeme/Öffentliche Meinung	49	13,0	72	12,5	37	16,2
andere Staaten	18	4,8	67	11,7	25	11,0
Summe	378	100,0	575	100,0	228	100,0

Abb. 26: Vergleich der Hauptakteure / Handlungsträger in den Beiträgen zwischen den Zeitungen

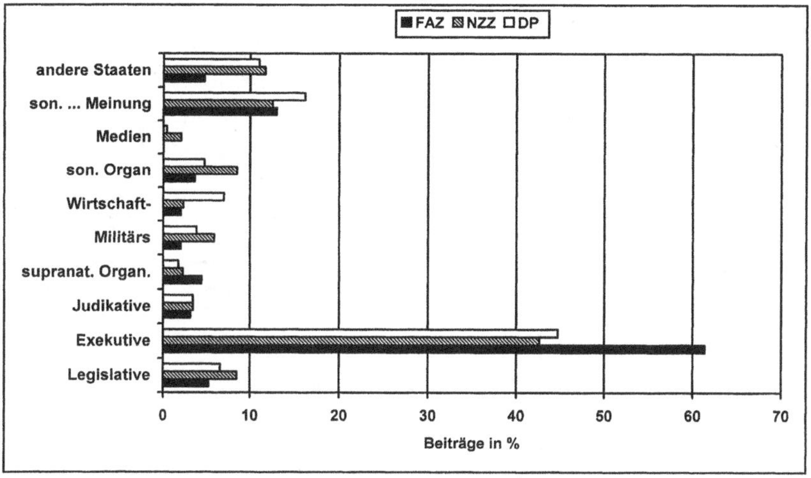

Hier werden die Beiträge im Zusammenhang sowohl mit den Handlungsträgern als auch mit den Orten gesehen. Die Darstellung der absoluten Zahlen der Darstellung zeigt deutlich, daß bezüglich fast aller Handlungsträger Südkorea führt. An erster Stelle stehen hier die Berichte über die Exekutive mit 39,8% Anteil, gefolgt von der Rubrik „Legislative“ mit 16,4%, der Rubrik „Sonstige/Individuen/personale Systeme/öffentliche Meinungen“ mit 15,2%, der Rubrik „sonstige Organisationen/Institutionen“ mit 10,3% und der Rubrik „Judikative“ mit 7,0 %. Die Anteile der anderen Handlungsträger liegen jeweils unter 4,0%. „Süd- und Nordkorea“ führt bei der absoluten Zahl der Beiträgen über militärische Themen mit 54,9%. Bei der Rubrik „andere Staaten“ führen „Nordkorea und andere Länder“

Tab. 22: Hauptakteure / Handlungsträger der Beiträge nach den Ländern

	nur Südkorea	nur Nordkorea	Süd- und Nordkorea	Südkorea und andere Länder	Nordkorea und andere Länder	beide Korea und andere Länder
Legislative	87 16,4%	13 25,0%	78 36,4%	9 5,9%	26 24,3%	19 15,7%
Exekutive	212 39,8%	22 42,3%	57 26,6%	73 47,7%	20 18,7%	26 21,5%
Judikative	37 7,0%		2 ,9%			1 ,8%
supranationale Organisationen	15 2,8%	5 9,6%	2 ,9%	2 1,3%	6 5,6%	4 3,3%
Militärs	12 2,3%		28 13,1%	5 3,3%		6 5,0%
Wirtschaft allgemein	21 3,9%	1 1,9%		12 7,8%	1 ,9%	3 2,5%
sonstige Organisationen/Institutionen	55 10,3%		27 12,6%	3 2,0%	3 2,8%	5 4,1%
Medien	4 ,8%	5 9,6%	1 ,5%		2 1,9%	1 ,8%
Sonstige/Individuen/ Personale Systeme/ Öffentliche Meinung	81 15,2%	6 11,5%	16 7,5%	19 12,4%	9 8,4%	28 23,1%
andere Staaten	8 1,5%		3 1,4%	30 19,6%	40 37,4%	28 23,1%
Summe	532 100,0%	52 100,0%	214 100,0%	153 100,0%	107 100,0%	121 100,0%

Abb. 27: Wandel der Hauptakteure / Handlungsträger nach Bezügen

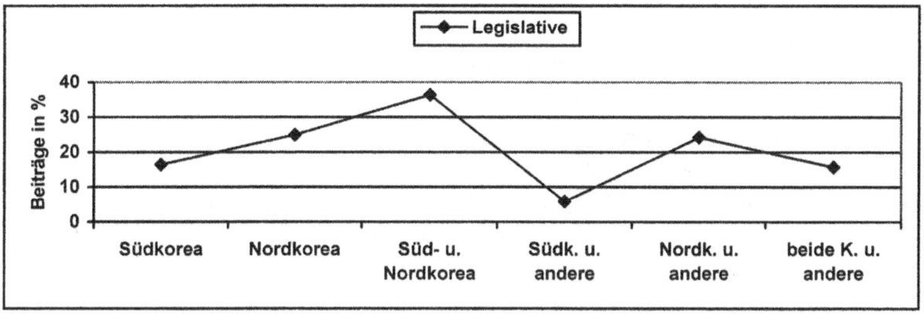

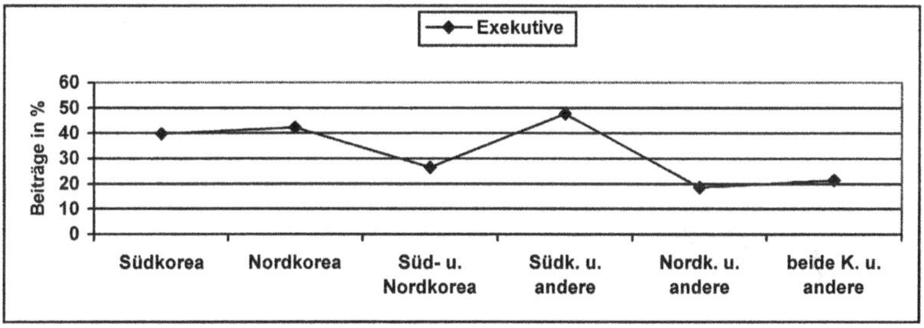

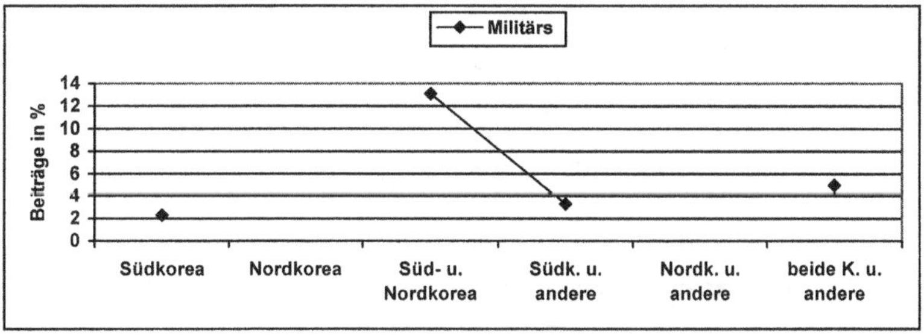

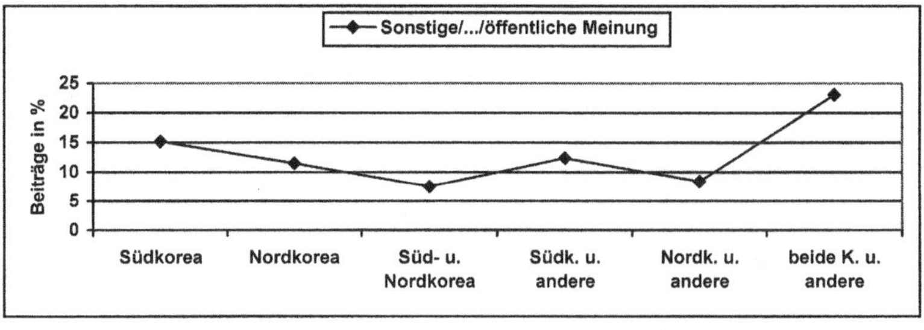

6.2.9. Handlungsziel

Handlungsziel heißt das Objekt der handlungsanweisenden Institution oder Person. In Tabelle 23 werden die Beiträge nach den Handlungszielen geordnet bei den verschiedenen Zeitungen dargestellt. Die graphische Darstellung der absoluten Zahlen der Beiträge zeigt bei allen Zeitungen eine klare Dominanz des Handlungsziels „Exekutive". Dieses steht mit 56,3% an der Spitze bei der FAZ, mit 48,2% bei der Presse und mit 33,2% bei der NZZ. An zweiter Stelle bei den Handlungszielen steht bei allen Zeitungen „Sonstige/Individuen/personale Systeme/öffentliche Meinung", bei der NZZ mit 24,6%, bei der Presse mit 17,4% und der FAZ mit 12,7%. Den dritten Rang nimmt das Handlungsziel „andere Staaten" ein, das bei der NZZ mit 11,1%, bei der FAZ mit 9,2% und der Presse mit 8,7% Anteil vertreten ist. Das Handlungsziel „Legislative" folgt mit 10,5% bei der Presse, mit 9,7% bei der NZZ und 5,9% bei der FAZ.

Tab. 23: Handlungsziel der Beiträge in FAZ, NZZ und DP

	FAZ		NZZ		DP	
	abs.	in %	abs.	in %	abs	in %
Legislative	22	5,9	55	9,7	18	10,5
Exekutive	208	56,3	188	33,2	83	48,2
Judikative	7	1,9	4	0,7	1	0,6
supranationale Organisationen	11	3,0	10	1,8	4	2,3
Militärs	6	1,6	36	6,4	-	-
Wirtschaft allgemein	14	3,8	17	3,0	9	5,2
sonstige Organisationen/Institutionen	9	2,4	32	5,7	10	5,8
Medien	12	3,2	22	3,9	2	1,2
Sonstige/Individuen/personale Systeme/öffentliche Meinung	47	12,7	139	24,6	30	17,4
andere Staaten	34	9,2	63	11,1	15	8,7
Summe	370	100,0	566	100,0	172	100,0

Abb. 28: Vergleich des Handlungsziel der Beiträge zwischen den Zeitungen

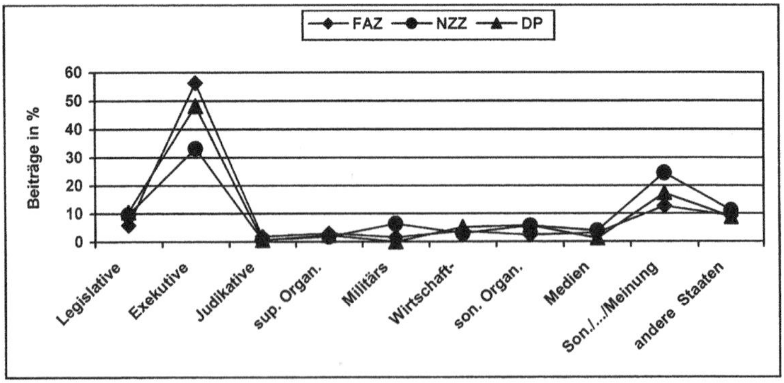

6.2.10. Themenbereiche der Beiträge

Tab. 24-1: Themenbereiche der Beiträge in FAZ, NZZ und DP

	FAZ		NZZ		DP	
	abs.	in %	abs.	in %	abs	in %
Innenpolitik	140	32,1	239	36,9	69	25,7
in Bezug auf die Beziehung zwischen Süd- und Nordkorea	109	25,0	158	24,4	74	27,5
Außenpolitik	56	12,8	108	16,7	42	15,6
Verteidigung/Militär/Abrüstung	19	4,4	27	4,2	10	3,7
Wirtschaft/Industrie/Handels	39	8,9	38	5,9	27	10,0
Soziales	3	0,7	9	1,4	7	2,6
Sport	14	3,2	3	0,5	-	-
Kultur	13	3,0	9	1,4	8	3,0
Recht und Ordnung	5	1,1	22	3,4	8	3,0
menschliches Interesse	10	2,3	16	2,5	4	1,5
Tips/Hinweis	-	-	1	0,2	1	0,4
Olympiade 1988 in Seoul	28	6,4	18	2,8	19	7,1
Summe	436	100,0	648	100,0	269	100,0

Abb. 29: Vergleich der Themenbereiche der Beiträge zwischen den Zeitungen

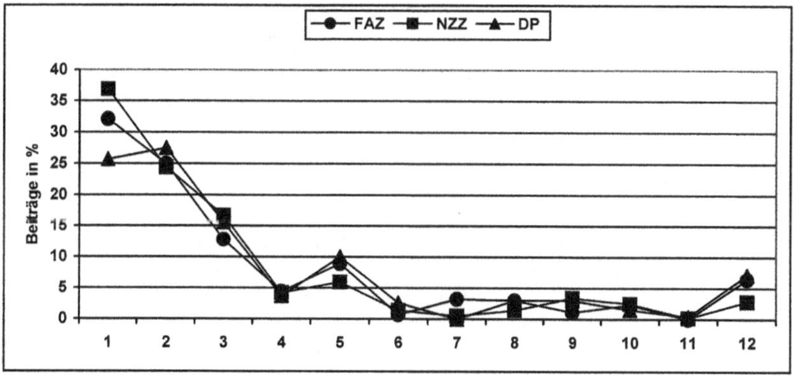

Das in der traditionellen Nachrichtenforschung am meisten verwendete Kategorienschema gliedert den Nachrichteninhalt nach Sachgebieten. Die Tabelle 24-1 zeigt eine solche Kategorisierung nach zwölf Hauptgebieten für die drei Zeitungen im Vergleich. Die graphische Veranschaulichung zeigt sowohl bei der NZZ (36,9%) als auch der FAZ (32,1%) eine klare Dominanz der innenpolitischen Themen. Bei der Presse führen mit knappem Vorsprung (27,5%) Themen, die Beziehungen zwischen beiden koreanischen Zeitungen betreffen vor innenpolitischen Themen (25,7%). An zweiter Stelle stehen bei der FAZ mit 25,0% und der NZZ mit 24,4% die zwischenkoreanischen Beziehungen. Bezüglich der Außenpolitik bei allen Zeitungen an dritter Stelle stehen diesbezügliche Themen bei der NZZ mit 16,7%, bei der Presse mit 15,6% und der NZZ mit 12,8%. Wirtschaftsthemen stehen bei allen Zeitungen an vierter Stelle, wobei die Presse mit 10,0% vor der FAZ mit 8,9% und der NZZ mit 5,9% führt.

Themenbeiträge über die Olympiade 1988 folgen bei der Presse mit 7,1%, der FAZ mit 6,4% und der NZZ mit 2,8%. Die Verteidigung/Militär/Abrüstung ist Gegenstand der Beiträge der FAZ mit einem Anteil von 4,4%, der NZZ mit 4,2% und der Presse mit 3,7%. Alle anderen Beiträge liegen jeweils unter 4% bei den einzelnen Zeitungen.

Im untersuchten Zeitraum erschienen die absolut meisten Beiträge bezüglich aller Themenbereiche mit 273 im Jahr 1988, gefolgt von 217 Beiträgen im Jahr 1968, 183 Beiträgen 1980, 179 Beiträgen 1960, 126 Beiträgen 1992, 111 Beiträgen 1984, 77 Beiträgen 1976 und 48 Beiträgen 1964.

In der Tabelle werden verschiedene Themenbeiträge zu verschiedenen Erscheinungsjahren dargestellt. Im Jahr 1960 dominieren mit 72,6% Beiträge zu innenpolitischen Themen, gefolgt mit 8,4% zu außenpolitischen Themen, mit 7,3% zu Themen, die die Beziehungen zwischen beiden koreanischen Staaten betreffen und zu Themen die Verteidigung/Militär/Abrüstung betreffen mit 5,0%. Die Anteile der anderen Themen liegen jeweils unter 3,0%. 1964 stehen innenpolitische Beiträge mit 47,9% an erster Stelle. Ihnen folgen außenpolitische Themen mit 33,3%, mit jeweils 6,3% wirtschaftliche Themen und die Beziehungen zwischen Süd- und Nordkorea betreffenden Beiträge. Alle anderen Beiträge sind mit weniger als 3,0% vertreten.

1968 liegen die Beiträge, die die Beziehungen zwischen beiden koreanischen Staaten betreffen, mit 56,2% an der Spitze. Diese werden gefolgt von außenpolitischen Themen mit 19,4%, von innenpolitischen Beiträgen mit 8,3% und von Beiträgen über Verteidigungsfragen mit 7,4%, Alle anderen Beiträge liegen jeweils unter 3%.

1972 führen erneut die beide koreanischen Staaten betreffenden Beziehungen mit 47,5%, gefolgt von innenpolitischen Themen mit 18%, von außenpolitischen Themen mit 16,5%, Wirtschaftsthemen mit 6,5% und Kulturthemen mit 5,0%. Alle anderen Beiträge haben Anteile von jeweils unter 4,0%.

Im Jahr 1976 dominiert kein Themenschwerpunkt stark. Hier führen beide koreanische Staaten betreffende Themen mit 28,6%, gefolgt von außenpolitischen Beiträgen mit 23,4%, von innenpolitischen Themen mit 15,6%, von Beiträgen die Verteidigung betreffend mit 14,3% und Wirtschaftsthemen mit 7,8%. Alle anderen Beiträge haben jeweilige Anteile von unter 4%.

1980 führen mit 65,6% aller Beiträge die innenpolitischen, gefolgt von Themen, die das Recht und Ordnung (d.h. Verfassung, Gesetzgebung, Prozesse und Urteile und Strafen etc.) betreffen mit 9,8%. Es schließen an mit 8,2% die Beiträge, die die Beziehungen zwischen beiden koreanischen Staaten betreffen und außenpolitische Themen mit 5,5%. Wirtschaftsthemen erreichen einen Anteil von 4,4%. Alle anderen Bereiche sind mit jeweils unter 3% vertreten.

Tab. 24-2: Themenbereiche der Beiträge nach Jahren

	60	64	68	72	76	80	84	88	92
innenpolitik	130 72,6%	23 47,9%	18 8,3%	25 18,0%	12 15,6%	120 65,6%	11 9,9%	77 28,2%	32 25,4%
in Bezug auf die Beziehung zwischen Süd- und Nordkorea	13 7,3%	3 6,3%	122 56,2%	66 47,5%	22 28,6%	15 8,2%	26 23,4%	50 18,3%	24 19,0%
Außenpolitik	15 8,4%	16 33,3%	42 19,4%	23 16,5%	18 23,4%	10 5,5%	28 25,2%	23 8,4%	31 24,6%
Verteidigung/Militär/ Abrüstung	9 5,0%	1 2,1%	16 7,4%	2 1,4%	11 14,3%	4 2,2%	2 1,8%	1 ,4%	10 7,9%
Wirtschaft/Industrie/ Handels	4 2,2%	3 6,3%	4 1,8%	9 6,5%	6 7,8%	8 4,4%	14 12,6%	33 12,1%	23 18,3%
Soziales			1 ,5%	2 1,4%	1 1,3%	2 1,1%	9 8,1%	3 1,1%	1 ,8%
Sport		1 2,1%	2 ,9%				7 6,3%	7 2,6%	
Kultur		1 2,1%	1 ,5%	7 5,0%	2 2,6%	2 1,1%	2 1,8%	14 5,1%	1 ,8%
Recht und Ordnung	5 2,8%		5 2,3%		3 3,9%	18 9,8%		3 1,1%	1 ,8%
menschliches Interesse	3 1,7%		6 2,8%	5 3,6%	1 1,3%	3 1,6%	6 5,4%	3 1,1%	3 2,4%
Tips/Hinweis						1 ,5%		1 ,4%	
Olympiade 1988 in Seoul					1 1,3%		6 5,4%	58 21,2%	
Summe	179 100,0%	48 100,0%	217 100,0%	139 100,0%	77 100,0%	183 100,0%	111 100,0%	273 100,0%	126 100,0%

Im Jahr 1984 führen außenpolitische Themen mit 25,2% knapp vor Beiträgen, die die Beziehungen zwischen beiden koreanischen Staaten betreffen mit 23,4%. Ihnen folgen Wirtschaftsbeiträge mit 12,6% Anteil, innenpolitische Themen mit 9,9%, soziale Themen mit 8,1% sowie Beiträge, die den Sport betreffen mit 6,3%. Themen, die menschliches Interesse betreffen, sowie die Olympiade 1988 besitzen Anteile von jeweils 5,4%. Die Anteile aller anderen Themen liegen jeweils unter 2,0%.

Im Olympiajahr 1988 liegen die Berichte, die die Innenpolitik betreffen, mit 28,2% an der Spitze vor den Beiträgen, die die Olympiade betreffen, mit 21,2%. Mit 18,3% sind die Themen vertreten, die Beziehungen zwischen beiden koreanischen Staaten beschreiben. Wirtschaftthemen folgen mit 12,1% Anteil, außenpolitische Beiträge mit 8,4% und Kulturthemen mit 5,1% Anteil. Alle anderen Themen haben Anteile von jeweils unter 2,0%.

1992 stehen mit 25,4% aller Beiträge innenpolitische Themen knapp vor den Beiträgen mit 24,6%, die außenpoltische Themen betreffen, an der Spitze. Die Beziehung zwischen beiden koreanischen Staaten betreffenden Themen besitzen einen Anteil von 19,0%, gefolgt von Wirtschaftsthemen mit 18,3% und Verteidigungsthemen mit 7,9%. Alle anderen Themen haben Anteile von weniger als 3,0%.

Abb. 30: Wandel der Themenbereiche der Berichterstattung nach Jahren

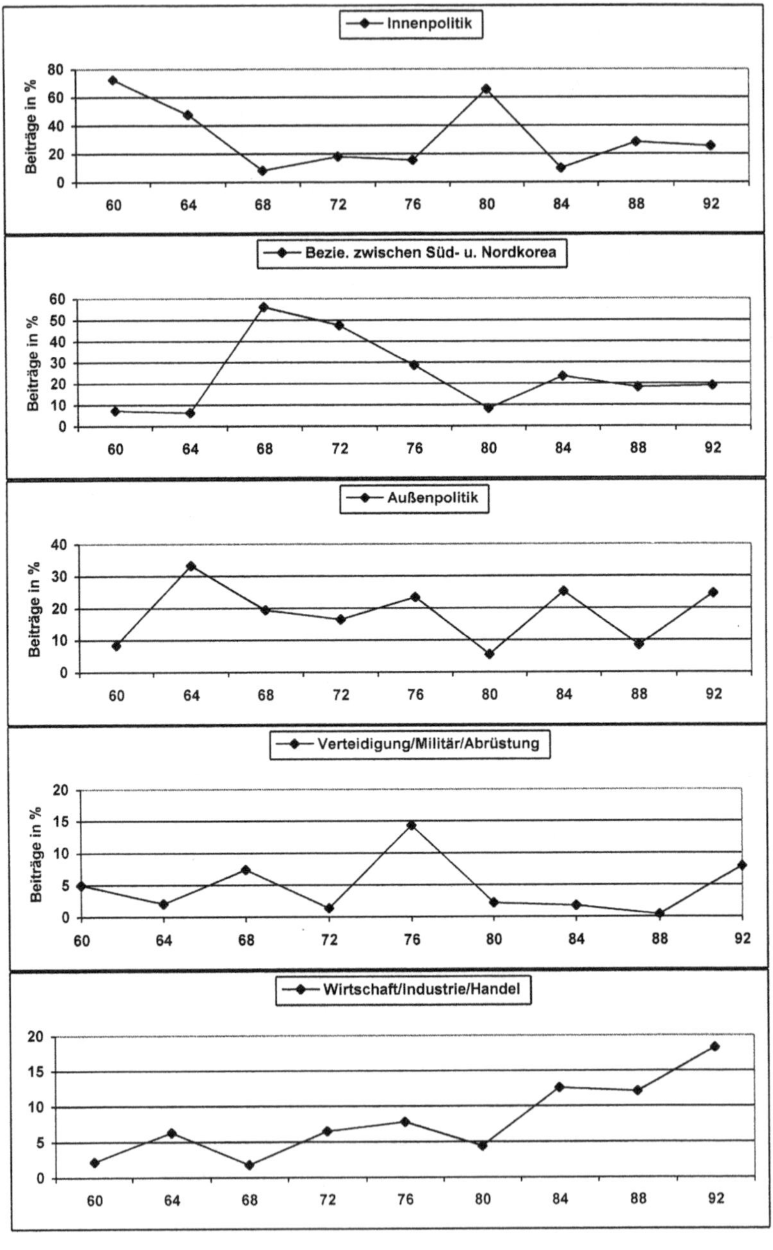

In der Tabelle 24-3 werden die Themenbeiträge den zugehörigen Bezugsländern zugeordnet. Die Zusammenfassung der absoluten Zahlen der Beiträge für alle Bezugsländer ergibt folgendes. Innenpolitische Themen stehen mit 33,1% oder 448 an erster Stelle, gefolgt von Beiträgen mit Bezug auf die Beziehungen zwischen Nord- und Südkorea mit 25,2% oder 341. An nächster Stelle folgen außenpolitische Themen mit 15,2% oder 206, Wirtschaftsthemen mit 7,7% oder 104 Beiträgen, die Olympiade 1988 mit 4,8% oder 65 sowie die Verteidigung mit 4,1% oder 56 Beiträgen. Alle anderen Themenschwerpunkte sind mit weniger als 3% Gesamtanteil vertreten.

Die Verteilung der Themenschwerpunkte bezüglich der verschiedenen Länder zeigt ein sehr unterschiedliches Bild.

Nur Südkorea: Hier führen dominant mit 52,0% Anteil innenpolitische Themen, gefolgt von außenpolitische Themen mit 14,5%, Wirtschaftsbeiträgen 10,3%, die Olympiade 1988 mit 5,5%, Rechtsthemen mit 4,5%, Kulturbeiträgen mit 3,2% und menschliche Interesse mit 3,1%. Alle anderen Themenanteile liegen jeweils unter 3,0%.

Tab. 24-3: Themenbereiche in der Beiträge nach Bezügen

	Südkorea	Nordkorea	Süd- und Nordkorea
Innenpolitik	394 52,0%	26 13,3%	28 7,0%
in Bezug auf die Beziehung zwischen Süd- und Nordkorea	14 1,9%	60 30,6%	267 66,9%
Außenpolitik	110 14,5%	64 32,7%	32 8,0%
Verteidigung/Militär/ Abrüstung	20 2,6%	14 7,1%	22 5,5%
Wirtschaft/Industrie/ Handels	78 10,3%	18 9,2%	8 2,0%
Soziales	11 1,5%	2 1,0%	6 1,5%
Sport	6 0,8%	4 2,0%	7 1,8%
Kultur	24 3,2%	2 1,0%	4 1,0%
Recht und Ordnung	34 4,5%		1 0,3%
menschliche Interesse	23 3,1%	2 1,0%	5 1,3%
Tips/Hinweis	2 0,3%		
Olympiade 1988 in Seoul	42 5,5%	4 2,0%	19 4,8%
Summe	758 100,0%	196 100,0%	399 100,0%

Nur Nordkorea: Auch hier liegen allerdings weniger ausgeprägt die außenpolitischen Themen mit 32,7% an der Spitze, gefolgt von der Rubrik „die Beziehung zwischen Süd- und Nordkorea mit 30,6%, innenpolitische Themen mit 13,3%,

Wirtschaftsbeiträgen mit 9,2%, der Verteidigung mit 7,1, sportlichen Themen mit 4,5% und sozialen Beiträgen sowie der Olympiade mit jeweils 2,0% Anteil. Zu allen anderen Themenschwerpunkten gibt es 1,0% Anteil oder keine Beiträge.

Abb. 31: Vergleich der Themenbereiche in den Beiträgen zu Süd- und Nordkorea

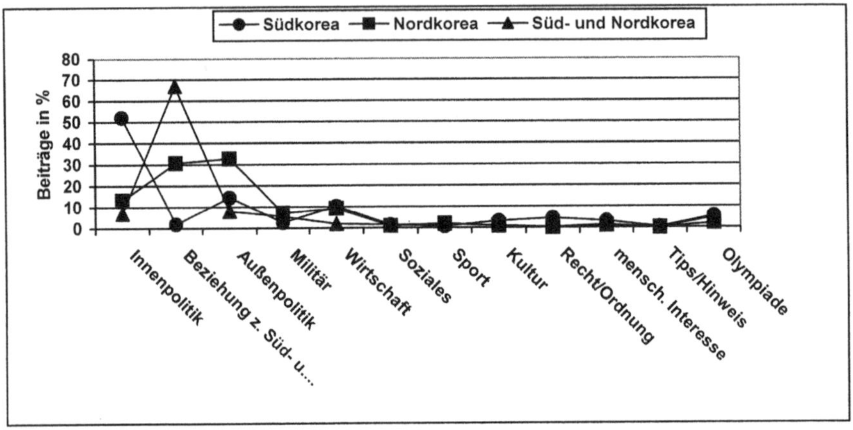

Südkorea und Nordkorea: Hier führt mit klarer Dominanz die Rubrik interner Bezug auf die Beziehungen zwischen Nord- und Südkorea mit 66,9%, gefolgt von der Außenpolitik mit 8,0%, der Innenpolitik mit 7,0%, Verteidigung/Militär/Abrüstung mit 5,5% und Olympiade 4,8%. Alle anderen Beiträge liegen unter 2,5% Anteil.

6.2.11. Kontext des Themas

In der Tabelle 25 sind die Beiträge der verschiedenen Zeitungen in Hinblick auf ihren Kontext mit dem Ereignisort aufgeführt. Bei der Zusammenfassung aller Zeitungsbeiträge bezüglich der einzelnen Ereignisorte ergibt sich folgendes:
Die Rubrik "national" führt mit 40,3% vor „bilateral" mit 28,0%, „international" mit 15,8%, „mehreren der obigen Codes" mit 6,4% und „mehrere Staaten der Region betreffend" mit 3,8%. Alle anderen Rubriken besitzen jeweilige Anteile von weniger als 2,5%. Die diesbezüglichen Anteile bei den einzelnen Zeitungen unterscheiden sich aber deutlich.

FAZ: Bei ihr führt knapp mit 42,4% die Rubrik „national" vor „bilateral" mit 21,0%, „international" mit 21,2%, „regional" mit 5,0%, „lokal" mit 4,3% und „mehrere Staaten einer Region betreffend" mit 3,4%. Alle anderen Rubriken besitzen Anteile von jeweils unter 2,0%.

NZZ: Hier dominiert deutlich mit 47,9% die Rubrik „national", gefolgt von der Rubrik „bilateral" mit 32,9%, „international" mit 9,7% und „mehrere Staaten einer

Region betreffend" mit 4,3%. Die anderen Rubriken besitzen Anteile von jeweils unter 2,0%.

Die Presse: Die Rubrik „national" führt hier mit 40,4%, gefolgt von „mehrere der obigen Codes" mit 22,0%, „bilateral" mit 17,8% und „international" mit 16,0%. Die restlichen Rubriken haben Anteile von jeweils unter 2,5%.

Tab. 25: Kontext des Themas in Bezug auf den Ereignisort

	FAZ		NZZ		DP	
	abs.	in %	abs.	in %	abs.	in %
lokal	19	4,3	8	1,2	-	-
regional	22	5,0	9	1,4	-	-
national	86	42,4	315	47,9	116	40,4
bilateral	92	21,0	216	32,9	51	17,8
mehrere Staaten einer Region betreffend	15	3,4	28	4,3	6	2,1
welträumig/international	93	21,2	64	9,7	46	16,0
mehrere der obigen Codes	8	1,8	11	1,7	63	22,0
nicht einzuordnen/andere	4	0,9	6	0,9	5	1,7
Summe	439	100,0	657	100,0	287	100,0

Abb. 32: Vergleich des Kontextes des Themas zwischen den Zeitungen

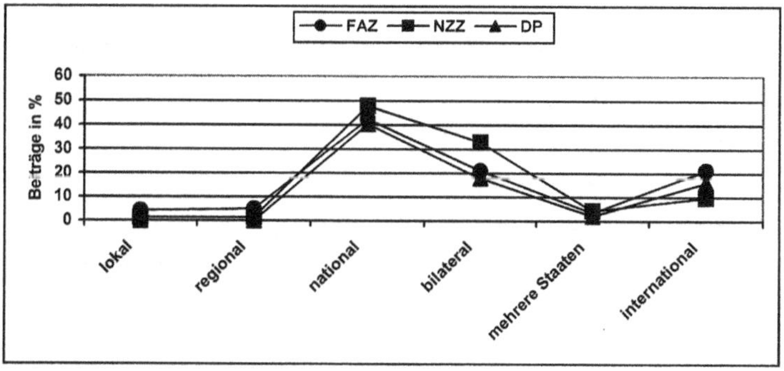

6.2.12. Schaden

Einen weiteren Indikator für Negativismus kann man in der Berichterstattung über Schäden, seien es Personen- oder Sachschäden, ersehen. Dabei wird nicht nur unterstellt, daß Schäden einen besonderen Nachrichtenwert haben, sondern auch angenommen, dieser wachse mit der Größe des Schadens. Deshalb liegt es nahe, auch hier für die Inhaltsanalyse eine Intensitätsabstufung vorzugeben. Nur wenn ausdrücklich

Schäden von Personen oder Sachen erwähnt werden, sollte dies registriert werden.

Wie Tabelle 26 zeigt, ist der Faktor Schaden unterschiedlich ausgeprägt. In dieser Tabelle wird die Schwere von Unfällen in den Beiträgen der verschiedenen Zeitungen veranschaulicht. Die Berichte mit „keine Angabe von Toten und Verletzten" dominieren absolut bei allen drei Zeitungen. Bei der FAZ sind dies 90,2% aller Beiträge, bei der NZZ 86,1% und der Presse 80,1%.

Tab. 26: Schaden der Beiträge in FAZ, NZZ und DP

	FAZ		NZZ		DP	
	abs.	in %	Abs.	in %	abs.	in %
1 – 5 Tote/Verletzte	12	2,7	32	4,9	23	8,0
6 -10 Tote/Verletzte	2	0,5	7	1,1	1	0,3
11 - 25 Tote/Verletzte	7	1,6	13	2,0	3	1,0
26 - 50 Tote/Verletzte	2	0,5	12	1,8	5	1,7
51 - 100 Tote/Verletzte	-	-	2	0,3	2	0,7
101 - 200 Tote/Verletzte	9	2,1	12	1,8	8	2,8
201 - 500 Tote/Verletzte	5	1,1	4	0,6	3	1,0
501 – 1000 Tote/Verletzte	1	0,2	2	0,3	2	0,7
1001 - 2000 Tote/Verletzte	1	0,2	-	-	1	0,3
Mehr als 2000 Tote/Verletzte	3	0,7	2	0,3	1	0,3
Nur als mehrere Tote erwähnt (ungenau)	1	2,0	5	0,8	14	1,0
Keine Toten / Verletzte	396	90,2	566	86,1	230	80,1
Summe	439	100,0	657	100,0	287	100,0

Abb. 33: Vergleich nach „keine Toten/Verletzte" zwischen den Zeitungen

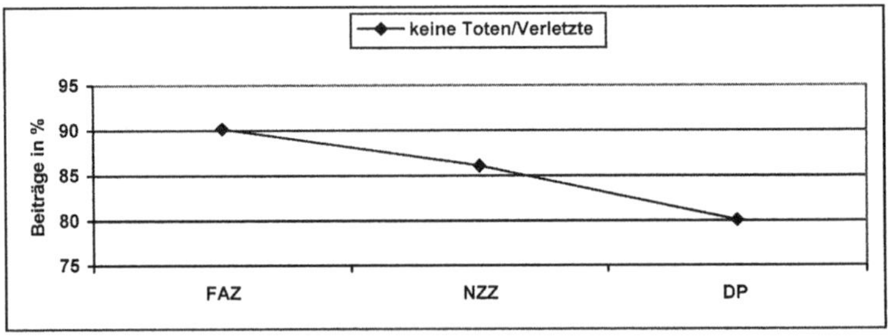

An zweiter Stelle stehen Berichte mit „1-5 Toten oder Verletzten" mit einem Anteil von 8,0% bei der Presse, mit 4,9% bei der NZZ und 2,7% bei der FAZ. Den dritten Rang belegt bei der Presse die Rubrik „101-200 Tote/Verletzte" mit 2,8%, die Rubrik „101 Tote oder Verletzte" bei der FAZ mit 2,1% und die Rubrik „11-25 Toten oder Verletzte" bei der NZZ mit 2,0%.

Alle anderen Rubriken haben bei den einzelnen Zeitungen Anteile von jeweils unter 3,0%.

6.2.13. Relevanz

Die Zahl der Betroffenen und die existentielle Bedeutung eines Ereignisses gelten als wichtige Kriterien zur Nachrichtenselektion. In der Tabelle 27 wird die Relevanz bzw. die Reichweite von Ereignissen dargestellt. Die Zusammenfassung der Beiträge aller Zeitungen zeigt bei der Rubrik „größte Betroffenreichweite" einen Gesamtanteil von 63,6%, bei der Rubrik „große Reichweite" einen Anteil von 20,4%, bei der Rubrik „geringste Reichweite" einen von 6,2%, bei „geringe Reichweite" bei "geringe" einen von 5,7% und bei „nicht ersichtlich" einen von 4,1%.

Der Vergleich der Anteile der Rubriken bei den einzelnen Zeitungen zeigt eine weitgehende Übereinstimmung. Bei „größte Reichweite" führt die Presse mit 82,2%, gefolgt von der FAZ mit 56,0% und der NZZ mit 50,8%.

Die FAZ zeigt mit 26,4% wesentlich mehr Übereinstimmung mit der NZZ (18,6%) als mit der Presse (8,4%) bei der Rubrik „große Reichweite". Bei der Rubrik „geringste Reichweite" liegt die NZZ mit 18,3% vor der FAZ (10,9%) und der DP (3,8%). Die NZZ führt mit 7,3% Anteil vor der FAZ mit 5,0% und der Presse mit 1,0% bei der Rubrik „geringe Reichweite". „Nicht ersichtlich" einzuordnen sind bei der NZZ 5,0%, bei der Presse 4,5% und bei der FAZ 1,6% aller Beiträge.

Tab. 27: Reichweite von Ereignissen in FAZ, NZZ und DP

	FAZ		NZZ		DP	
	abs.	in %	abs.	in %	abs.	in %
geringste Betroffenreichweite	48	10,9	20	18,3	11	3,8
geringe Betroffenreichweite	22	5,0	48	7,3	3	1,0
große Betrofenreichweite	116	26,4	122	18,6	24	8,4
größte Betroffenreichweite	246	56,0	334	50,8	236	82,2
nicht ersichtlich/nicht einzuordnen	7	1,6	33	5,0	13	4,5
Summe	439	100,0	657	100,0	287	100,0

Abb. 34: Vergleich der Reichweite von Ereignissen zwischen den Zeitungen

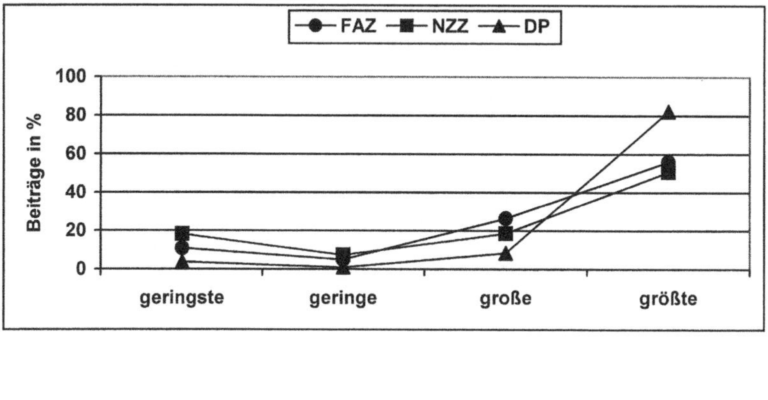

6.2.14. Überraschungsgrad

Der Faktor Überraschung (Unvorhersehbarkeit, Seltenheit) bei internationalen Meldungen ist etwas stärker ausgeprägt. Dies ist ein typisches Charakteristikum der „soft news“. In dieser Tabelle 28 wird der Überraschungsgrad der Beiträge in den verschiedenen Zeitungen dargestellt. Mit Abstand führen mit 58,0% aller Beiträge die mit „geringem Überraschungsgrad“, gefolgt mit 27,6% von denen mit „keinem Überraschungsgrad“, mit 9,5% von denen mit „großem Überraschungsgrad“ und mit 4,8% von denen mit „nicht ersichtlichem Überraschungsgrad“.

Die Presse führt mit einem Eigenanteil von 75,9%, die NZZ mit 54,9% und die FAZ mit 51,0% bei der Rubrik „geringer Überraschungsgrad“. Die FAZ wiederum führt mit 32,6% vor der NZZ mit 28,0% und der Presse mit 19,2% bei der Rubrik „kein Überraschungsgrad“. Einen „großen Überraschungsgrad“ weisen die Beiträge der FAZ mit 15,5%, die der NZZ mit 8,5% und die der Presse mit 2,4% der Eigenanteile auf.

Die Rubrik „nicht ersichtlich“ hat bei der NZZ einen Anteil von 8,5%, bei der Presse mit 2,4% und der FAZ mit 0,9%.

Tab. 28: Überraschungsgrad von Ereignissen in FAZ, NZZ und DP

	FAZ		NZZ		DP	
	abs.	in %	abs.	in %	abs.	in %
keine Überraschung	143	32,6	184	28,0	55	19,2
geringe Überraschung	224	51,0	361	54,9	217	75,9
große Überraschung	68	15,5	56	8,5	7	2,4
nicht ersichtlich / nicht einzuordnen	4	0,9	56	8,5	7	2,4
Summe	439	100,0	657	100,0	286	100,0

Abb. 35: Vergleich des Überraschungsgrades von Ereignissen Zwischen den Zeitungen

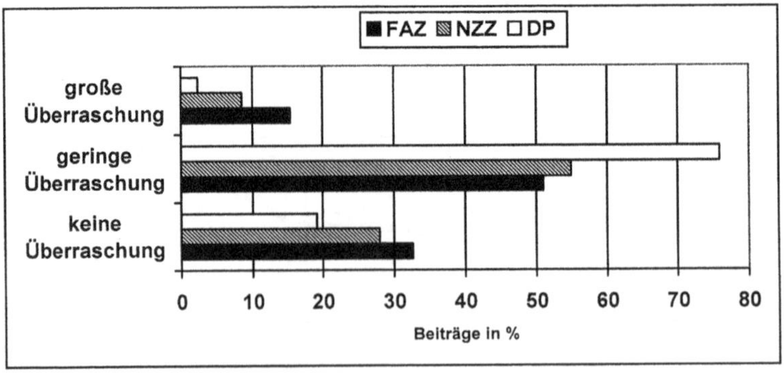

6.2.15. Prominenz

Der politische Status handelnder Personen, ausgedrückt im Faktor Prominenz (persönlicher Einfluß), bestimmt am stärksten die Aufmerksamkeit gegenüber internationalen Nachrichten. Die Bedeutung des Faktors Prominenz entspricht demgegenüber nicht der des vergleichbaren Faktors Einfluß im politischen Bereich. Dahinter steht die schon an anderer Stelle belegte Tatsache, daß unpolitische Meldungen vergleichweise häufiger auch von „einfachen Leuten" berichten.

Diese Tabelle 29 stellt den Prominenzgrad von Personen in den einzelnen Beiträgen dar. In der Rubrik „auf internationaler Ebene bekannte Persönlichkeit" führt die Presse mit 52,1% vor der FAZ mit 45,6% und der NZZ mit 31,8% der jeweiligen Beiträge.

Tab. 29: Prominenzgrad einer Person in den Beiträgen von FAZ, NZZ und DP

	FAZ		NZZ		DP	
	abs.	in %	abs.	in %	abs.	in %
unbekannte Persönlichkeit / nur in Expertenkreisen bekannte Persönlichkeit	38	8,7	51	7,8	12	4,2
auf regionaler Ebene bekannte Persönlichkeit	15	3,4	18	2,7	4	1,4
auf nationaler Ebene bekannte Persönlichkeit	89	20,3	155	23,6	37	12,9
Auf internationaler Ebene bekannte Persönlichkeit	200	45,6	209	31,8	149	52,1
Keine Persönlichkeit / nicht einzuordnen	97	22,1	224	34,1	84	29,4
Summe	439	100,0	657	100,0	286	100,0

Abb. 36: Vergleich der Prominenz einer Person in den Beiträgen zwischen den Zeitungen

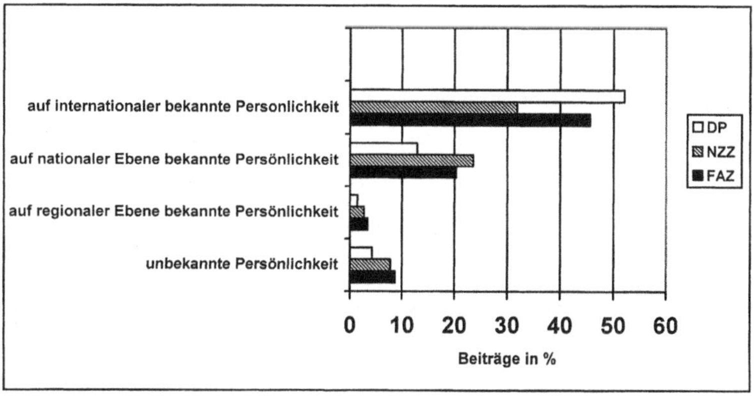

Die Rubrik „nicht ersichtlich" steht an zweiter Stelle bei der NZZ (34,1%), der Presse (29,4%) und der FAZ (22,1%). Sie wird gefolgt von der Rubrik „auf nationaler

Ebene bekannte Persönlichkeit" bei der NZZ mit 23,6%, der FAZ mit 20,3% und der Presse mit 12,9%.

An vierter Stelle steht die Rubrik „unbekannte Persönlichkeit" bei der FAZ (8,7%), der NZZ (7,8%) und der Presse (4,2%). Die „auf regionaler Ebene bekannten Persönlichkeiten" folgen bei der FAZ mit 3,4%, der NZZ mit 2,7% und der Presse mit 1,4%.

6.2.16. Personalisierung

Eine große Bedeutung im Nachrichtenbild hat der Faktor Personalisierung. Auch dies kann als Bestätigung einer oft geäußerten Annahme gesehen werden, daß nämlich in der Medienrealität das Handeln von Personen im Vordergrund steht, abstraktes und von sozialen Strukturgegebenheiten ableitbares Geschehen demgegenüber unscheinbar bleibt oder durch Personalisierung umgedeutet wird.

In Tabelle 30 ist die Personalisierung Gegenstand der Untersuchung. Mit Abstand bei allen Zeitungen ist eine „geringe Personalisierung" mit 56,4% vorherrschend, gefolgt von „geringster oder keiner Personalisierung" mit 31,6% und „großer Personalisierung mit 11,9%. Hierbei sind die entsprechenden Zahlen bei den einzelnen Zeitungen ähnlich.

Tab. 30: Personalisierung in den Beiträge von FAZ, NZZ und DP

	FAZ		NZZ		DP	
	abs.	in %	abs.	in %	abs.	in %
Geringste Personalisierung / keine Personalisierung	111	25,3	240	36,5	86	30,0
geringe Personalisierung	264	60,1	337	51,3	179	62,9
große Personalisierung	64	14,6	80	12,2	21	7,3
Summe	439	100,0	657	100,0	286	100,0

Abb. 37: Vergleich der Personalisierung nach Beiträge zwischen den Zeitungen

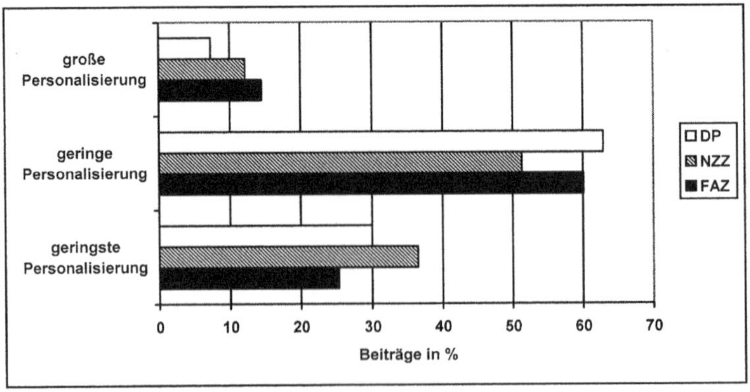

6.2.17. Sachlichkeit

Das Klassifikationsschema Sachlichkeit soll die Tatsache berücksichtigen, daß die von den Medien berichteten Ereignisse oft alles andere als Handlungen, Vorfälle, Begebenheiten sind – also beobachtbares, faktisches Geschehen, sondern statt dessen verbale Äußerungen, Stellungnahmen, Kontroversen, die nicht selten den Charakter von Interpretationen und Spekulationen haben.

Tab. 31: Sachlichkeit der Beiträge in FAZ, NZZ und DP

	FAZ		NZZ		DP	
	abs.	in %	abs.	in %	abs.	in %
Nachricht ist im wesentlichen sachlich abgefaßt, ohne daß Bewertungen wieder gegeben werden	280	63,8	414	63,0	143	50,0
Nachrichten ist im wesentlichen sachlich abgefaßt, enthält aber Bewertung von Handlungsträgern und Akteuren	86	19,6	117	17,8	66	23,1
Nachrichten ist im wesentlichen sachlich abgefaßt, enthält Bewertungen von Journalisten	48	10,9	101	15,4	49	17,1
Nachrichten ist tendenziös abgefaßt, besteht im wesentlichen aus Bewertungen	22	5,0	3	0,5	25	8,7
Nicht feststellbar / nicht einzuordnen	3	0,7	22	3,3	3	1,0
Summe	439	100,0	657	100,0	286	100,0

Abb. 38: Vergleich der Sachlichkeit der Beiträge zwischen den Zeitungen

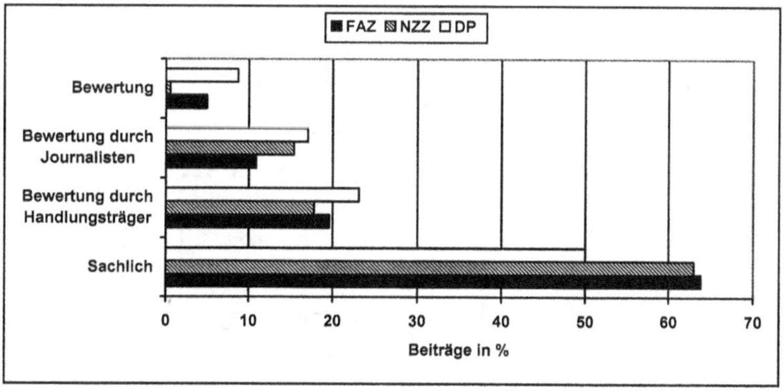

In der Tabelle 31 sind die Untersuchungsergebnisse über die Sachlichkeit der Beiträge bei den verschiedenen Zeitungen dargestellt. Insgesamt führen mit Abstand die sachlichen und nicht bewerteten Beiträge mit 60,6%, gefolgt von den sachlichen, aber durch die Akteure bewerteten mit 19,5%, den wesentlich sachlichen, aber von Journalisten bewerteten mit 14,3%, den im wesentlichen tendenziösen und bewerteten Beiträgen mit 3,6% und den nicht einzuordnenden mit 2,0%.

Sachliche und nicht bewertete Beiträge liegen bei der FAZ mit 63,8%, bei der NZZ mit 63,0% und bei der Presse mit 50,0% Anteil vor. Die sachlichen, aber durch die Akteure bewerteten Beiträge haben bei der Presse einen Anteil von 23,1%, bei der FAZ einen von 19,6% und bei der NZZ einen von 17,8%. Die sachlichen, aber durch Journalisten bewerteten Beiträge haben Anteile von 17,1% bei der Presse, von 15,4% bei der NZZ und von 10,9% bei der FAZ.

Tendenziöse, im wesentlichen aus Bewertungen bestehende Beiträge lieferten die Presse mit 8,7%, die FAZ mit 5,0% und die NZZ mit 0,5%. Nicht einzuordnen waren bei der NZZ 3,3%, bei der Presse 1% und bei der FAZ 0,7% der Beiträge.

6.2.18. Vollständigkeit der Beiträge

Alle Kodierer wurden die Vollständigkeit der Berichterstattung zu beurteilen veranlaßt. Das Ergebnis dieser Kategorie ist gänzlich Resultat der subjektiven Entscheidung der Kodierer. In dieser Tabelle 32 wird die Vollständigkeit in den Beiträgen der drei Zeitungen bewertet. Von allen Beiträgen werden 39,5% als genügend, 28,2% als mittelmäßig, 27,4% als sehr ausreichend, 3,6% als unzureichend, 0,7% als nicht ersichtlich und von 0,5% als mangelhaft bezüglich der Vollständigkeit bewertet.

Bei der Rubrik „sehr ausreichend" führt die FAZ mit 41,2%, die Presse folgt mit 24,8% und die NZZ mit 19,3%. Bezüglich der Rubrik „genügend" steht die NZZ mit 42,8% an der Spitze, gefolgt von der Presse mit 39,5% und der FAZ mit 34,6%. Die Note „mittelmäßig" erhielten bei der NZZ 32,7%, bei der Presse 32,5% und der FAZ 18,7% der jeweiligen Beiträge. „Unzureichend" war die Vollständigkeit bei der FAZ mit 4,3%, bei der NZZ mit 3,5% und der Presse mit 2,8% der Beiträge. Diesbezüglich „mangelhaft" waren diese bei der FAZ 0,9%, bei der NZZ 0,5% und bei der Presse null %. Die Bewertung „nicht ersichtlich" gab es bei der NZZ für 1,2%, bei der Presse für 0,3% und bei der FAZ für 0,2% der jeweiligen Beiträge.

Tab. 32: Vollständigkeit der Berichterstattung in FAZ, NZZ und DP

	FAZ		NZZ		DP	
	abs.	in %	abs.	in %	abs.	in %
Sehr ausreichend	181	41,2	127	19,3	71	24,8
genügend	152	34,6	281	42,8	113	39,5
Mittelmäßig	82	18,7	215	32,7	93	32,5
Unzureichend	19	4,3	23	3,5	8	2,8
mangelhaft	4	0,9	3	0,5	-	-
nicht einzuordnen/ nicht ersichtlich	1	0,2	8	1,2	1	0,3
Summe	439	100,0	657	100,0	286	100,0

Abb. 39: Vergleich der Vollständigkeit der Berichterstattung zwischen den Zeitungen

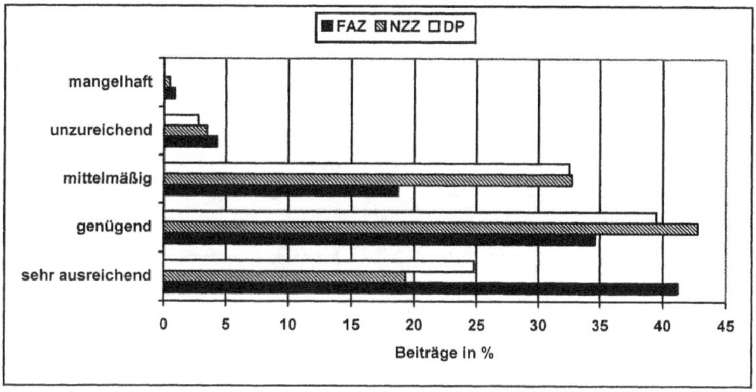

6.2.18. Bewertung

Der Faktor „Bewertung" bezieht sich auf das Verhalten des Journalisten. In dieser Tabelle 33 wird die Bewertung der Beiträge der drei untersuchten Zeitungen dargestellt. Die Bewertung „neutral" führt dominant bei der Presse mit 84,5%, bei der NZZ mit 80,2% und der FAZ mit 69,0%.

„Leicht negativ" fallen bei der FAZ 18,2%, bei der NZZ 9,4% und der Presse 9,1% der Beiträge aus. „Leicht positiv" sind bei der FAZ 6,4%, bei der Presse 3,9% und der NZZ 3,7%. Bei der Rubrik „stark negativ" führt mit 4,3% die FAZ, gefolgt von der NZZ mit 2,0% und der Presse mit 1,4%. Nicht einzuordnen waren bei der NZZ 2,0%, bei der Presse 0,4% und der FAZ null Prozent.

Tab. 33: Bewertung in der Berichterstattung in FAZ, NZZ und DP

	FAZ		NZZ		DP	
	abs.	in %	abs.	in %	abs.	in %
stark negativ	19	4,3	13	2,0	4	1,4
leicht negativ	80	18,2	62	9,4	26	9,1
neutral	303	69,0	527	80,2	242	84,5
leicht positiv	28	6,4	24	3,7	11	3,9
stark positiv	9	2,1	18	2,7	2	0,7
nicht einzuordnen	-	-	13	2,0	1	0,4
Summe	439	100,0	657	100,0	286	100,0

Abb. 40: Vergleich der Bewertung in der Berichterstattung des Journalisten zwischen den Zeitungen

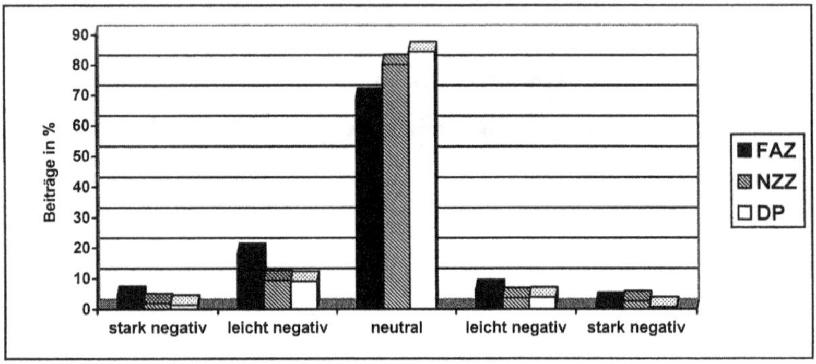

In der folgenden Tabelle werden die einzelnen Länder betreffenden Beiträge bewertet (Tabelle 34).

Nur Südkorea: Die neutralen Berichte führen mit 78,9% vor den leicht negativen mit 10,5%, den leicht positiven mit 4,1%, den stark positiven mit 3,1%, den stark negativen mit 2,0% und den nicht einzuordnenden mit 1,3%.

Nur Nordkorea: Hier stehen ebenfalls die neutralen Beiträge mit 78,6% an der Spitze, gefolgt von den leicht negativen mit 10,0%, den stark negativen mit 8,6%, den leicht positiven mit 2,9%. Zu den restlichen Rubriken gab es keine Beiträge.

Süd- und Nordkorea: Erneut führen mit 80,8% die neutralen Beiträge, gefolgt von den leicht negativen mit 12,0, den leicht positiven mit 4,4% und den stark negativen mit 1,6%. Nicht einzuordnen sind 0,8% und stark positiv sind 0,4% der Beiträge.

Südkorea und andere Länder: Wie bei den bisher genannten Ländern führen hier die neutralen Beiträge mit 70,9% vor den leicht negativen mit 14,0%, den leicht positiven mit 6,4%, den stark positiven mit 5,2%, den stark negativen mit 2,3% und den nicht einzuordnenden mit 1,2%.

Nordkorea und andere Länder: Wiederum sehr deutlich führen die neutralen Berichte mit 83,1% vor den leicht negativen mit 12,3%, den leicht positiven mit 2,3%, den stark negativen mit 1,5% und den stark positiven mit 0,8%.

Beide koreanische Staaten und andere Länder: Auch hier stehen mit 68,0% Anteil die neutralen Beiträge an der Spitze. Ihnen folgen die leicht negativen mit 15,0%, die leicht positiven mit 7,8%, die stark negativen mit 5,9% und die stark positiven mit 2,0%. Nicht einzuordnen waren 1,3% der Beiträge.

Wie die Abbildung 41 zeigt, ist die neutrale Bewertung des Journalisten bei allen Zeitungen überwiegend. Die Neigung der Bewertung der Journalisten ist im allgemeinen bei drei Zeitungen ähnlich.

Tab. 34: Bewertung der Berichterstattung des Journalisten nach Bezügen

	nur Südkorea	nur Nordkorea	Süd- und Nordkorea	Südkorea und andere Länder	Nordkorea und andere Länder	beide Korea und andere Länder
stark negativ	12 2,0%	6 8,6%	4 1,6%	4 2,3%	2 1,5%	9 5,9%
leicht negativ	64 10,5%	7 10,0%	30 12,0%	24 14,0%	16 12,3%	23 15,0%
neutral	479 78,9%	55 78,6%	202 80,8%	122 70,9%	108 83,1%	104 68,0%
leicht positiv	25 4,1%	2 2,9%	11 4,4%	11 6,4%	3 2,3%	12 7,8%
stark positiv	19 3,1%		1 ,4%	9 5,2%	1 ,8%	3 2,0%
nicht einzu-ordnen	8 1,3%		2 ,8%	2 1,2%		2 1,3%
Summe	607 100,0%	70 100,0%	250 100,0%	172 100,0%	130 100,0%	153 100,0%

Abb. 41: Vergleich der Bewertung in den Beiträge zwischen den Zeitungen

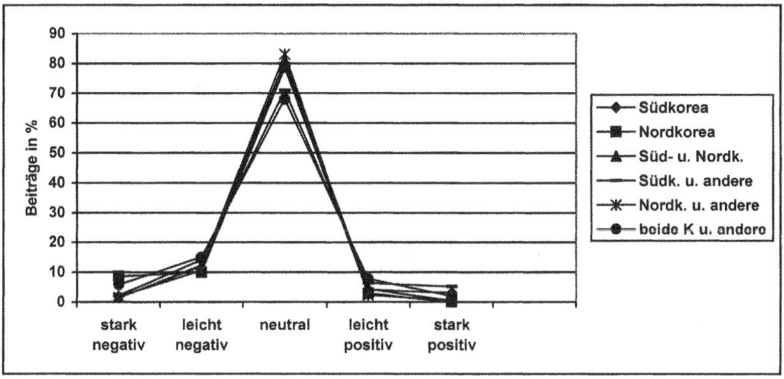

6.2.18. Negative Bewertung

In dieser Tabelle 35-1 geschieht die Formulierung der negativen Bewertung in den Beiträgen der untersuchten Zeitungen. Bei Berücksichtigung aller Beiträge steht die Rubrik „Vorhaltung und Kritik“ mit 51,0% an der Spitze. Die Rubrik „Assoziation zu anderen...“ folgt mit 11,3% Anteil. Ihnen schließen sich an die Rubriken „nicht normengerechtes Verhalten“ mit 8,8%, „Vergleich mit anderen Personen“ und „Verletzung von Werten „ mit jeweils 7,4%, „sonstige negative Darstellung“ mit 6,4%, „Verwendung von Superlativen“ mit 3,4%, Generalisierung“ mit 2,5% und „deutliche Beschimpfung“ mit 2,0%.

Beim Vergleich der Beiträge der drei untersuchten Zeitungen zeigen sich teilweise deutliche Unterschiede. Bei der Rubrik „Vorhaltung und Kritik" führt die NZZ mit 54,7% vor der FAZ mit 51,5% und der Presse mit 40,0% der jeweils eigenen Beiträge.

Die Rubrik „Assoziationen zu anderen..." besitzt bei der Presse 26,7%, bei der FAZ 13,1% und der NZZ nur 2,7% der Anteile. Bei der Rubrik „nicht normengerechtes Verhalten" führt die FAZ mit 10,1%, gefolgt von der NZZ mit 9,3% und der Presse mit 3,3%.

Tab. 35-1: Formulierung der negativen Bewertung in den Beiträgen von FAZ, NZZ und DP

	FAZ		NZZ		DP	
	abs.	in %	abs.	in %	abs.	in %
Verwendung von Superlativen	4	4,0	2	2,7	1	3,3
Vorhaltung, Kritik	51	51,5	41	54,7	12	40,0
nicht normengerechtes Verhalten	10	10,1	7	9,3	1	3,3
Verletzung von Werten	9	9,1	6	8,0	-	-
Assoziation zu anderen negativen Eigenschaften/Objekten/negativen Stereotypen	13	13,1	2	2,7	8	26,7
Generalisierung	4	4,0	-	-	1	3,3
Vergleich mit anderen Personen/Situation	5	5,1	5	6,7	5	16,7
deutliche Beschimpfung	2	2,0	1	1,3	1	3,3
sonstige negative Darstellung	1	1,0	11	14,6	1	3,3
Summe	99	100,0	75	100,0	30	100,0

Abb. 42: Vergleich der Formulierung der negativen Bewertung in den Beiträgen zwischen den Zeitungen

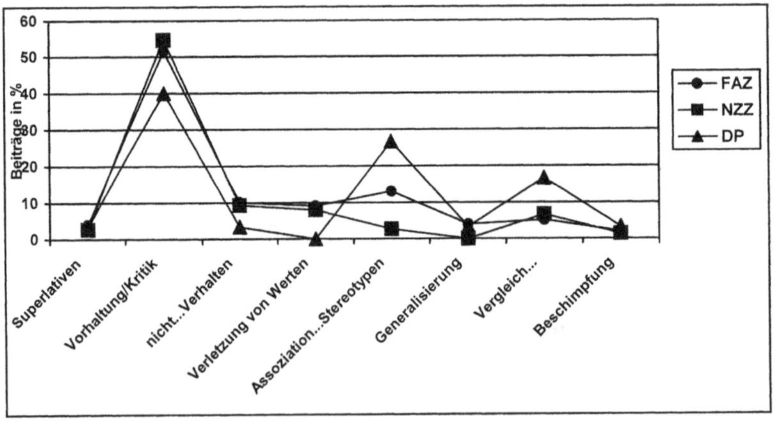

Die Presse führt mit Abstand durch 16,7% Anteil vor der NZZ mit 6,7% und der FAZ mit 5,1% bei der Rubrik „Vergleich mit anderen Personen". Die Rubrik „Verletzung von Werten" ist am stärksten mit 9,1% bei der FAZ vertreten, gefolgt von der NZZ mit 8,0% und der Presse mit null %. Auch bei der Rubrik „sonstige negative Darstellung" gibt es deutliche Unterschiede. Hier führt die NZZ mit 14,6% vor der Presse mit 3,3% und der FAZ mit 1,0%.

Bei der „Verwendung von Superlativen" führt die FAZ mit 4,0% vor der NZZ mit 2,7% und der Presse mit 3,3 %. Die „Generalisierung" ist bei der FAZ mit 4,0%, der Presse mit 3,3% und der NZZ mit null % vertreten.

Die Presse führt bei der „deutlichen Beschimpfung" mit 3,3% vor der FAZ mit 2,0% und der NZZ mit 1,3%.

In der Tabelle 35-2 sind die Untersuchungsergebnisse bezüglich der Bewertung der Beiträge aller Zeitungen in Hinblick auf die verschiedenen Bezugsländer dargestellt. Eine kurze Betrachtung der Bewertungen zusammengefaßt für alle Länder zeigt folgendes Bild: Kritische Beiträge führen mit 51,0% Anteil vor „Assoziation zu anderen negativen Eigenschaften/Objektiven/negativen Stereotypen" mit 11,3%, „nicht normengerechtes Verhalten" mit 8,8%, „Verletzung von Werten" und „Vergleich mit anderen Personen/Situation" mit jeweils 7,4%, „sonstige negative Darstellung" mit 6,4%, „Verwendung von Superlativen" mit 3,4%, „Generalisierung" mit 2,5% sowie „deutliche Beschimpfung" mit 2,0%.

Tab. 35-2: Formulierung der negativen Bewertung in den Beiträge bei den Ländern

	nur Südkorea	nur Nordkorea	Süd- und Nordkorea	Südkorea und andere Länder	Nordkorea und andere Länder	beide Korea und andere Länder
Verwendung von Superlativen	3 3,8%		1 3,0%	1 3,4%		2 6,3%
Vorhaltung, Kritik	37 47,4%	4 28,6%	19 57,6%	16 55,2%	12 66,7%	16 50,0%
nicht normengerechtes Verhalten	4 5,1%	2 14,3%	4 12,1%		3 16,7%	5 15,6%
Verletzung von Werten	10 12,8%		1 3,0%	3 10,3%		1 3,1%
Assoziation zu anderen negativen Eigenschaften/Objekten/negativen Stereotypen	7 9,0%	3 21,4%	4 12,1%	6 20,7%		3 9,4%
Generalisierung	1 1,3%	2 14,3%		1 3,4%		1 3,1%
Vergleich mit anderen Personen/Situation	5 6,4%	2 14,3%	2 6,1%	2 6,9%	1 5,6%	3 9,4%
deutliche Beschimpfung	3 3,8%		1 3,0%			
sonstige negative Darstellung	8 10,3 %	1 7,1%	1 3,0%		2 11,2%	1 3,1%
Summe	78 100,0%	14 100,0%	33 100,0%	29 100,0%	18 100,0%	32 100,0%

Nur Südkorea: Die kritischen Beiträge liegen hier mit 47,4% vorne, gefolgt von „Verletzung von Werten“ mit 12,8%, „sonstige negative Darstellung“ mit 10,3%, „Assoziation zu anderen negativen Eigenschaften/Objekten/negativen Stereotypen“ mit 9,0%, „Vergleich mit anderen Personen/Situation“ mit 6,4%, „nicht normengerechtes Verhalten“ mit 5,1%, „Verwendung von Superlativen“ und „deutliche Beschimpfung“ mit jeweils 3,8%, sowie „Generalisierung“ mit 1,3%.

Nur Nordkorea: Hier führen die „kritischen“ Beiträge mit 28,6% vor „Assoziation mit anderen negativen Eigenschaften/Objektiven/negativen Stereotypen“ mit 21,4%, „nicht normengerechtes Verhalten“ sowie „Generalisierung“ und „Vergleich mit anderen Personen/Situation“ mit jeweils 14,3%. Es folgt „sonstige negative Darstellung“ mit 7,1% und alle anderen Rubriken besitzen null % Anteil.

Südkorea und Nordkorea: Hier dominieren sehr deutlich mit einem Anteil von 57,6% die „kritischen“ Beiträge. Ihnen folgen die, welche „nicht normengerechtes Verhalten“ und „Assoziation zu anderen negativen Eigenschaften/Objektiven /negativen Stereotypen“ beschreiben mit jeweils 12,1%, sowie „Vergleich mit anderen Personen/Situation“ mit 6,1%. Es schließen an die Beiträge mit „Verwendung von Superlativen“, „Verletzung von Werten“, „deutliche Beschimpfung“ und „sonstige negative Darstellung“ mit jeweils 3,0% Anteil.

Südkorea und andere Länder: Abermals führen hier sehr deutlich die „kritischen“ Beiträge mit 55,2% Anteil, gefolgt von „Assoziation zu anderen negativen Eigenschaften/Objektiven/ negativen Stereotypen“ mit 20,7%, „Verletzung von Werten“ mit 10,3%, „Vergleich mit anderen Personen/Situation“ mit 6,9% sowie „Verwendung von Superlativen“ und „Generalisierung“ mit jeweils 3,4%. Die restlichen Rubriken haben keine Anteil.

Nordkorea und andere Länder: Die Führung der „kritischen“ Beiträge ist hier mit 66,7% am stärksten ausgeprägt. Mit großem Abstand folgen mit 16,7% die Beiträge, welche „nicht normengerechtes Verhalten“ beschreiben, gefolgt von denen, die „sonstige negative Darstellung“ enthalten mit 11,2% und denen, die „Vergleich mit anderen Personen/Situation“ enthalten mit 5,6%. Die verbleibenden Bewertungsrubriken besitzen keine Anteile.

Beide koreanische Staaten und andere Länder: Mit einem Anteil von 50,0% ist hier die Führung der „kritischen“ Beiträge weniger stark ausgeprägt. An zweiter Stelle stehen die „nicht normengerechtes Verhalten“ beschreiben mit 15,6%, gefolgt von den Rubriken „Assoziation mit anderen negativen Eigenschaften/Objektiven/ negativen Stereotypen“ und „Vergleich mit anderen Personen/Situation“ mit jeweils 9,4%. Ihnen schließen sich an „Verwendung von Superlativen“ mit 6,3% sowie „Verletzung von Werten“, „Generalisierung“ und „sonstige negative Darstellung“ mit jeweils 3,1%.

Abb. 43: Vergleich der Formulierung der negativen Bewertung in den Beiträgen

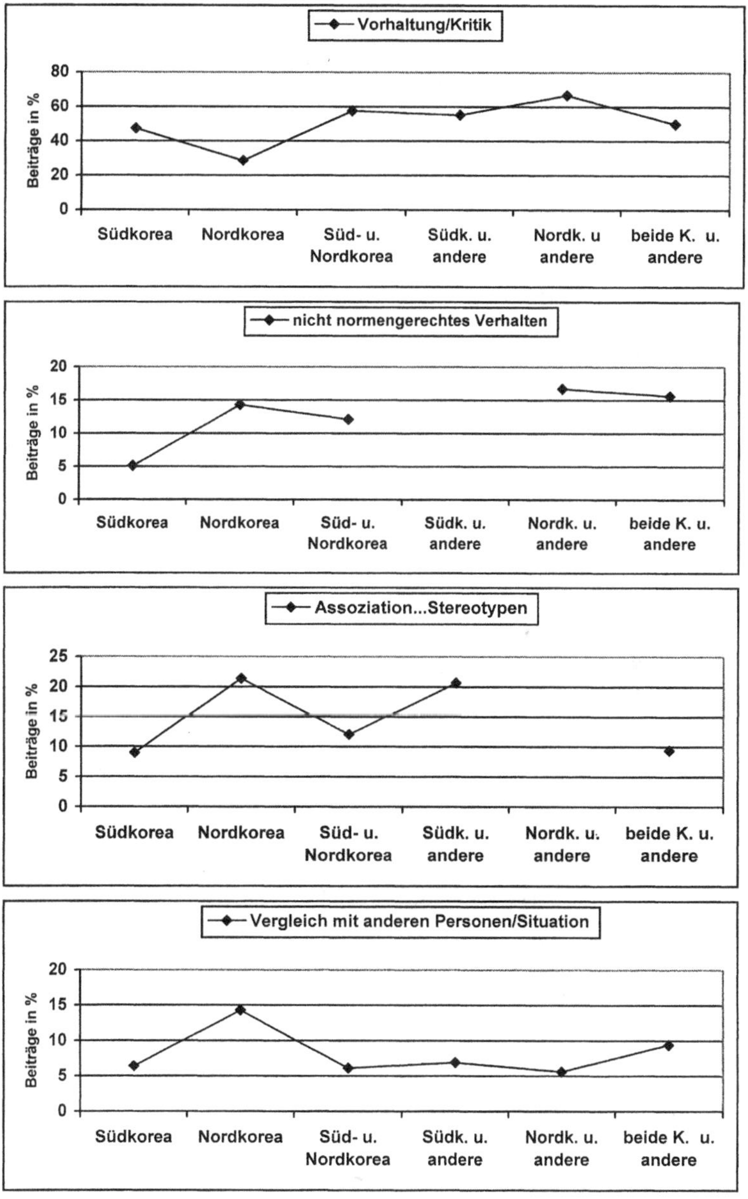

6.2.21. Positive Bewertung

Die Tabelle 36 enthält die Ergebnisse der Untersuchungen bezüglich der positiven Bewertungen in den Beiträgen der drei Zeitungen. Zunächst erfolgt eine kurze Beschreibung bezüglich der Beiträge aller Zeitungen. Mit 22,9% stehen die Beiträge mit der Bewertung „Akklamation, Beifall, Zustimmung" knapp an der Spitze vor denen mit der Bewertung „Assoziation zu anderen positiven Eigenschaften/Objekten/ positiven Stereotypen" mit 21,1%, gefolgt von den Rubriken „sonstige positive Darstellung" mit 19,3%, „Anerkennung allgemeiner Werte" mit 12,8%, „deutliches Lob" mit 10,1%, „Vergleich mit anderen Personen" und „Verweis auf normengerechtes Verhalten" mit jeweils 5,5% sowie „Verwendung von Superlativen" mit 2,8%. Von diesen Durchschnittswerten weichen die entsprechenden Werte bezüglich der einzelnen Zeitungen teilweise deutlich ab.

„Verwendung von Superlativen": Hier liegt die Presse mit 15,4% der eigenen Beiträge an der Spitze vor der NZZ mit 2,4% und der FAZ mit null %.

„Akklamation, Beifall, Zustimmung": Die FAZ führt hier mit 40,5% vor der NZZ mit 16,7% und der Presse mit 23,1%.

„Verweis auf normengerechtes Verhalten": Die FAZ weist hier einen Anteil von 10,8% an den eigenen Beiträgen auf, die Presse einen von 7,7% und die NZZ einen von 2,4%.

„Anerkennung allgemeiner Werte": Hier liegt die FAZ mit einem Anteil von 24,3% vor der Presse mit 15,4% und der NZZ mit 7,1%.

„Assoziation zu anderen positiven Eigenschaften/Objekten/positiven Stereotypen": Hier führt die Presse deutlich mit 26,7% vor der FAZ mit 13,1% und der NZZ mit 2,7%.

Tab. 36: Formulierung der positiven Bewertung in den Beiträgen von FAZ, NZZ und DP

	FAZ		NZZ		DP	
	abs.	in %	abs.	in %	abs.	in %
Verwendung von Superlativen	-	-	1	2,4	2	15,4
Akklamation, Beifall, Zustimmung	15	40,5	7	16,7	3	23,1
Verweis auf normengerechtes Verhalten	4	10,8	1	2,4	1	7,7
Anerkennung allgemeiner Werte	9	24,3	3	7,1	2	15,4
Assoziation zu anderen positiven Eigenschaften/Objekten/positiven Stereotypen	13	13,1	2	2,7	8	26,7
rhetorische Frage	-	-	-	-	-	-
Vergleich mit anderen Personen/Situation	1	2,7	3	7,1	2	15,4
deutliches Lob	4	10,8	6	14,3	1	7,7
sonstige positive Dastellung	2	5,4	19	,2	-	-
Summe	37	100,0	42	100,0	13	100,0

„Rhetorische Frage": Hierzu gibt es keine Beiträge.

„Vergleich mit anderen Personen/Situation": Bei der Presse gibt es einen Anteil von 15,4%, bei der NZZ einen von 7,1%, und bei der FAZ einen von 2,7% der jeweils eigenen Beiträge.

„Deutliches Lob“: Hierzu war bei der NZZ mit 14,3% Anteil der höchste Wert zu finden, gefolgt von der FAZ mit 10,8% und der Presse mit 7,7%.

„Sonstige positive Darstellung“: Während die FAZ hier einen Eigenanteil von 5,4% aufweist, lautet der entsprechende Wert bei der NZZ 0,2% und der Presse null %.

Abb. 44: Vergleich der Formulierung der positiven Bewertung in den Beiträgen von FAZ, NZZ und DP

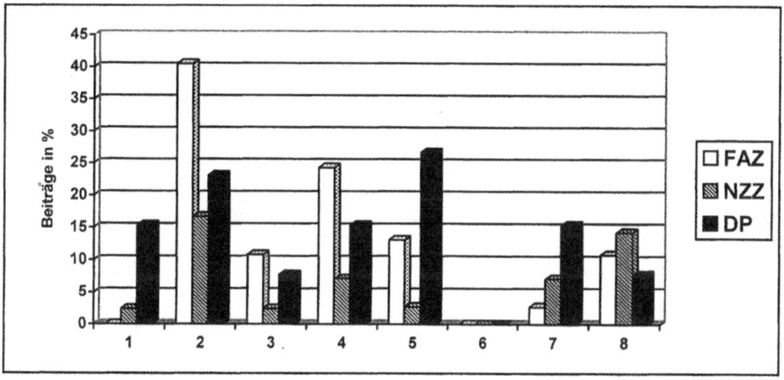

Hier sind die Ergebnisse der Untersuchungen bezüglich der positiven Bewertungen in den Beiträgen der Zeitungen in Hinblick auf die verschiedenen Länder veranschaulicht. (Tabelle 37) Bezüglich der Beiträge aller Länder führt die Rubrik „Akklamation/Beifall/Zustimmung“ mit 27,2% vor „sonstige positive Darstellung“ mit 22,8%, „Anerkennung allgemeiner Werte“ mit 15,2%, „deutliches Lob“ mit 12,0%, „Vergleich mit anderen Personen/Situation“, „Assoziation zu anderen positiven Eigenschaften/Objekten/positiven Stereotypen“ und „Verweis auf normengerechtes Verhalten“ mit jeweils 6,5% sowie „Verwendung von Superlativen“ mit 3,3%. Werden die Bewertungen aber in Hinblick auf die einzelnen Länder hin untersucht, so ergeben sich teilweise sehr deutliche Unterschiede:

Nur Südkorea: Die Rubrik „sonstige positive Darstellung“ führt hier mit 24,4% vor der „Akklamation/Beifall/Zustimmung“ mit 22,0%, „deutliches Lob“ und „Anerkennung allgemeiner Werte“ mit jeweils 14,6%, „Assoziation zu anderen positiven Eigenschaften/Objekten/positiven Stereotypen“ und „Verweis auf normengerechtes Verhalten“ mit jeweils 7,3% sowie „Verwendung von Superlativen „ und „Vergleich mit anderen Personen/Situation“ mit jeweils 4,9%.

Nur Nordkorea: Hier umfaßt die Rubrik „Verweis auf normengerechtes Verhalten“ 100,0% aller Beiträge.

Tab. 37: **Formulierung der positiven Bewertung in den Beiträge nach Bezügen**

	nur Südkorea	nur Nordkorea	Süd- und Nordkorea	Südkorea und andere Länder	Nordkorea und andere Länder	Beide Korea und andere Länder
Verwendung von Superlativen	2 4,9%					1 6,7%
Akklamation, Beifall, Zustimmung	9 22,0%		9 75,0%	2 10,5%	1 25,0%	4 26,7%
Verweis auf normengerechtes Verhalten	3 7,3%	1 100,0%	1 8,3%			1 6,7%
Anerkennung allgemeiner Werte	6 14,6%		1 8,3%	3 15,8%	1 25,0%	3 20,0%
Assoziation zu anderen positiven Eigenschaften/Objekten/positiven Stereotypen	3 7,3%			1 5,3%		2 13,3%
Vergleich mit anderen Personen/Situation	2 4,9%			4 21,1%		
deutliches Lob	6 14,6%			3 15,8%		2 13,3%
sonstige positive Darstellung	10 24,4%		1 8,3%	6 31,6%	2 50,0%	2 13,3%
Summe	41 100,0%	1 100,0%	12 100,0%	19 100,0%	4 100,0%	15 100,0%

Süd- und Nordkorea: Mit 75,0% Anteil führt hier dominant die Rubrik „Akklamation/Beifall/Zustimmung" vor den Rubriken „Verweis auf normengerechtes Verhalten", „Anerkennung allgemeiner Werte" und „sonstige positive Darstellung" mit jeweils 8,3%. Die restlichen Rubriken besitzen keine Anteile.

Südkorea und andere Länder: Die Beiträge die „sonstige positive Darstellungen" enthalten, führen mit 31,6% vor „Vergleich mit anderen Personen" mit 21,1%, „Anerkennung allgemeiner Werte" und „deutliches Lob" mit jeweils 15,8%, „Akklamation/Beifall/ Zustimmung" mit 10,5% und „Assoziation zu anderen positiven Eigenschaften/Objekten/positiven Stereotypen" mit 5,3%. Die restlichen Rubriken umfassen keine Beiträge.

Nordkorea und andere Länder: Hier führt die Rubrik „sonstige positive Darstellung" mit 50,0% vor „Zustimmung" und „Anerkennung allgemeiner Werte" mit jeweils 25,0% Anteil. Die anderen Rubriken besitzen keine Anteile.

Beide koreanische Staaten und andere Länder: Die Beiträge, die „Akklamation/Beifall/ Zustimmung" enthalten, führen mit 26,7% vor denen, die mit 20,0% „Anerkennung allgemeiner Werte" enthalten. Es folgt die Rubriken „Assoziation zu anderen positiven Eigenschaften/Objekten/positiven Stereotypen", „deutliches Lob" und „sonstige positive Darstellung" mit jeweils 13,3% Anteil. Die Rubrik Verwendung von Superlativen" und „Verweis auf normengerechtes Verhalten" besitzen jeweils 6,7%. Zur Rubrik „Vergleich mit anderen Personen/Situation" gibt es keine Beiträge.

6.3. Fazit

Bei dieser Untersuchung wurden insgesamt 1,384 Beiträge ausgewertet. Da jedoch die NZZ im untersuchten Zeitraum mit Abstand die meisten Beiträge lieferte, liegt sie bezüglich der absoluten Zahlen fast ausnahmslos immer an der Spitze mit insgesamt 658 Beiträgen, gefolgt von der FAZ mit 439 Beiträgen und der DP mit 286 Beiträgen.

Die wichtigsten Ergebnisse zur Erläuterung der Thematisierungsstruktur der drei ausgewählten deutschsprachigen Zeitungen lassen sich kurz wie folgt zusammenfassen:

1) Bei allen drei Zeitungen ist zu beobachten, daß Beiträge ohne Bebilderung stark dominieren. Bei den meisten Beiträgen wurde nur Text ohne graphische Darstellungsformen präsentiert.

2) Die Mehrzahl der Nachrichten bezieht sich auf das politische Geschehen. Bei den meisten Beiträgen wurden sie in der Rubrik Ausland bzw. Politik plaziert. Interessanterweise weist das Olympiajahr 1988 keine signifikante Erhöhung der Sportbeiträge auf.

3) Bei den journalistischen Darstellungsformen dominieren klar bei allen Zeitungen die Agenturnachrichten und manifesten Meinungsformen. Bei den zwei genannten Rubriken zeigen sich deutliche Unterschiede zwischen den drei Zeitungen. Die anderen Rubriken sind vergleichsweise unbedeutend. Die Dominanz der NZZ bei der Gesamtzahl der ausgewerteten Beiträge ist vor allem auf die hohe Zahl der Agenturnachrichten zurückzuführen. Viel mehr manifeste Darstellungsformen wie Leitartikel, Kommentare sowie Korrespondentenberichte sind die wichtigste Darstellungsform bei der DP. Die Agenturnachrichten führen außer bezüglich beider koreanischer Staaten in Verbindung mit anderen Ländern.

4) Bei den allgemeinen Nachrichten überwiegt bei allen untersuchten Zeitungen die schlichte Darstellung ohne Herausheben. Von diesem Untersuchungsergebnis ist zu beobachten, daß formale Formen für die Herausheben wie „umrahmt", „Fettdruck" sowie „große Buchstaben" bei allen untersuchten Zeitungen sehr selten sind. Eine Aufgliederung der Berichterstattung nach Länge der Beiträge zeigt deutliche Unterschiede zwischen den drei Zeitungen. Da bei der NZZ die Agentur-Nachrichten die dominierende Darstellungsform sind, haben die Beiträge von 11-20 Zeilen bei der NZZ den höchsten Anteil. Die FAZ hat zwei fast gleich große maximale Werte bei 21-50 Zeilen und 51-100 Zeilen. Zu längeren Beiträgen hin weist sie stets deutlich höhere Werte als die NZZ auf. Dies bedeutet allgemein, daß die FAZ sich wesentlich intensiver mit den Themen auseinandersetzt als die NZZ. Die Länge der Beiträge bei der Presse zeigt eine ähnlichen Verlauf, wie ihm die FAZ aufweist, wobei das Anteilsmaximum bei den Textbeiträgen zwischen 51-100 Zeilen liegt.

5) Bei der NZZ überwiegen die „einspaltigen Beiträge im inneren Teil" bezüglich des

Beachtungsgrads. Bei der FAZ und DP führen die „mehrspaltigen Beiträge im inneren Teil“ aber mit größten Anteil. Bei allen Zeitungen wurden die Berichte selten als so bedeutend gewertet, daß sie auf der Titelseite als „Hauptaufmacher“ oder „sonstiger mehrspaltig“ erscheinen. Bei der FAZ und DP zeigt sich eine weitgehend übereinstimmende Struktur, von der die NZZ deutlich abweicht. Bei allen Bezugsorten dominieren „ein- oder mehrspaltige Darstellung im inneren Teil mit größten Anteil.

6) Da die meisten Beiträge von Agenturen stammende Nachrichten sind, fehlt der Name des Verfasser. Bei Zusammenfassung der Anteile der Rubriken mit Nennung des vollen Namens und mit abgekürztem Namen liegen die Zahlen bei 23,8% (NZZ), 43,0%(FAZ) und 44,6% (DP).

7) Ein erheblicher, bei allen Zeitungen überwiegender Anteil der Nachrichten bezieht sich auf beobachtbares, faktisches Geschehen, nämlich „Ereignisse“. Kaum Unterschiede zeigen sich bei anderen Anlässen wie „Pressekonferenz“, „Rede, Vortrag, Podiumsspräche“, „Reaktion auf Medienbericht“, „Kalenderereignis“, während bei den Anlässe „Kongress, Vortrag, Podiumsgespräche etc.“ und „Bericht“ die FAZ klar dominiert. Als Anlaß der Berichterstattung dominieren die Ereignisse bei allen Bezügen.

8) Eine Aufgliederung der Meldung nach der Übereinstimmung zwischen Ereignisort und Herkunftsort der Berichterstattung zeigt eine klare Dominanz bei der Rubrik „identisch“. Der Anteil der Rubriken „nicht ersichtlich“ oder „keine Angaben“ sind aber nicht gering. Besonders die „Presse“ weist die Rubriken „nicht ersichtlich“ oder „keine Angaben“ relativ häufig.

9) In der Berichterstattung erschien Südkorea allein oder mit anderen Länder relativ häufig. Die Berichterstattung über Nordkorea ist äußerst gering. Die Bezüge der Berichterstattung zeigen von Zeitraum zu Zeitraum starke Schwankungen bei den absoluten Gesamtbeitragszahlen, da die Berichterstattung den Ereignissen verfolgt. Das absolute Maximum liegt bei 276 Beiträgen im Olympiajahr 1988 und das absolute Minimum bei 49 Beiträgen im Jahr 1964.

10) Die allgemeinen Nachrichten gehören vorwiegend zu den „aktuellen Berichten“ und auch die Kategorie „mit Hintergrund“ wurde in der Berichterstattung häufiger verwendet. Die Presse weicht hier von den anderen Zeitungen insofern ab, als bei ihr nicht die aktuellen Berichte, sondern die Rubrik „oder auch Hintergrund“ den Schwerpunkt bildet. Es ist zu beobachten, daß die aktuellen Nachrichten keine Unterschiede hinsichtlich der Bezugsländer zeigen.

11) Die meisten Beiträge bezüglich der Rubriken „Person(en)“ und „Ereignis(se)“ als Hauptgegenstand der Berichterstattung lieferte mit deutlichen Vorsprung die NZZ,

während das absolute Maximum der Beiträge der NZZ bei der Rubrik „Ereignis(se)" liegt, ist dies bei der FAZ und DP bei der Rubrik „Thema(-men)".

Das Hauptgewicht der Berichterstattung nach Beitragszahlen ist bezüglich Südkoreas viel höher als bezüglich Nordkoreas. Bei den anderen Ländern und Länderkombination weisen die Rubriken „Ereignis(se)" und „Thema(-men)" ähnliche, aber höhere Werte als bei der Anzahl der Beiträge der Rubrik „Person(-en)" auf. Die Reihenfolge der Länder und Länderkombination ist hier von oben und nach unten: Südkorea, Süd- und Nordkorea, Südkorea und andere Länder, beide Korea und andere Länder, nur Nordkorea.

12) Eine ausgeprägte Betonung der schlechten Nachrichten überwiegt bei allen Zeitungen. Bei der Untersuchung der Betonung der einzelnen Rubriken der Zeitungen gibt es ein relatives Maximum bei den schlechten Nachrichten. Bei den neutralen Nachrichten führt die NZZ vor den FAZ und der DP. Die guten Nachrichten sind vertreten bei der FAZ mit 23,2%, bei der NZZ mit 20,2% und der DP mit 19,5%, knapp mehr als der halbe Anteil der schlechten Nachrichten bei allen Zeitungen.

13) Es ist zu beobachten, daß die absolute Zahl der Beiträge ein von Jahr zu Jahr teilweise sehr stark sich änderndes Bild zeigt. Außer in den Jahren 1960, 1972 und 1992 führen mit deutlichem oder auch großem Abstand die schlechten Nachrichten. Die absoluten Zahlen der Beiträge zeigt klar, daß es bei den Rubriken große Unterschiede gibt. Schnell zu erkennen ist, daß die schlechten Nachrichten insgesamt und bezüglich Südkorea überwiegen, gefolgt von denen bezüglich Südkorea und Nordkorea, beide koreanische Staaten und anderer Länder, Nordkorea und andere Länder, Südkorea und andere Länder sowie Nordkorea allein. Die guten Nachrichten stehen bezüglich Südkorea an zweiter Stelle, gefolgt von denen bezüglich beider koreanische Staaten und anderer Länder, Nordkorea und anderer Länder sowie nur Nordkorea. Die meisten neutralen Berichte gebt es bezüglich Südkorea, gefolgt von denen bezüglich Süd- und Nordkorea, Südkorea und anderer Länder, Nordkorea und anderer Länder, nur Nordkorea sowie beider koreanische Staaten und anderer Länder.

14) Die Aktualität der Beiträge zeigt teilweise drastische Unterschiede zwischen den Zeitungen. Bei der FAZ ist Aktualität „gestern" vorwiegend und bei NZZ „vorgestern". Eine Sonderrolle spielt die Rubrik „keine Angabe" bei der DP.

15) Die Struktur der Überschriften in Bezug auf das Verhältnis zum Text charakterisiert, daß die Überschriften ohne Unterschiede zwischen den drei Zeitungen vorwiegend „das Wesentliche, Resümee, Zusammenfassung" enthalten.

16) Das Geschehen stellt sich überwiegend in Handeln der „Exekutive" dar (also Präsident, Regierung, Regierungssprecher, Behörden, Premierminister, usw.). Der Handlungssträger „Sonstige/Individuen/personale Systeme/öffentliche Meinung" steht an zweiter Stelle (also prominente Künstler, prominente Sportler, Idole und

Stars, Wissenschaftler und Experten, usw.).

17)Die handlungsanweisende Institution oder Person bezieht sich vorwiegend auf die „Exekutive". An zweiter Stelle steht bei allen Zeitungen „Sonstige/Individuen/ personale Systeme/öffentliche Meinung".

18) Die untersuchten Zeitungen zeigen eine bemerkenswerte Übereinstimmung in der thematischen Struktur der Medienrealität. Die Nachrichtenangebot aller drei Zeitungen weist drei inhaltliche Schwerpunkte auf: Innenpolitik, diplomatische Beziehung zwischen Süd- und Nordkorea, Außenpolitik. Im untersuchten Zeitraum sind die absoluten Beitragszahlen bezüglich aller Themenbereiche ständig wechselnd. Bei den drei häufig erscheinenden Themenbereiche haben die Beitragszahlen keine Konsequenz.

Die Verteilung der Themenschwerpunkte bezüglich der verschiedenen Länder zeigt ein sehr unterschiedliches Bild. Bei dem Bezugsland Südkorea führen dominant mit dem höchsten Anteil innenpolitische Themen, gefolgt von Wirtschaftsbeiträgen und der Olympiade 1988. Bei Nordkorea liegen die außenpolitischen Themen an der Spitze, gefolgt von der Rubrik „Beziehung zwischen Süd- und Nordkorea", innenpolitischen Themen, Wirtschaftsbeiträgen und Themen in Bezug auf Verteidigung/Militär/Abrüstung. Bei Süd- und Nordkorea führt mit klarer Dominanz die Rubrik interner Bezug auf die Beziehung zwischen Süd- und Nordkorea, gefolgt von der Außenpolitik und der Innenpolitik.

19) Die Mehrzahl der Beiträge in den untersuchten Zeitungen in Hinblick auf ihren Kontext mit dem Ereignis führt auf die Rubrik „national". Die Rubriken „bilateral" und „international" stehen jeweils an der zweiten und dritten Stelle. Es gibt hier keine klare Unterschiede zwischen drei Zeitungen.

20) Es ist zu beobachten, daß Personenschaden als wichtiger Nachrichtenwert in der Berichterstattung der untersuchten Zeitungen nicht so hoch gewertet wurde. Die Berichte mit „keiner Angabe von Toten und Verletzten" dominieren absolut bei allen drei Zeitungen.

21) Bei den Beiträgen mit großen Zahlen von Betroffenen und von existentieller Bedeutung eines Ereignisse führt bei der Rubrik „größte Betroffenreichweite". Der Vergleich der Anteile der Rubriken bei den einzelnen Zeitungen zeigt eine weitgehende Übereinstimmung.

22) Der Faktor „Überraschung" bei allen drei Zeitungen ist nicht stark ausgeprägt. Die Rubriken „geringer Überraschungsgrad" und „kein Überraschungsgrad" haben Werte von jeweils 58,0% und 27,6%.

23) Bei dem politischen Status handelnder Personen führt die Rubrik „auf interna-

tionaler Ebene bekannte Persönlichkeit". Die Rubrik „nicht ersichtlich" steht an zweiter Stelle, gefolgt von der Rubrik „auf nationaler Ebene bekannte Persönlichkeit".

24) Bei den Faktor Personalisierung ist eine „geringe Personalisierung" vorherrschend bei allen Zeitungen, gefolgt von „geringster oder keiner Personalisierung".

25) Die Mehrzahl der Berichte über Ereignissen bezieht sich auf Tatsachen, in der die Bewertung durch Handlungsträger und Akteure oder Journalisten fehlt. Es gibt keine Unterschiede zwischen den drei Zeitungen.

26) Alle Kodierer bewerteten, daß in den meisten Beiträgen „genügend" berichtet wurden. Von allen Beiträgen werden 39,5% als „genügend", 28,2% als „mittelmäßig", 27,4% als „sehr ausreichend" bewertet. Die Rubrik „sehr ausreichend" weist bei der FAZ mit höchsten Anteil auf.

27) Bei dem Verhalten des Journalisten in der Berichterstattung führt die Bewertung „neutral" dominant bei den allen Zeitungen. Hierbei steht die Presse an der ersten Stelle, gefolgt von der NZZ und der FAZ.

28) Bei der negativen Bewertung in Beiträgen steht die Rubrik „Vorhaltung und Kritik" an der Spitze, gefolgt von der Rubrik „Assoziation zu anderen negativen Eigenschaften/Objekten/negativen Stereotypen". Beim Vergleich der Beiträge der drei untersuchten Zeitungen zeigen sich teilweise deutliche Unterschiede.
Bei der Rubrik „Vorhaltung und Kritik" führt die NZZ vor der FAZ und der Presse. Die Rubrik „Assoziation zu anderen negativen Eigenschaften/Objekten/ negativen Stereotypen" steht bei der Presse an der Spitze. Bei allen Bezugsländer führen die kritischen Beiträge mit verschiedenen Anteile.

29) Die Ergebnisse der Untersuchungen bezüglich der positiven Bewertungen in den Beiträgen der drei Zeitungen zeigt, daß die Beiträge mit der Bewertung „Akklamation, Beifall, Zustimmung" knapp an der Spitze vor denen mit der Bewertung „Assoziation zu anderen positiven Eigenschaften/Objektiven/positiven Stereotypen" liegt. Bei der Rubrik „Akklamation, Beifall, Zustimmung" führt die FAZ vor der NZZ und der Presse. Bei der Rubrik „Assoziation zu anderen positiven Eigenschaften/Objektiven/positiven Stereotypen" führt die Presse deutlich mit höchsten Anteil vor der FAZ und der NZZ. Beim Vergleich der positiven Bewertungen in den Beiträgen der Zeitungen in Hinblick auf die verschiedenen Länder zeigen die Ergebnisse eine klare Unterschiede. Bezüglich der Beiträge aller Länder führt die Rubrik „Akklamation, Beifall, Zustimmung" vor der „sonstigen positiven Darstellung", „Anerkennung allgemeiner Werte", „deutliches Lob", usw.. Bei dem Bezugsland Südkorea führt die Rubrik „sonstige positive Darstellung". Bei dem Bezugsland Nordkorea bezieht sich alle Beiträge auf die Rubrik „Verweis auf normengerechtes Verhalten". Bei den Bezugsländern Süd- und

Nordkorea und beide Korea und andere Länder steht die Rubrik „Akklamation, Beifall, Zustimmung“ an der Spitze.

7. Zusammenfassung

Als Tanz ums goldene Kalb, als Konstruktionsunternehmen mit eigenwilligen Regeln und Bewertungen, aber auch als Selektionsinstanz mit auffallenden Relevanzzuordnungen und offenkundigen Identitätsproblem führt der „Journalismus in der Gesellschaft" immer noch zu Meta-Diskussionen. Eine theoretische Beschäftigung findet auch in Bezug auf die Konstruktionsprozessen in den Medieninstitutionen statt.

Wir betrachten Journalisten als diejenigen, die nur noch subjektabhängige Wirklichkeitsentwürfe von Beobachtern zweiter Ordnung zuordnen, die der Gesellschaft sozusagen permanent den Spiegel vorhalten, in dem sie sich selbst betrachtet kann. Damit wird der Journalismus als ein soziales System unter anderen modelliert, dem eine spezifische Funktion zugeordnet wird, das „operativ geschlossen" ist und das seine Grenzen womöglich sogar nur mit Hilfe eines simplen Codes bestimmt. Zunächst hatte Luhman „Reduktion von Komplexität" ins Zentrum funktional-struktureller Systemtheorie gerückt; durch Ausdifferenzierung von einzelnen Systemen werden die hochkomplexen Erscheinungsformen der moderner Gesellschaft verringert, um so „konkrete Wirklichkeit" hervorzubringen.

Die Funktion des Systems Journalismus, die von Manfred Rühl als die Formel „Herstellung und Bereitstellung von Themen zur öffentlichen Kommunikation" gefaßt wurde, ist zu beschreiben, daß die Aussagenentstehung in erheblichem Maße ökonomischen, organisatorischen und technologischen Zwängen unterworfen ist. Dazu noch lassen Kommerzialisierungs- und Technisierungsprozessen in den Mediensystemen Schwierigkeiten begegnen, durch wissenschaftliche Beobachtungen über moderne Aussagenproduktion in den Medien genaue und vollständige Beschreibung zu liefern.

Die bisherigen Untersuchungen, Gatekeeper- (Pförtner-, Schleusenwärter-) und Redaktionsforschung, Professionalisierung und Sozialisation des Journalisten, sowie Nachrichtenwert- oder Nachrichtenfaktorenforschung, unterstrichen gemeinsam die Rolle der Journalisten. Während die Gatekeeper-Forschung als zentrales Thema Kommunikationsprozesse im Rahmen der Aussagenentstehung betrachtet, also faktisches Verhalten in den Institutionen der Massenkommunikation untersucht (insbesondere die Einflußfaktoren auf Nachrichtenselektion und Nachrichtenbearbeitung), wird über die deskriptiven Kriterien des Kontrukts „Professionalisierung" versucht, generellere Aussagen über die Berufsrolle des Kommunikators, seine Sozialisation usw. machen zu können. Der „Nachrichtenfaktoren-Ansaz" geht davon aus, daß sich der Journalist bei der Auswahl der Zeitgeschehens an bestimmten Ereignismerkmalen, den Nachrichtenfaktoren, orientiert.

Der in der Publizistik- und Kommunikationswissenschaft führend gemachte systemtheoretische Ansatz ist theoretischen Ansätzen, die im Bereich der Kommunikationswissenschaft existieren, nicht exklusiv. Vom systemtheoretischen Ansatz her steht der Journalismus als gesellschaftliches Teilsystem mit dem übergreifenden sozialen Gesamtsystem in Verbindung und erfaßt die objektiven Konsequenzen des Journalismus in einer Gesellschaft. Der systemtheoretische Ansatz ermöglicht es, den Unterschied und die Unvereinbarkeit zwischen empirisch-positivistischer Forschungsmethoden und kritischer Forschungsmethoden zu überwinden. Die Systemtheorie erlaubt es, die zwei Forschungsmethoden oder –traditionen im Laufe der publizistik- und kommunikationswissenschaftlichen Theorienbildung auf das gesellschaftliche Phänomen Massenkommunikation übertragen zu können. Mit der Systemtheorie kann die Wirklichkeit in der publizistik- kommunikationswissenschaftlichen Theorienbildung wiedergespiegelt werden. Die Journalismusforschung sowie die Kommunikationsforschung interessieren sich vor allem für aktuell beobachtbare Phänomene und Prozesse. Dabei wird der Journalismus meist isoliert von seiner Umwelt betrachtet. Selten werden Rollenebene, Organisationsebene und Systemebene zueinander in Beziehung gesetzt. Sehr selten sind in der Journalismusforschung Modelle, die Entstehung und Entwicklung von Rollen, Organisationen (Systemstrukturen) und Beziehungen zwischen Journalismus und Gesellschaft sowie zwischen Journalismus und Funktionssystemen (Funktionen und Leistungen) im Blick haben. Im Gegensatz zur Betrachtungsweise von bisherigen Untersuchungen, in denen die Nachrichten als Produkte der Gemeinschaft einzelner Journalisten, Redakteure, Kommunikatoren oder persönlicher „Gatekeeper" angesehen werden und deren Persönlichkeit beschrieben wird, versteht die vorliegende Arbeit diese Nachrichtenvermittlung als Produkte von organisierten sozialen Systemen. Die bedeutet: Redaktionelles Handeln als Herstellen von Zeitungen in einem industriell hochentwickelten Gesellschaftssystem erfolgt nicht nur durch einige Nachrichten sammelnde, redigierende und schreibende Redakteure, sondern vollzieht sich vielmehr als ein durchrationalisierter Produktionsprozeß in einer nicht minder rationalisierten und differenzierten Organisation.

Hendrickson und Tankard, welche die wachsende Kritik am Journalismus auf einen zu eng gefaßten Rahmen für die den Selektion zugrundeliegenden *Nachrichtenwerte* zurückzuführen, empfehlen deshalb, künftige Journalisten bei der Ausbildung mit Einsichten der allgemeinen Systemtheorie auszustaten, um ihre Beobachtungsperspektive zu erweitern. Damit würde die Systemtheorie in der Medienpraxis landen. Der wissenschaftliche Beobachter kann die Systemtheorie zur Modellierung der Medienpraxis und zu ihrer systematischen empirischen Analyse nutzen. Der „Journalismus in Deutschland" verfolgt seit Anfang der 90er Jahre von vornherein ehrgeizige Ziele: Erstens wollte man eine breite und aktuelle *Datenbasis* schaffen, zweitens die Journalismusforschung von eher deskriptiven hin zu erklärenden Ansätzen führen, und drittens sollte sie die recht einseitige Erfassung journalistischer Einstellungen in übergreifende Konzepte zur Analyse des Systems Journalismus integrieren. Insgesamt ging es also darum, dem seinerzeit formulierten Postulat einer „anspruchsvolleren" Kommunikatorforschung gerecht zu werden.

Die Beschäftigung mit der Kommunikationspraxis in der vorliegender Untersuchung legt vielmehr die Annahme nahe, daß die Relevanz des Journalismus in der Gesellschaft sogar noch zunehmen wird. Vom Standpunkt solcher systemtheoretischer Konzeptionen aus identifizierte diese Untersuchung Strukturen für die Herstellung und Bereitstellung von Themen in der deutschsprachigen Zeitungen empirisch. Bei der kritischen Auseinandersetzung mit den journalistischen Informationsleistungen, besonders bei internationalen Berichten, wurde allgemein auf einige Argumente aufmerksam gemacht; Kontextlosigkeit der Berichterstattung, Abhängigkeiten von PR-Quellen und eine fast ausschließliche Orientierung an Aufgeregtheiten vor allem in den TV-Nachrichten. Die Resultate dieser Untersuchung beweisen, daß diese Argumente konsensfähig sind. Beispielsweise stammen mehr als 70,0% der Nachrichten bei der „Neuen Zürcher Zeitung" von internationalen Nachrichten-Agenturen. Agenturnachrichten werden aber im allgemeinen größtenteils reproduziert – das nicht nur in inhaltlich-sprachlicher Hinsicht, sondern auch vom Blickwinkel anderer Kategorien aus. Die Ereignisse, die in der Berichterstattung erschienen, sind deshalb kein Spiegel der Wirklichkeit Koreas, sondern eine „konkrete Wirklichkeit“, die von der Hilfe eines simplen Codes des System Journalismus zur Reduktion von Komplexität bestimmt wurde. Kein wesentlicher Unterschied besteht bei den Codes des Systems Journalismus zwischen den ausgewählten drei Zeitungen. Die vorliegende Arbeit umfaßt die Entwicklungen der letzten dreißig Jahre im Nachrichtenangebot des deutschen Sprachraums. Untersuchungsgegenstand sind die Nachrichten aus ausgewählten Tageszeitungen, die sich mit Ereignissen aus Korea oder in Verbindung mit Korea befassen und aus deutscher, österreichischer und schweizerischer Sicht dokumentieren. Es werden in erster Linie die besonderen Eigenschaften der Berichterstattung untersucht. Die Schwerpunkte liegen auf der sachlichen Realisierung, der Interpretation und der Darstellung der Ereignisse, über die in den einzelnen Nachrichten berichtet wird. Im weiteren wird versucht, Verschiebungen der Berichterstattung hinsichtlich der Untersuchungsobjekten und der Untersuchungszeitpunkte zu ermitteln. Um die Untersuchung noch erfolgreicher und sinnreicher zu gestatten, sollte das Verhalten der Journalisten, die sich an der Berichterstattung über Korea beteiligen, in die Analyse eingeschlossen werden und noch eine qualitative Untersuchung durchgeführt werden.

Das Problem, den Journalismus in der Gesellschaft zu identifizieren, stellt noch schwierige Aufgaben. In der Computergesellschaft könnte die Kommunikationswissenschaft ihre Substanz und Objekte verlieren. Wenn sich Texte, Bilder und Töne, wenn sich Telekommunikation, Unterhaltungselektronik und Computertechnik technisch integrieren lassen, wird das Identitätsproblem noch größer. In Hinblick auf den bevorstehenden Medien-Mix von „Amalgamierung“ und „Elektronischer Aussagenproduktion“ wurde schon früh darüber reflektiert. Eine selbstverständliche Folge ist der drohende Monopolverlust der Journalisten als „Scheusenwärter“ sozialer Kommunikationsprozesse. Tatsächlich haben die Wirklichkeitsentwürfe der Medien inzwischen deutlich an Verbindlichkeit verloren und sind somit als markantes Kennzeichen der *Postmoderne* ausgewiesen.

8. Anhang

8.1. Literaturverzeichnis

Adorno, Theodor. W. / E. Frenkel-Brunswik / D. J. Levinson / R. M. Sanford (1950): *The authoritarian personality*. New York.

Ahern Jr, Thomas J. (1984): Determinants of foreign coverage in U. S. newspaper. In: Robert L. Stevenson u.a.: Foreign news and new world information order. Iowa. S. 217-233.

Altschull, J. Herbert (1990): *From Milton to McLuhan: The Ideas Behind American Journalism*. New York.

Allport, Gorden W. (1954): *The nature of prejudice*. Mass. dt. Augabe (1971): *Die Natur des Vorurteils*. Hg. von C. F. Graumann. Köln.

Antonoff, Romann (1975): *Methoden der Image-Gestaltung für Unternehmen und Organisationen*. Essen.

Anna Maria Theis, Anna Maria (1994): *Organisationskommunikation - Theoretische Grundlagen und empirische Forschungen*. Opladen.

Ashby, Ross W. (1968): Variety, constraint, and the law of requisite variety. In: Walter Buckley (Hg.): *Modern Systems Research for the behavioral Scientist*. Chicago. S. 129-136.

Ashley, Richard K. (1981): Political realism and human interests. In: *International Studies Quarterly*, 25. Jg., S. 204-236.

Atwood, L. Erwin (1970): How newsmen and readers perceive each other´s Story Preference. In: *Journalism Quarterly*, 47. Jg., S. 296-302.

Atwood, L. Erwin (1987): News of U. S. and Japan in each other´s papers. In: *Gazette*, 39. Jg., 1987. S. 73-89.

Aufermann, Jörg / Hans Bohrmann / Rolf Sülzer (Hg.: 1973): *Gesellschaftliche Kommunikation und Information. Forschungsrichtungen und Problemstellungen. Ein Arbeitsbuch zur Massenkommunikation*. Bd.1. Frankfurt/M.

Badii, Naiim / Walter J. Ward (1980): The Nature of News. In: *Journalism Quarterly*, 57. Jg., S. 243-248.

Bagdikian, B. (1974): Professional personnel and organizational strukture in the massmedia. In: W. P. Davison / F. T. C. Yu (Hg.): *Mass Communication Research*. New York. S. 122-142.

Bailey, George A. / Lawrence W. Lichty (1972): Rough Justice on a Saigon Street: A Gatekeeper Study of NBC's Tet Execution Film. In: *Journalism Quarterly*, 49. Jg., S. 221-229 u. 238.

Barth, Bertram (1988): Fernsehnutzung und Realitätswahrnehmung: Zur Überprüfung der Kultivierungshypothese. In: *Rundfunk und Fernsehen*, 36. Jg., S.67-79.

Baudrillard, Jean (1988): Die Simulation. In: Welsch, Wolfgang (Hg.): *Wege aus der Moderne. Schlüsseltexte der Postmoderne-Diskussion*. Weinheim.

Becker, J. / J. Lißmann (1973): Inhaltsanalyse – Kritik einer sozialwissenschaftlichen Methoden. In: *Arbeitspapiere zur politischen Soziologie 5*. München.

Becker, Lee B. (1977) : Foreign Policy and Press Performance. In: *Journalism Quaterly*, 54. Jg., S. 364-368.

Bentele, Günter (1986): Evolution der Kommunikation – Überlegungen zu einer kommunikationstheoretischen Schichtenkonzeption. In: Manfred Bobrowsky/ Wolfgang R. Langenbucher (Hg.): *Wege zur Kommunikationsgeschichte*. München. S. 79-94.

Berelson, Bernard (1952): *Content Analysis in Communication Research*. Glencoe/Illinois. dt. Ausgabe (1990): *Übersetzung und Hervohebung von Philipp Mayring: Qualitative Inhaltsanalyse : Grundlagen und Techniken*. Weinheim / Basel.

Berger, Peter L. / Thomas Luckmann (1969): *Die gesellschaftliche Konstruktion der Wirklichkeit. Eine Theorie der Wissenssoziologie*. Frankfurt/M.

Bergler, Reinhold (1963): *Psychologie des Marken- und Firmenbildes*. Göttingen.

Bergler, Reinhold (1965): Ausdruckspsychologie und Werbeforschung. In: Reinhold Bergler (Hg.). *Psychologische Marktanalyse*. Huber / Bern.

Bergler, Reinhold (1966): *Psychologie stereotyper Systeme - Ein Beitrag zur Sozial- und Entwicklungspsychologie*. Bern / Stuttgart.

Bergler, Reinhold (1976): *Vorurteile - Erkennen, Verstehen, Korrigieren*. Köln.

Bergler, Reinhold / B. Six (1972): Stereotype und Vorurteile. In: C. F. Graumann (Hg.): *Handbuch der Psychologie*. Bd. 7. Göttingen. S. 1371-1432.

Berkowitz, Dan (1987): TV news sources and news channels: A study in agenda-buildung. In: *Journalism Quarterly*, 64. Jg., S.508-513.

Binkowski, Johannes (1963): Die Wahrheit in den Massenmedien. In: *Publizistik*, 8. Jg., S. 67-74.

Bishop, R. L. (1992): The rush to chain ownership. In: *Columbia Journalism Rev.* (Nov.-Dec.). S. 10-19.

Boulding, Kenneth E. (1958): *The image - knowledges in life and society.* New York. dt. Ausgabe (1958): *Die neuen Leitbilder.* Düsseldorf.

Blöbaum, Bernd (1994): *Journalismus als soziales System. Geschichte, Ausdifferenzierung und Verselbständerung.* Opladen.

Böckelmann, Frank (1993): *Journalismus als Beruf. Bilanz der Kommunikatorforschung im deutschsprachigen Raum von 1945 bis 1990.* Konstanz.

Boeckmann, Klaus (1990): Wirklichkeitsverlust durch Medien?. In: *Communications*, 15. Jg., 9-20.

Bohle, Robert H. (1986): Negativism as news selection predictor. In: *Journalism Quarterly*, 63. Jg., S. 789-796.

Boorstin, Daniel J. (1981): *The Image.* New York.

Bowes, John E. (1977): Stereotyping and communication accuracy. In: *Journalism Quarterly*, 54. Jg., S. 70-76.

Breed, Warren (1955): Social control in the newsroom. A functional analysis. In: *Social Forces*, 33. Jg., S. 326-335.

Breed, Waren (1973): Soziale Kontrolle in der Redaktion: eine funktionale Analyse. In: Jörg Aufermann / Hans Bohrmann / Rolf Sülzer (Hg.): *Gesellschaftliche Kommunikation und Information. Forschungsrichtungen und Problemstellungen. Ein Arbeitsbuch zur Massenkommunikation.* Bd.I. Frankfurt/M. S. 356-378.

Bridges, Janet A. (1989): News use on the front pages of the american daily. In: *Journalism Quarterly*, 66. Jg., S. 332-337.

Brockhaus Enzyklopädie (1976). Bd. 23. Wiesbaden.

Brown, Jane Delano / Carl R. Bybee / Stanley T. Wearden / Dulcie Murdock Straugham (1987): Invisible power: Newspaper news sources and the limits of diversity. In: *Journalism Quarterly*, 64. Jg., S. 45-54.

Brown, L. (1971): *Television : The Business Behind the Box.* New York.

Brunhuber, Robert (1907): *Zeitungslehre.* Leipzig.

Brunhuber, Robert (1908): *Das deutsche Zeitungswesen.* Leipzig.

Buckalew, James K. (1969-1970): News elements and selection by television news editors. In: *Journal of Broadcasting*, 14. Jg., S. 47-54.

Buckalew, James K. (1974): The radio news gatekeeper and his sources. In: *Journalism Quarterly*, 51. Jg., S. 602-606.

Buggle, F. (1956): *Heutige Universitätsstudenten.* Meisenheim am Glan.

Burgoon, Judee K. / Michael Burgoon / Charles K. Atkin (1982): *What is news? Who decides? Preliminary report for american society of newspaper editors.* May 1982 (DC: ASNE 1982).

Burkart, Roland (1995): *Kommunikationswissenschaft. Grundlagen und Probelmfelde* (2. Aufl.). Wien / Köln / Weimar.

Buzek, A. (1964): *How the Communist press works.* New York.

Cadwallader, Mervyn C. (1966): The cybernetic analysis of change in complex social organisations. In: Alfred G. Smith (Hg.): *Communication and Cultur.* New York.

Carter, Richard F. (1962): Stereotyping as a process. In: *Public Opinion Quarterly*, 26. Jg., S. 77-91.

Cautern, N. R. / J. E. Robinson / H. H. Krauss (1971): Stereotypes: A review of the literature 1926-1968. In: *The Journal of Social Psychology*, 84. Jg., S. 103-125.

Child, I. L / L. W. Doob (1943): Factors determining national stereotypes. In: *The Journal of Social Psychology*, 17. Jg., S. 203-219.

Chu, Leonard L. (1985): An organizational perspective on international news flow: some generalizations, hypotheses, and questions for research. In: *Gazette*, 35. Jg., S. 3-18.

Clausse, Roger (1962): *Publikum und Information.* Köln / Opladen.

Clyde, Robert W. / James K. Buckalew (1969): Inter-media Standardization: A Q-analysis of news editions. In: *Journalism Quarterly*, 46. Jg., S. 349-351.

Colomy, Paul (1990): Revisions und progress in differentiation theory. In: Jeffrey C. Alexander / Paul Colomy (Hg.): *Differentiation theory and social change.* New York/ Oxford.

Currans, James / Michael Gurevitch / Janet Wollacott (1982): The Study of the Media Theoretical Approaches. In: Michael Gurevitch / Tony Bennett / James Curran / Janet Woollacott (Hg.): *Culture, society und media.* New York. S.11-29.

Da Costa, Alcino Louis (1979): New criteria for the selection of news in African countries. In: Alcino Louis Da Costa / Yehia Aboubakr / Pran Chopra / Fernand Reyes Matta(Hg.): *News values and principles of cross cultural communication. reports and papers on mass communication*, 86. Paris. S. 7-15.

Dajani, Nabil / John Donohue (1973): Foreign news in the Arab press: A content analysis of six Arab dailies. In: *Gazette*, 19. Jg., S. 392-405.

De Fleur, Melvin L. / Sandra Ball-Rokeach (1982): *Theories of mass communication*. New York.

Deutsch, Karl Wolfgang (1966): *Nationalism and social communication. An inquiry into the foundations of nationalism*. Cambridge.

Deutsch, Karl Wolfgang (1963): *The Nerves of government: Models of political communication and control*. New York. dt. Ausgabe (1970): *Politische Kybernetik: Modelle und Perspektiven*. Freiburg.

Deutsch, Karl Wolfgang (1969): *Politische Kybernetik*. Freiburg.

Deutsch, M / H. Gerard (1955): A study of normative and informational social influence upon individual judgement. In: *Journal of Abnormal and Social Psychology*, 51. Jg., S. 629-636.

Diab, L. N. (1962): National stereotypes and the "reference group" concept. In: *The Journal of Social Psychology*, 57. Jg., S. 339-351.

Dimmick, John (1978): *Levels of analysis in mass media dicision-making. A taxonomy and research strategy, presented at the meeting of the association for education in journalism*. Seattle/Washington.

Dimmick, John / M. C. Pearce (1976): Trends in network prime-time programming, 1953-74. In: *Journal of Communication*, 26. Jg., S. 70-80.

Dimmick, John / Philip Coit (1982): Levels of analysis in mass media decision making. A taxonomy, research strategy, and illustrative data analysis. In: *Communication Research*, 9. Jg., S. 3-32.

Dimmick, John / Philip Coit (1983): Levels of analysis in mass media decision making. A taxonomy, research strategy, and illustrative data analysis. In: *Mass Communication Review Yearbook*. Vol, 4. Jg., S. 361-390.

Donohew, Lewis (1965): Publishers and their influence groups. In: *Journalism Quarterly*, 42. Jg., S. 112-113.

Donohew, Lewis (1967): Newspaper gatekeepers and forces in the news channel. In:

Public Opinion Quarterly, 31. Jg., S. 61-68.

Donohue, G. A. / C. N. Olien / Philip J. Tichenor (1989): Strukture and constraints on community newspaper gatekeepers. In: *Journalism Quarterly*. Vo. 66. Jg. 1989. S. 807-812 u. 845.

Donsbach, Wolfgang (1978): Zur professionellen Kompetenz von Journalisten. In: Walter Hömberg: *Journalistenausbildung. Modelle, Erfahrungen, Analysen*. München. S. 108-121.

Donsbach, Wolfgang (1981): Journalisten zwischen Publikum und Kollegen. Forschungsergebnisse zum Publikumsbild und zum in-group-Verhalten. In: *Rundfunk und Fernsehen*, 29. Jg., S. 168-184.

Dovifat, Emil (1964): Aufgaben der *Publizistik*wissenschaft. In: *Publizistik*, 9. Jg., 347-348.

Dovifat, Emil (Hg.: 1968): *Handbuch der Publizistik*. Bd. 1: Allgemeine Publizistik. Berlin.

Dovifat, Emil / J. Wilke (1976): *Zeitungslehre*. Bd. 1. Berlin.

Dreier, Volker (1994): *Datenanalyse für Sozialwissenschaftler*. München / Wien.

Dunn, D. (1969): *Public Officials and the Press*, Reading.

Dygutsch-Lorenz, Ilse (1971a): *Die Rundfunkanstalt als Organisationsproblem- Ausgewählte Organisationseinheiten in Beschreibung und Analyse*. Düsseldorf.

Dygutsch-Lorenz, Ilse (1971b): Empirische Befunde über eine Rundfunkanstalt. In: *Rundfunk und Fernsehen*, 19. Jg., S.392-405.

Dygutsch-Lorenz, Ilse (1972): Professionalisierung, Mobilität und Sozialisation in Massenmedien. Empirische Befunde über eine Rundfunkanstalt. In: *Rundfunk und Fernsehen*, 20. Jg., S. 138-158.

EG-Fernsehrichtlinie von Oktober 1989. S. 100.

Edelstein, A. L / J. B. Schultz (1964): The leadership role of the weekly newpapers as seen by community leaders: A sociological perspective. In: L. A. Dexter / D. M. White (Hg.): *People, Society and Mass Communication*. New York.

Edwards, A, L. (1940): Four dimensions in political stereotypes. In: *Journal of Abnormal and Social Psychology*, 35. Jg., S. 566-572.

Edwards, A. L. (1940): Studies of stereotypes: I. The directionality and uniformity of responses to stereotypes. In: *The Journal of Social Psychology*, 12. Jg., S. 357-366.

Ehrlich, H. J (1962): Stereotyping and Negro-Jewish stereotypes. In: *Social Forces*, 42. Jg., S. 171-176.

Ehrlich, H. J. (1973): *The social psychology of prejudice*. New York / London / Sydney/Toronto.

Eilders, Christiane (1997): *Nachrichtenfaktoren und Rezeption. Eine empirische Analyse zur Auswahl und Verarbeitung politischer Information*. Opladen.

Etzioni, Amitai (1968): *The Active Society - A Theory of Societal and Political Processes*. New York.

Fabris, Hans Heinz (1971): *Das Selbstbild von Redakteuren bei Tageszeitung*. Salzburg.

Fabris, Hans Heinz (1980): Laien-Journalisten: Experten des Alltags. In: Otfried Jarren (Hg.): *Stadtteilzeitung und lokale Kommunikation* (=Dortmunder Beiträge zur Zeitungsforschung, Bd. 32). München / New York / London / Paris. S. 107-117.

Faßler, Manfred (1996): *Mediale Interaktion*. München.

Faßler, Manfred (1997): *Was ist Kommunikation?*. München.

Faulstich, Werner (1991): *Medientheorien. Einführung und Überblick*. Göttingen.

Fischer-Lexikon (1997): *Publizistik, Massenkommunikation*. Hg. von Elisabeth Noelle-Neumann / Winfried Schultz / Jürgen Wilke (3. Aufl.). Frankfurt/M.

Fishman, J. A. (1956): An examination of the process and function of social stereotyping. In: *Journal of Social Psychology*, 43. Jg., S. 27-64.

Fishman, M. (1980): *Manufacturing the news*. Austin.

Flegel, Ruth C. / Steven H. Chaffee (1971): Influences of editors, readers and personal opinions on reporters. In: *Journalism Quarterly*, 48. Jg., S. 645-651.

Forschungsinstitut für Internationales Pressewesen (1930): *Diplomatie und Presse*. vorgetragen von Walther Heide. Köln.

Früh, Werner (1991): *Inhaltsanalyse. Theorie und Praxis* (3. Aufl.). München.

Früh, Werner (1994): *Realitätsvermittlung durch Massenmedien*. Opladen.

Frenkel-Brunswik, E. / R. M. Sanford (1945): *Some personality factors in antisemitism.* In: *Journal of Psychology*, 20. Jg., S. 271-291.

Frenkel-Brunswik, E. (1948): A study of prejudice in children. In: *Human relations*, 1, Jg., S. 295- 306.

French, W. L. / C. H. Bell jr. (1977): *Organisationsentwicklung. Sozialwissenschaftliche Strategien zur Organisationsveränderung.* Bern/Stuttgart.

Freud, Sigmund (1955): *Beiträge zur Psychologie des Liebeslebens.* Gesammelte Werke, Bd.8 (3. Aufl.). London.

Fuchs, Peter (1992): *Die Erreichbarkeit der Gesellschaft. Zur Konstruktion und Imagination gesellschaftlicher Einheit.* Frankfurt/M.

Gahagan, L. (1933): Judgments of occupation from printed photographs. In: *The Journal of Social Psychology*, 4. Jg., S. 128-134.

Galtung, Johan / Marie Holomboe Ruge (1965): The Struktur of foreign news. The presentation of Congo, Cuba and Cyprus Crises in four Norwegian newspapers. In: *Journal of Peace Research*, 2. Jg., S. 64-91.

Gardner, B / S. Levy: The product and the brand. In: *Harvard Business Rev*, 33. Jg., S. 34-50.

Gerbner, George (1961): Press perspectives in world communication: a pilot study. In: *Journalism Quarterly*, 38. Jg., S. 313-322.

Gerbner, George (1967): An institutional approach to mass communication research. In: L. Thayer (Hg.): *Communication Theory and Research.* Springfield.

Gerhards, Jürgen / Friedhelm Neidhardt (1991): Strukturen und Funktionen moderner Öffentlichkeit: Fragestellung und Ansätze. In: Stefan Müller-Doohm / Klaus Neumann-Braun (Hg.): *Öffentlichkeit, Kultur, Massenkommunikation. Beiträge zur Medien- und Kommunikationssoziologie.* Oldenburg. S. 31-90.

Gerhards, Jürgen (1994): Politische Öffentlichkeit. Ein system- und akteurstheoretischer Bestimmungsversuch. In: F. Neidhardt (Hg.): *Öffentlichkeit, öffentliche Meinung, soziale Bewegung.* Opladen. S. 77-105.

Gehrke, Gernot / Ralf Hohlfeld (1995): *Wege zur Theorie des Rundfunkwandels - Fernsehorganisationen zwischen publizistischen Zielvorstellungen und Systemischem Eigensinn.* Opladen.

Gieber, Walter (1955): Do newspaper overplay 'negative' news ? In: *Journalism Quarterly*, 32. Jg., S. 311-318.

Gieber, Walter (1956): Across the desk: A study of 16 telegraph editors. In: *Journalism Quarterly*, 33. Jg., S. 423-432.

Gieber, Walter (1964): News is what newspapermen make it. In: L.A. Dexter / D. M. White (Hg.): *People, society and mass communication.* New York. S. 171-180.

Gieber, Walter / Walter Johnson (1961): »The City Hall« beat. A study of reporter and source roles. In: *Journalism Quarterly*, 38. Jg., S. 289-297.

Ginsberg, Morris (1963): Zur Psychologie und Soziologie des Vorurteils. in: Bundeszentrale für politische Bildung (Hg.). *Über Vorurteile*. Bonn.

Goethe, Johann Wolfgang von (1790-1807): *Schriften zur Farbenlehre I.* In: Das Gesamte Hauptwerk, 1. Abt. Bd. 23/1 (1981). Hg. von Manfred Wenzel. Frankfurt/M.

Golding, P. (1979): Media professionalism in the third world: The transfer of an ideology. In: J. Curran et al (ed.). *Mass Communication and Society*. Beverly Hills. S. 291-308.

Goode, William J. (1960): Theory of role strain. In: *American Sociological Review*, 25. Jg., S. 483-496.

Görke, Alexander (1997): *Risikojournalismus und Risikogesellschaft*. Phil. Diss.. Münster.

Gottschlich, Maximilian (Hg.: 1987): *Massenkommunuikationsforschung. Theorieentwicklung und Problemperspektiven.* Wien. S. 129-137 (gekürzte und wiederabgedruckt Ausgabe von Galtung / Ruge 1965).

Grey, David L. (1966): Decision-making by a reporter under deadline pressure. In: *Journalism Quarterly*, 43. Jg., S. 419-428.

Groth, Otto (1928): *Die Zeitung. Ein System der Zeitungskunde (Journalistik)*. Band 1. MannHeim / Berlin / Leipzig.

Groth, Otto (1930): *Die Zeitung. Ein System der Zeitungskunde*. Bd. 4. Mannheim / Berlin / Leipzig.

Groth, Otto (1962): *Die unerkannte Kulturmacht. Grundlegung der Zeitungswissenschaft (Periodik)*. Bd.4. Berlin.

Grothe, Thorsten / Wolfgang Schulz (1993): Politik und Medien in systemtheoretischer Perspektive, oder : Was sieht die Wissenschaft, wenn die Politik sieht, wie die Medien die Gesellschaft sehen? Eine Auseinandersetzung mit Frank Marcinkowskis

„Publizistik als autopoietisches System“. In: *Rundfunk und Fernsehen*, 41. Jg., S. 562-576.

Gruber, Thomas / Barbara Koller / Manfred Rühl (1974/75): Berufsziel Journalist. Vorstellungen, Einstellungen und Bedingungen beim Eintritt in den Beruf. In:*Publizistik*, 19/20. Jg., S.337-359.

Grunenberg, Nina (1967): *Die Journalisten. Bilder aus dern deutschen Presse*. Hamburg.

Gunaratne, Shelton A. (1978): Media subservience and development journalism. In: *Communication and Development Review*, 2. Jg., 1978. S. 3-6.

Habermas, Jürgen (1968): *Erkenntnis und Interesse*. Frankfurt/M.

Habermas, Jürgen (1981): *Theorie des kommunikativen Hendelns*. 2. Bände. Frankfurt/M.

Haferkamp, Hans / Michael Schmid (Hg.: 1987): *Sinn, Kommunikation und soziale Differenzierung. Beiträge zu Luhmanns Theorie sozialer Systeme*. Frankfurt/M. Hagemann, Walter (1950): *Die Zeitung als Organismus*. Heidelberg.

Hagemann, Walter (1966): *Grundzüge der Publizistik. Als eine Einführung in die Lehre von der sozialen Kommunikation.* Hg. von Henk Prakke (2. , überarbeitete und ergänzte Aufl.). Münster

Harding, J / H. Proshansky / B. Kutner / J. Chein (1969): Prejudice and ethnic relations. In: G. Lindzey / E. Aronson(Hg.): *Handbook of Social Psychology* Bd. 5. Mass. S.1-65.

Harless, James D. (1974): Mail call - A case study of a broadcast gatekeeper. In: *Journalism Quarterly*, 51. Jg., S. 87-90.

Haller, Michael (1992): Die Journalisten und der Ethikbedarf, In: Machael Haller / Helmut Holzhey (Hg.): *Medien-Ethik, Beschreibungen, Analysen, Konzepte für den deutschsprachigen Journalismus*. Opladen. S. 196-211.

Haskins, Jack B. / M. Mark Miller (1984): The effects of bad news and good news on a newspaper's Image. In: *Journalism Quarterly*, 61. Jg., S. 3-13 u. 65.

Heintz, Peter (1957): *Soziale Vorurteile - Ein Problem der Persönlichkeit der Kultur und der Gesellschaft*. Köln.

Hendrickson, Laura J./James W. Tankard, Jr. (1997/4): Expanding the News Frame: The Systems Theory Perspektive. In: *Journalism & Mass Communication Educator*. Vol. 51, Jg., S. 39-46.

Herder-Lexikon (1976): *Soziologie*. Freiburg.

Hester, Al (1971): An analysis of news from developed and developing nations. In: *Gazette*, 17. Jg., S. 30-40.

Hester, Al (1973): Theoretical considerations in predicting volume and direction of international information flow. In: *Gazette*, 19. Jg., S.239-247.

Hester, Albert L. (1976): The news from Latin America via a world news agency. In: *Gazette*, 20. Jg., S. 82-98.

Hienzsch, Ulrich (1990): *Journalismus als Restgröße. Redaktionelle Rationalisierung und publizistischer Leistungsverlust*. Wiesbaden.

Hill, William / R. Fehlbaum / P. Ulrich (1976): *Organisationslehre* Bd. 1, 2(2. Aufl.). *Ziele, Instrumente und Bedingungen der Organisation sozialer Systeme*. Bern/Stuttgart.

Hirsch, Paul M. (1972): Processing fads and fashions: An organization-set analysis of cultural industry systems. In: *Amer. J. of Sociology*, 77. Jg., S. 639-659.

Hirsch, Paul M (1975): Organisational analysis and industrial sociology: An instance of cultural lag. In: *American Sociologist* (Feb.). Jg., S. 3-12.

Hirsch, Paul M. (1977): Occupational, organisational, and institutional models in mass media research: Toward an integrated framework. In: Paul M. Hirsch / Peter V. Miller / F. Gerald Kline (Hg.): *Strategies for communication research*. Beverly Hills. S. 13-42.

Hofstätter, P. R. (1949): *Die Psychologie der öffentlichen Meinung*. Wien.

Hofstätter, P. R. (1969): *Das Denken in Stereotypen*. Göttingen.

Holsti, Ole R. (1969): *Content analysis for the social sciences and humanities*. Reading (Mass.) / Menlo Park (Cal.) / London.

Holzer, Horst (1973): *Kommunikationssoziologie*. Hamburg.

Hommes, Ulrich (1975): Der Schein der Wahrheit - Zur gesellschaftlichen Kontrolle der Definition von Wirklichkeit in den Massenmedien. In: Oskar Schatz (Hg.): *Die Elektronische Revolution*. Wien.

Honik, Robert (1980): Communication as complement in development. In: *Journal of Communication*, 30. Jg., S. 10-24.

Horkheimer, Max (1961): Über das Vorurteil. In: *Gesammelte Schriften* Bd. 8: *Vorträge und Aufzeichnungen* (1985). Hg. von Gunzelin Schmid Noerr. Frankfurt/M.

Hübner, L. Günter (Hg.: 1992): *Qualitative Analyse. Computereinsatz in der Sozialforschung*. München / Wien.

Jarren, Otfried (4/1988): Politik und Medien im Wandel. Autonomie, Interdependenz oder Symbiose? In: *Publizistik*. Vol. 33. S. 619-632.

Jarren, Otfried (1994): Rundfunk als autonomes System? Kommunikationspolitische Ansätze zur Steuerung der Rundfunkentwicklung. In: Günter Bentele / Kurt R. Hesse (Hg.): *Publizistik in der Gesellschaft*. Konstanz. S. 51-73.

Johnstone, John W. C. / E. Slawski / W. Bowman (1976): *The News People*. Urbana.

Judd, Robert P. (1961): The Newspaper reporter in a suburban city. In: *Journalism Quarterly*, 38. Jg., S. 35-42.

König, René (1958): *Soziologie*. Frankfurt / Main.

Katz, D / K. W. Braly (1933): Racial prejudice and racial stereotypes. In: *Journal of Abnormal and Social Psychology*, 30. Jg., S. 175-193.

Katz, D. / K. W. Braly (1933): Racial stereotypes of 100 college students. In: *Journal of Abnormal and Social Psychology*, 28. Jg., S. 280-290.

Katz, D. (1960): The functional approach to the study of attitudes. In: *Public Opinion Quarterly*, 24. Jg., S. 163-204.

Katz, Elihu (1977): Das Verstehen von Nachrichten. In: *Publizistik*, 22. Jg., S. 359-370.

Kepplinger, Hans Mathias (1975): *Realkultur und Medienkultur*. Freiburg / München.

Kepplinger, Hans Mathias (1979) : *Angepaßte Außenseiter. Was Journalisten denken und wie sie arbeiten*. Freiburg / München. (Alber-Broschur-Kommunikation 8)

Kepplinger, Hans Mathias / Inge Vohl (1979): Mit beschränkter Haftung. Zum Verantwortungsbewußtsein von Fernsehredakteuren. In: Hans Mathias Kepplinger (Hg.): *Angepaßte Außenseiter. Was Journalisten denken und wie sie arbeiten*. Freiburg / München.

Kepplinger, Hans Mathias (1982): *Massenkommunikation, Rechtsgrundlagen, Medienstrukturen, Kommunikationspolitik*. Stuttgart.

Kepplinger, Hans Mathias (1985): *Systemtheoretische Aspekte politischer Kommunikation*. In: *Publizistik*, 30. S. 247-264.

Kepplinger, Hans Mathias (1989): The changing functions of the mass media: A historical perspektive. In: *Gazette*, 44. Jg., S. 177-189.

Kepplinger, Hans Mathias / Helga Weissbecker (1991): Negativität als Nachrichtenideologie. In: *Publizistik*, 36. Jg., S. 330-341.

King, S. W. (1975): *Communication and Social Influence*. Reading.

Kiss, Gabor (1989): *Evolution soziologischer Grundbegriffe. Zum Wandel ihre Semantik.* Stuttgart.

Kleining, G (1959): Zum gegenwärtigen Stand der Imageforschung. In: *Psychologie und Praxis*, 3. Jg., S. 198-212.

Kleinsteuber, Hans J. / Barbara Thomaß (1994): *Europäische Perspektiven der Medienpolitik.* In: Otfried Jarren (Hg.): *Medienwandel – Gesellschaftswandel ? 10 Jahre dualer Rundfunk in Deutschland. Eine Bilanz*. Berlin. S. 51-68.

Klineberg, O (1951): The scientific study of national stereotypes. In: *International social Science Bulletin*, 3. Jg., S. 505-515.

Kneer, Georg / Armin Nassehi (1993): *Niklas Lumanns Theorie sozialer Systeme. Eine Einführung.* München.

Kohring, Matthias (1997): *Die Funktion des Wissenschaftsjournalismus. Ein systemtheoretischer Entwurf.* Opladen

Kopper, Gerd (1991): *Anzeigenblätter als Wettbewerbsmedien. Eine Studie zu Typologie, Publizistischem Leistungsbeitrag, Entwicklung von Wettbewerbsrecht und Wettbewerbsstrukturen auf der Grundlage einer Gesamterhebung im Werbemarkt Nielsen II Nordrhein-Westfalen.* München.

Kracauer, Siegfried (7/1972): Für eine qualitative Inhaltsanalyse. In: *Ästhetik und Kommunikation*. S. 53-58.

Krämer, Rainhold (1986): *Massenmedien und Wirklichkeit.* Bochum.

Kromrey, Helmut (1995): *Empirische Sozialforschung – Modelle und Methoden der Datener hebung* (7. Aufl.). Opladen.

Krech, D. / R. S. Crutchfield (1948): *Theory and Problems of social psychology*. New York / Toronto / London.

Krippendorff, Klaus (1980): *Content Analysis. An Introduction to its Methodology.* Beverly Hills / London.

Kristen, Christian(1972): *Nachrichtenangebot und Nachrichtenverwendung . Eine Studie zum Gate-Keeper-Problem.* Düsseldorf.

Kromrey, Helmut (1995): *Empirische Sozialforschung - Modelle und Methoden der Datenerhebung und Datenauswertung* (7. Aufl.). Opladen. S. 171-179.

Kunczik, Michael (1983): Elemente der modernen Systemtheorie im soziologischen Werk von Herbert Spencer. In: *Kölner Zeitschrift für Soziologie und Sozialpsychologie.* S. 438- 461.

Künzler, Jan (1989): *Medien und Gesellschaft. Die Medienkonzepte von Talcott Parsons, Jürgen Habermas und Niklas Luhmann.* Stuttgart.

Kutsch, Arnulf (1988): Max Webers Anregung zur empirischen Journalismusforschung. Die „Zeitungs-Enquete" und eine Redakteurs-Umfrage. In: *Publizistik*, 33. Jg., S. 5-31.

Lange-Bostroem (1946): *Kurzgefaßtes Lehrbuch der Psychiatrie.* 6. verbesserte Aufl. von W. Wagner. Leipzig.

Langenbucher, Wolfgang R. (1974/75): Kommunikation als Beruf. Ansätze und Konsequenzen kommunikationswissenschaftlicher Berufsforschung. In: *Publizistik*,19/20. Jg., S. 256-277.

Langenbucher, Wolfgang R. (1986): *Publizistik- und Kommunikations wissenschaft.* Wien.

Lee, Seong-Man (1990): Korea-Bild in der Deutschen Presse. Textlinguistische Untersuchungen Ausgewählter Berichte in Zeitungen und Zeitschriften. Dissertation Universität Trier.

Levy, Jr., Marion J. (1952): *The Structure of Society.* Prinston.

Lewin, Kurt (1947): Channels of group life, social planning and action research . In: *Human Relations*, 1. Jg., S. 143-153.

Lewin, Kurt (1951): Psychological Ecology. In: *Field theory in Social Sciences.* New York dt. Ausgabe (1963): *Feldtheorie in den Sozialwissenschaften. Ausgewählte theoretische Schriften.* Hg. von Dorwin Cartwright.

Liebhart, Ernst H. (1971): *Nationalismus in der Tagespresse 1949-1966 - Studien zur Anwendung quantifizierender Inhaltsanalyse.* Meisenheim am Glan.

Lippitt, R. / M. Radke (1946): New trends in the investigation of prejudice. In: *The Annals of Amer. Acad. of Polit. and Social Science*, 244. Jg., S.167-176.

Lippmann, Walter (1922): *Public Opinion*. New York. dt. Ausgabe (1992): *Die öffentliche Meinung*. Bochum. Litterer, O. F. (1933): Stereotypes. In: *The Journal of Social Psy chology*, 4. Jg., S. 59-69.

Luhmann, Niklas (1964): *Funktionale und Folgen formaler Organisation*. Berlin.

Luhmann, Niklas (1971): *Soziologische Aufklärung I* (2. Aufl.). Opladen.

Luhmann, Niklas (1973): *Vertrauen. Ein Mechanismus der Reduktion sozialer Komplexität* (2.Aufl.). Stuttgart.

Luhmann, Niklas (1979): *Trust and Power*. New York.

Luhmann, Niklas (1979): Öffentliche Meinung. In: Wolfgang R. Langenbucher: *Politik und Kommunikation. Über die öffentliche Meinungsbildung*. München / Zürich. S. 29-61.

Luhmann, Niklas (1981): *Soziologische Aufklärung 3. Soziales System, Gesellschaft, Organisation*. Opladen.

Luhmann, Niklas (1985): Das Problem der Epochenbildung und die Evolutionstheorie. In: Hans Ulrich Gumbrecht / Ursula Link-Heer (Hg.): *Epochenschwellen und Epochenstrukturen im Diskurs der Literatur- und Sprachtheorie*. Frankfurt/M.

Luhmann, Niklas (1986): *Ökologische Kommunikation. Kann die moderne Gesellschaft sich auf ökologische Gefährdungen einstellen?*(3. Aufl.). Opladen.

Luhmann, Niklas (1987): *Soziologische Aufklärung 4. Beiträge zur funktionalen Differenzie rung der Gesellschaft*. Opladen .

Luhmann, Niklas / Karl Eberhard Schorr (1988): *Reflexionsprobleme im Erziehungssystem*. Frankfurt/M (zuerst 1979).

Luhmann, Niklas (1990): *Soziologische Aufklärung 5. Konstruktivistische Perspektiven*. Opladen.

Luhmann, Niklas (1994): *Soziale Systeme. Grundriß einer allgemeinen Theorie* (5. Auf.). Frankfurt/M.

Luhmann, Niklas (1995): *Soziologische Aufklärung 6. Die Soziologie und der Mensch*. Opladen.

Luhmann, Niklas (1996): *Die Realität der Massenmedien* (2. Aufl.). Opladen..

Luhmann, Niklas (1997): *Die Gesellschaft der Gesellschaft* (2 Bd.). Frankfurt/M.

Mackie, M (1974): Ethnic stereotypes, prejudical attitudes, and education. In: *Alberta Journal of Educational Research*, 20. Jg., S. 279-292.

Mahle, Walter A. (Hg.: 1993): *Journalisten in Deutschland. Natioanale und internationale Vergleich und Perspektiven*. München.

Maletzke, Gerhard (1972): *Psychologie der Massenkommunikation. Theorie und Systematik* (2.Aufl.). Hamburg.

Maletzke, Gerhard (1988): *Massenkommunikationstheorien*. Tübingen.

Manz, Wolfgang (1968): *Das Stereotyp - Zur Operationalisierung eines sozialwissenschaftlichen Begriffs*. Meisenheim am Glan.

March, J. D / H. A. Simon(1958): *Organisations*. New York.

Matzker, Reiner (1993): Journalistische Wissenschaftsvermittlung. In: *Medium*, 23. Jg., S. 22-26.

Mayntz, R. / K. Holm / P. Hübner (1969): *Einführung in die Methoden der empirischen Soziologie*. Opladen.

Mayring, Philipp (1990): *Qualitative Inhaltsanalyse : Grundlagen und Techniken*. Weinheim / Basel.

Maying, Philipp (1992): Analytische Schritte bei der Textinterpretation. In: Günter L. Huber (Hg.): *Qualitative Analyse. Computereinsatz in der Sozialforschung*. München/Wien. S. 11-41.

McCombs, Maxwell (1994): News influence on our picture of the world. In: Jennings Bryant / Dolf Zillman (Hg.). *Media effects advances in theory and Research*. Hillsdale / New Jersey.

McNelly, John T (1959): Intermediary communicators in the international flow of news. In: *Journalism Quarterly*, 36. Jg., S. 23-26.

McPhee, W. (1963): *Formal theories of mass behavior*. New York.

McQuail, Denis (1983): *Mass communication theory*. London.

McQuail, Denis (1992): *Media performence - mass communication and the public interest*. London / Newbury Park / New Delhi.

Meenes, M (1943): A comparison of racial stereotypes of 1935 and 1942. In: *The Journal of Social Psychology*, 17. Jg., S. 327-336.

Merten, Klaus (1973): Aktualität und Publizität. Zur Kritik der Publizistikwissenschaft. In: *Publizistik*, 18. Jg., S. 216-235.

Merten, Klaus (1977): *Kommunikation. Eine Begriffs- und Prozeßanalyse*. Opladen. (=Studien zur Sozialwissenschaft 35).

Merten, Klaus (1983): *Inhaltsanalyse - Einführung in Theorie. Methode und Praxis*. Opladen.

Merten, Kalus / Siegfried J. Schmidt / Siegfried Weischenberg (Hg.: 1994): *Die Wirklichkeit der Medien. Eine Einführung in die Kommunikationswissenschaft*. Opladen.

Merton, Robert K. (1968): *Social Theory and Social Struktur*. New York/London.

Merrill, John C. (1981): A growing controversy: The free flow of news among nations. In: Jim Richstad / Michael Anderson (Hg.): *Crisis in international news: Policies and prospects*. New York. S. 151-160.

Miller, D. C. (1963): Town and gown: The power strukture of a university town. In: *American Journal of Sociology*, 68. Jg., S. 432-443.

Müller-Doohm, Stefan / Klaus Neumann-Braun (1991): Öffentlichkeit, Kultur, Massenkommunikation – Bezugspunkte für die Aktualisierung der Medien- und Kommunikationssoziologie In: Stefan Müller-Doohm / Klaus Neumann-Braun (Hg.): *Öffentlichkeit, Kultur, Massenkommunikation. Beiträge zur Medien- und Kommunikationssoziologie*. Oldenburg. S. 31-90.

Neske / Hauer (1970): *Handlexikon Werbung und Marketing*. München.

Neuberger, Christoph (1993): *Journalisten in der Statistik. Bestandsaufnahme der Statistiken von Ämtern, Verbänden und Versicherungen,* Unveröffentlichtes Manuskript. Eichstätt.

Nissen, Peter / Walter Menningen(1977): Der Einfluß der Gatekeeper auf die Themenstruktur der Öffentlichkeit. In: *Publizistik*, 22. Jg., S. 159-180.

Nnaemeka, Tony / Jim Richstad (1981): Internal controls and foreign news coverage. In: *Communication Research*, 8. Jg., S. 97-135.

Noelle-Neumann, Elisabeth (1963): Umfragen in der Massengesellschaft – Einführung In die Methoden der Demoskopie. In: *rowohlts deutsche Enzyklopädie*. Hamburg.

Nuissl, Ekkehard (1975): *Massenmedien im System bürgerlicher Herrschaft*. Berlin.
Östgaard, Einer (1965): Factors influencing the flow of news. In: *Journal of Peace Research*, 2. Jg., S.39-63.

Packard, Vance (1957): *The Hidden Persuaders*. New York.

Parsons, Tacott (1964): *The Social System*. New York/London.

Peter, Alfred (1930): *Die Zeitung und ihr Publikum. Grundlegung einer Soziologie der Zeitung*. Dortmund.

Peterson, R / D. G. Berger (1975): Cycles in symbol production: The case of the popular music industry. In: *Amer. Soc. Rev.*, 40. Jg., S. 158-170.

Peuckert, Rüdiger (1986): Norm, soziale. In: Bernhard Schäfers (Hg.*): Grundbegriffe der Soziologie, Opladen*. S. 217-219.

Prakke, Hendricus Johannes (1960): Alle Publizistik ist Zwiegespräch. In: *Publizistik*, 5. Jg., S. 208-210.

Prakke, Henk (1964): Das Selbstverständnis der Publizistik- und Zeitungswissenschaft. In: *Publizistik*, 9. Jg., S. 350-353.

Prakke, Henk (1968*): Kommunikation der Gesellschaft. Einführung in die funktionale Publizistik*. (Unter Mitarbeit von Franz W. Dröge, Winfried B. Lerg und Michael Schmolke). Münster / Regensburg. (=Dialog der Gesellschaft 2)

Pürer, Heinz (1990): *Einführung in die Publizistikwissenschaft. Systematik Fragestellungen Theorieansätze Forschungstechniken* (4. Aufl.) München.

Razran, G. (1950): Ethnic dislikes and stereotypes: A laboratory study. In: *Journal of Abnormal und Social Psychology*, 45. Jg., S. 7-27.

Reus, Gunter (1998): Herr Fuchs im Hühnerhaus. Journalistik als Sozialwissenschaft mit Kulturellen Gewissen. In: Publizistik, 43. Jg., S. 250-259.

Rice, S. A (1926/27): Stereotypes: A source of error in judging character. In: *Journal Person. Res.*, 5. Jg., S. 267-276.

Richter, Edgar (1922): *Die deutsche Kleinstadtzeitung. Unter besonderer Berücksichtigung der thüringischen Verhältnisse*. Roda.

Riley, John W. / Matilda White Riley(1957): Mass communication and the social system. In: Robert Merton(Hg.): *Social theory and social strukture*. Glence.

Riley, John W. / Matilda White Riley(1957): Mass Communication and the social system. In: Robert Merton / Leonard Broom / Leonard S. Cottrell(Hg.): *Sociology today*. New York.

Robinson, Gertrude Joch (1970): Foreign news selection is nonlinear in Yugoslavia's Tanjug Agency. In: *Journalism Quarterly*, 47. Jg., S. 340-357.

Robinson, Gertrude Joch (1973): Fünfundzwanzig Jahre »Gatekeeper«-Forschung: Eine kritische Rückschau und Bewertung. In: Jörg Aufermann / Hans Bohrmann / Ralf Sülzer: *Gesellschaftliche Kommunikation und Information. Forschungsrichtungen und Problemstellungen. Ein Arbeitsbuch zur Massenkommunikation* (Bd.1) Frankfurt/M. S. 344-355.

Robinson, Gertrude Joch (1977): *Tito's Maverick Media: Mass Communication in Yugoslavia*. Urbana.

Ronneberger, Franz (1971): Sozialisation durch Massenkommunikation. In: derselbe (Hg.): *Sozialisation durch Massenkommunikation*. Stuttgart 1971. S. 32-101.

Ronneberger, Franz (1974): Die politischen Funktionen der Massenkommuniaktion. In: Wolfgang R. Langenbucher: *Zur Theorie der politischen Kommunikation*. München S. 193-205.

Ronneberger, Franz (1978): *Kommunikationspolitik I. Institutionen Prozesse, Ziele*. Mainz.

Ronneberger, Franz (1979): Leistungen und Fehlleistungen der Massenkommunikation. In: Wolfgang R. Langenbucher (Hg.): *Politik und Kommunikation. Über die öffentliche Meinungsbildung*. München. S.127-142.

Ronneberger, Franz (1983): Das Syndrom der Unregierbarkeit und die Macht der Medien. In: *Publizistik*, 28. Jg., S. 487-511.

Ronneberger, Franz (1995): Theorie der Kommunikationspolitik. In: Roland Burkhard / Walter Hömberg (Hg.): *Kommunikationstheorien. Ein Textbuch zur Einführung* (2.Aufl.). Wien. S. 191-203.

Rogers, Everett M. (Hg.: 1976): *Communication and development: Critical perspectives*, Beverly Hills.

Rosengren, Karl Erik / Swen Windahl (1972): Funktionale Aspekte bei der Nutzung der Massenmedien. In: Gerhard Maletzke (Hg.): *Einführung in die Massenkommunikationsforschung*. Berlin. S. 169-187.

Rosengren, Karl Erik / Gunnel Rickardsson(1974): Middle East news in Sweden. In: *Gazette*, 20. Jg., S. 99-116.

Rosengren, Karl Erik / Lawrence A. Wenner / Philip Palmgreen (Hg.: 1985): *Media gratifications research. Current perspecticves*. Beverly Hills.

Roth, Gerhard (1987): Die Entwicklung kognitiver Selbstreferentialtät im menschlichen Gehirn. In: Dirk Baecker u.a. (Hg.) : *Theorie als Passion*. Frankfurt.

Ruhrmann, Georg / Jörg-Uwe Nieland (1997): *Interaktives Fernsehen. Entwicklung, Dimensionen, Fragen, Thesen*. Opladen.

Rühl, Manfred (1969a): Systemdenken und Kommunikationswissenschaft. In: *Publizistik,* 14. Jg., S. 185-206.

Rühl, Manfred (1969b): *Die Zeitungsredaktion als organisiertes soziales System*. Bielefeld.

Rühl, Manfred (1973): Politik und öffentliche Kommunikation. Auf dem Wege zu einer Theorie der Kommunikationspolitik. In: *Publizistik*, 18. S. 5-25.

Rühl, Manfred (1979): *Die Zeitungsredaktion als organisiertes soziales System* (2. Aufl.). Freiburg.

Rühl, Manfred (1980) : *Journalismus und Gesellschaft. Bestandsaufnahme und Theorie entwurf*. Mainz.

Rühl, Manfred (1989): Organisatorischer Journalismus: Tendenzen der Redaktionsforschung. In: Max Kasse / Winfried Schulz (Hg.): *Massenkommunikation. Theorien, Methoden, Befunde*. Opladen. (=Kölner Zeitschrift für Soziologie und Sozialpsychologie. Sonderheft 30). S.253-269.

Rühl, Mafred (1993): Images - Ein symbolischer Mechanismus der öffentlichen Kommunikation zur Vereinfachung unbeständiger Public Relations. In: Wolfgang Armbrecht / Horst Avenarius / Ulf Zabel (Hg.): *Image und PR*. Opladen.

Russ-Mohl, Stephan (1985): Journalistik- »Wissenschaft« und Wissenschaft-Journalistik. Anmerkung zu Theorie und Praxis des Wissenschaftsjournalismus. In: *Rundfunk und Fernsehen*, 30. Jg., S. 265-279.

Saenger, S / S. Flowerman(1954): Stereotypes and prejudical attitudes. In: *Human Relation*, 7. Jg., S. 217-238.

Saxer, Ulrich (1974): Funktionen der Massenmedien in der modernen Gesellschaft. In: Rupert Kurzrock (Hg.): *Medienforschung*. Berlin. S.22-33.

Saxer, Ulrich (7/1981): Publizistik und Politik als interdependente Systeme. Zur politischen Funktionalität von Publizistik. In: *Media Perspektiven*. S. 501-514.

Saxer, Ulrich (1986): Kommunikationsinstitutionen als Gegenstand von Kommunikationsgeschichte. In: Manfred Bobrowsky / Wolfgang R. Langenbucher (Hg.): *Wege zur Kommunikationsgeschichte*. München. S. 71-78.

Saxer, Ulrich (1989): Medienkommunikation und geplanter Gesellschaftswandel. In: Max Kaase / Winfried Schulz (Hg.): *Massenkommunikation. Theorien, Methoden, Befunde*. Opladen. S. 85-96.

Saxer, Ulrich (11/1990): Integrationsrundfunk und multikulturelle Gesellschaft. In: *Media Perspektiven*.S. 717-729.

Saxer, Ulrich (1995): Systemtheorie und Kommunikationswissenschaft. In: Roland Burkart / Walter Hömberg (Hg.): *Kommunikationstheorien. Ein Textbuch zur Einführung* (2. Aufl.). Wien. S.91-110.

Schäfer, B. / B. Six (1978): *Sozialpsychologie des Vorurteils*. Stuttgart.

Schäfer, B. / F. Petermann(1988): *Vorurteile und Einstellungen - Sozialpsychologische Beiträge zum Problem sozialer Orientierung*. Köln.

Schiller, Herbert I. (1973): *The Mind Managers*. Boston.

Schiller, Herbert I. (1974): Freedom from the 'Free Flow' in: *Journal of Communication*, 24. Jg., S. 110-117.

Schiller, Herbert I. (1976): *Communication and cultural domination*. New York.

Schiller, Herbert I. (1981): Genesis of the free flow of information principles. In: Jim Richard / Michael Anderson(Hg.): *Crisis in international News: Policies and Prospects*. New York. S. 161-183.

Schmidt, Siegfried J. (1989): *Die Selbstorganisation des Literatursystem im 18. Jahrhundert*. Frankfurt/M.

Schmidt, Siegfried J. (1991): Das „Wahre, Schöne, Gute"? Literatur als soziales System. In: Deutsches Institut für Fernstudien an der Universität Tübingen (Hg.): *Medien und Kommunkation. Konstruktion von Wiklichkeit*. Funkkolleg Studienbrief 8. Weinheim / Basel. S. 11-43.

Schmidt, Siegfried J.: Die Wirklichkeit des Beobachters. In: Klaus Merten / Siegfried J. Schmidt / Siegfried Weischenberg (1994): *Die Wirklichkeit der Medien. Eine Einführung in die Kommunikationswissenschaft*. Opladen. S. 3-19.

Scholl, Armin(4/1997): Journalismus als Gegenstand empirischer Forschung: Ein Definionsvorschlag. In: *Publizistik,* 42. Jg., S. 468-486.

Scholl, Armin / Siegfried Weischenberg (1998): *Journalismus in der Gesellschaft. Theorie, Methodologie und Empirie*. Opladen / Wiesbaden.

Schön, B (1979): Quantitative und qualitative Verfahren in der Schulforschung. In: B. Schön / H. Hurrelmann: *Schulalltag und Empirie. Neuere Ansätze in der schulischen und beruflichen Sozialisationsforschung*. Weinheim 1979. S. 20.

Schönbach, Klaus (1978): Die isolierte Welt des Lokalen. Tageszeitungen und ihre Berichterstattung über Mannheim. In: *Rundfunk und Fernsehen*, 26. Jg., S. 260-277.

Schramm, Wilbur (1964): *Mass media and national development: The role of information in developing countries*. Stanford.

Schulz, Winfried (1976): *Die Konstruktion von Realität in den Nachrichtenmedien. Analyse der aktuellen Berichterstattung*. Freiburg / München.

Schulz, Winfried (1989): Massenmedien und Realität. Die „ptolemäische" und die „kopernikanische" Auffassung. In: Max Kaase / Winfried Schulz (Hg.): *Massenkommunikation. Theorien, Methoden, Befunde*. Opladen 1989. S.135-149.

Searle, John R. (1969/71): *Sprechakte. Ein sprachphilosophischer Essey*. Frankfurt/M.

Secord, P. F. (1959): Stereotyping and Favorableness in the perception of negro faces. In: *Journal of Abnormal and Social Psychology*, 59. Jg., S. 309-314.

Siebert, F. / T. Peterson / Wilbur Schramm (1956): *Four theories of the press*. Urbana.

Siebert, Wilhelm (1987): *Selbstvermarktung von Journalisten. Stellengesuche im Kontext von beruflichem Selbstverständnis und journalistischem Alltag – eine empirische Untersuchung*. Frankfurt/M. S. 22-33.

Sigal, Leon V. (1974): *Reporters and Officials: The Organization and Politics of Newsmaking*. Lexington / Mass..

Simon, H. A (1969): *The Sciences of the artificial*. Cambridge.

Simpson, G. E / J. M. Yinger (1965): *Racial and cultural minorities*. New York.

Singletary, Michael W. (1977): What determines the news?. In: *ANPA Research Report*, 5. Jg..

Skurnik, W. A. E (1981): Foreign news coverage in six African newpapers: The potency of national interests. In: *Gazette*, 28. Jg., S. 117-130.

Smith, R. F (1969): On the structure of foreign news: a comparison of the New York Times and the Indian White Papers. In: *Journal of Peace Research*, 6. Jg., S. 24-25.

Snider, P. B. (1967): Mr. Gates revisited: A 1966 version of the 1949 case study. In: *Journalism Quarterly*, 44. Jg., S. 419-427.

Sodhi, K. S. / R. Bergius (1953): *Nationale Vorurteile - Eine sozialpsychologische Untersuchung an 881 Personen*. Berlin.

Spiegel, Bernt (1958): *Werbepsychologie Untersuchungsmethoden: experimentelle Forschungs- und Prüfverfahen* . Berlin.

Spangenberg, Peter M. (1993): Stabilität und Entgrenzung von Wirklichkeiten. Systemtheoretische Überlegungen zu Funktion und Leistung der Massenmedien. In: Siegfried J. Schmidt (Hg.): *Literaturwissenschaft und Systemtheorie*. Opladen. S. 66-100.

Staab, Joachim Friedrich (1990): *Nachrichtenwert-Theorie: Formale Struktur und empirischer Gehalt*. Freiburg / München.

Stark, K (1968): The handling of foreign news in Finland´s newspaper. In: *Journalism Quarterly*, 45. Jg., S. 516-521.

Stackelberg, K. G. von(1965): *Alle Kreter lügen: Vorurteile über Menschen und Völker*. Wien / Düsseldorf.

Starkulla, Heinz (1963): Publizistik und Kommunikation. In: *Publizistik*,.8. S. 562-571.

Stempel III, Guido H. (1963): An empirical exploration or the nature of news. In: Wayne A. Danielson (hg.*): Paul J. Deutschmann memorial papers in mass communications research*. Cincinnati (Scripps-Howard Research). S. 19-23.

Stempel III, Guido H. (1964): How newspaper use the Associated Press afternoon A-Wire. In: *Journalism Quarterly*, 41. Jg., S. 380-384.

Stichweh, Rudolf (1988): Differenzierung des Wissenschaftssystem. In: Renate Mayntz u.a. (Hg.): *Differenzierung und Verselbständigung: Zur Entwicklung gesellschaftlicher Teilsysteme*. Frankfurt/M. S. 45-115.

Taguiri, R. (1958): Social preference and its perception. In: R. Taguiri / L. Petrullo (Hg.): *Person perception and interpersonal behavior*. Palo Alto. S. 316-336.

Tehranian, Majid (1984): International communication: A dialogue of the deaf?. In: *Communications*, 9. Jg., S. 261-280.

Traub, Hans (1928): *Zeitungswesen und Zeitungslesen*. Dessau.

Traub, Hans (1933): *Grundbegriffe des Zeitungswesens. Kritische Einführung in die Methode der Zeitungswissenschaft*. Stuttgart.

Tuchman, Gaye (1973): Making news by doing work: Routinizing the unexpected. In: *American Journal of Sociology*, 79. Jg., S. 110-131.

Tuchman, Gaye (1974): Assembling a network talk show. In: G. Tuchman (Hg.) : *The TV establishment*. Englewood Cliffs.

Tuchmann, Gaye (1978): *Making news; A study in the construction of realty*. New york.

Tuckman, J / I. Lorge (1956): Perceptual stereotypes about life adjustments. In: *The Journal of Social Psychology*, 43. Jg., S. 239-245.

Tunstall, Jeremy (1971): *Journalists at work*. London.

Tunstall, Jeremy (1972): News organization goals and specialist newsgathering journalists. In: Dennis McQuail (Hg.): *Sociology of Mass Communication*. Penguin Books (England).

Tunstall, Jeremy (1977): *The media are American*. New York.

Tunstall, Jeremy (1979): *Report of the intergovernmental conference on communication policies in Asia and Oceania*. Paris.

Vilanilam, J. V. (1983): Foreign policy as a dominant factor in foreign news selection and presentation : Case study of two geographically and culturally distant press systems of the world. In: *Gazette*, 32. Jg., S. 73-85.

Villar, Luis Miguel / Carlos Marcelo (1992): Kombination qualitativer und quantitativer Methoden. In: Günter L. Huber: *Qualitative Analyse. Computereinsatz in der Sozialforschung*. München / Wien. S. 177-218.

Vinacke, W. Edgar (1949): Stereotyping among national-racial groups in Hawaii : a study in ethnocentrism. In: *The Journal of Social Psychology*, 30. Jg., S. 265-291.

Vinacke, W. Edgar (1957): Stereotypes as social concepts. In: *The Journal of social Psychology*, 46. Jg., S. 229-243.

Wagner, Gerhard / Heinz Zipprian(1992): Identität oder Differenz. Bemerkungen zu einer Aporie in Niklas Luhmanns Theorie selbstreferentieller Systeme. In: *Zeitschrift für Soziologie*. Heft 6. S. 394-405

Walter Hömberg (Hg.: 1992): *Kommunikationstheorie. Eintextbuch zur Einführung.* Wien. S. 91-110.

Waltz, K. N. (1979): *Theory of international politics.* Reading / Mass.

Weber, Max (1910): *Geschäftsbericht der Deutschen Gesellschaft für Soziologie.* Verhanldungen des ersten deutschen Soziologentages in Frankfurt. Tübingen.

Weischenberg, Siegfried (1981): Zwischen Taylorisierung und professioneller Orientierung. Perspektiven künftigen Kommunikatorhandelns. In: *Rundfunk und Fernsehen,* 29. Jg., 1981. S. 151-167.

Weischenberg, Siegfried (1982): *Journalismus in der Computergesellschaft. Informatisierung, Medientechnik und die Rolle der Berufskommunikatoren.* München.

Weischenberg, Siegfried (1983): Investigativer Journalismus und "kapitalistischer Realismus". Zu den Strukturbedingungen eines anderen Paradigmas der Berichterstattung. In: *Rundfunk und Fernsehen,* 31. Jg., S. 349-369.

Weischenberg, Siegfried / Peter Herrig (1985): *Handbuch des Bildschirmjournalismus. Elektronische Redaktionssysteme.* Freiburg.

Weischenberg, Siegfried (1990): Das »Paradigma Journalistik«. In: *Publizistik,* 35. Jg., S. 45-61.

Weischenberg, Siegfried / Klaus-Dieter Altmeppen / Martin Löffelholz (1991*): Kompetenz und Technik. Journalistenausbildung für die Informationsgesellschaft.* Münster.

Weischenberg, Siegfried / Ulrich Hienzsch (1991): Neuigkeiten vom Fließband. Journalismus als soziales System. In: Deutsches Institut für Fernstudien an der Universität Tübingen (Hg.*): Medien und Kommunkation. Konstruktion von Wirklichkeit.* Funkkolleg Studienbrief 8. Weinheim / Basel. S. 44-86.

Weischenberg, Siegfried (1992): *Journalistik. Medienkommunikation Bd.1: Mediensysteme, Medienethik, Medieninstitutionen.* Opladen.

Weischenberg, Siegfried (1994): Journalismus als Soziales System. In: Klaus Merten / Siegfried J. Schmidt / Siegfried Weischenberg (Hg.): *Die Wirklichkeit der Medien. Eine Einführung in die Kommunikationswissenschaft.* Opladen.

Weischenberg, Siegfried (1995): *Journalistik.* Bd. 2. *Medientechnik, Medienfunktionen, Medienakteure.* Opladen.

Weischenberg, Siegfried / Armin Scholl (1995): Konstruktivismus und Ethik im Journalismus. In: Gebhard Rusch / Siegfried J. Schmidt (Hg.): *Konstruktivismus und*

Ethik. Frankfurt/M. S. 214-240.

Weischenberg, Siegfried / Martin Löffelholz / Armin Scholl (1/1993): Journalismus in Deutschland. In: *Media Perspektiven*. S. 21-33.

Welch, Susan(1972): The American Press and Indochina, 1950-1956. In: *International Politics*. Urbana.

Welsch, Wolfgang (1993): *Unsere postmoderne Moderne*, 4. Aufl., Berlin.

Westly, Bruce H. / Malcolm S. MacLean(1955): A Conceptual Model for Communications Research. In: *Audio-Visual Communication Review*, 3. Jg., S. 3-12.

White, David Manning (1950): The „Gate Keeper“ : A case study in the selection of news. In: *Journalism Quarterly*, 27. Jg., S. 383-390.

Wiesand, Andreas Johannes (1977): *Journalisten-Bericht. Berufssituation-Mobilität-Publizistische »Vielfalt«*. Berlin.

Wilke, Jürgen(1984): *Nachrichtenauswahl und Medienrealität in vier Jahrhunderten*. Berlin / New York.

Wilke, Jürgen / Bernhard Rosenberger (1991): *Die Nachrichten-Macher: Zu Strukturen und Arbeitsweisen von Nachrichtenagenturen am Beispiel von AP und dpa*. Köln.

Willke, Helmut (1989): *Systemtheorie entwickelter Gesellschaften. Dynamik und Riskanz moderner gesellschaftlicher Selbstorganisation*. München.

Willke, Helmut (1996): *Systemtheorie I: Grundlagen. Eine Einführung in die Grundprobleme der Theorie sozialer Systeme* (5. Aufl.). Stuttgart.

Winacke, W. E. (1957): Stereotypes as social concepts. In: *Journal of Social Psychology*, 46. Jg., S. 229-243.

Windahl Swen / Karl Erik Rosengren(1978): Newsmen's Professionalization: Some Methodological Problems. In: *Journalism Quarterly*, 55. Jg., S. 466-473.

Wolf, H. E (1960): Stellungnahme von Schülern zu konfessionellen, religiösen und regionalen Gruppen. In: *Kölner Zeitschrift für Soziologie und Sozialpsychologie*, 12. Jg..

Wright, Charles R. (1964): Functional analysis and mass communication. In: Lewis A. Dexter / David Manning White (Hg.): *People, society, and mass communications*. New York / London. S. 91-109.

Wuttke, Heinrich (1875): *Die deutschen Zeitschriften und die Entstehung der öffentlichen Meinung*. Leipzig (zuerst 1866).

Young, K (1944): *Social psychology* (3. Aufl.). New York.

Zankl, Hans Ludwig (1972): *Image und Wirklichkeit*. Osnabrück.

8.2. Codebuch

Inhaltsanalyse von Nachrichten der untersuchten deutschsprachigen Zeitungen bezüglich Korea

Dimension	***Beschreibung***
0	Nummer des Zeitungsartikels
1	Erscheinungstag des Zeitungsartikels
2	Erscheinungsmonat des Zeitungsartikels
3	Erscheinungsjahr des Zeitungsartikels
4	Identifikation der Zeitung
5	Beitrags-Präsentation
6	Teil od. Rubrik des Zeitungsartikels
7	Darstellungsform
8	Betonung des Artikels
9	Anlaß der Berichterstattung
10	Länge des Artikels
11	Beachtungsausmaß
12	Verfasser des Zeitungsartikels
13	Ereignisort und Herkunft der Berichterstattung
14	Bezug der Berichterstattung
15	Inhaltsbereich des Artikels
16	Hauptgewicht der Berichterstattung
17	Sensationsgehalt der Berichterstattung
18	Aktualität
19	Widersprüche oder Inkongruenzen zwischen Artikel und Überschrift
20	Handlungsanweisende Institution oder Person
21	Handlungsziel
22	Thema des Zeitungsartikels
23	Kontext des Themas
24	Anzahl der Toten / Verletzten
25	Reichweite
26	Überraschungswert des Ereignisses
27	Prominenz
28	Personalisierung
29	Sachlichkeit
30	Vollständigkeit der Berichterstattung
31	Bewertung der Berichterstattung
32	Formulierung der negativen Bewertung
33	Formulierung der positiven (ausgeglichenen) Bewertung

Dimension 0 :
Nummer des Zeitungsartikels

Code = Fortlaufende Numerierung

Dimension 1 :
Erscheinungstag des Zeitungsartikels

Code = Erscheinungstag (z.B. 15. 8. 1988 = 15)

Dimension 2 :
Erscheinungsmonat des Zeitungsartikels

Code = Erscheinungsmonat (z.B. 15. 8. 1988 = 08)

Dimension 3 :
Erscheinungsjahr des Zeitungsartikels

Code = Erscheinungsjahr (z.B. 15. 8. 1988 = 88)

Dimension 4 :
Identifikation der Zeitung

1 Frankfurter Allgemeine Zeitung
2 Neue Zürcher Zeitung
3 Die Presse

Dimension 5 :
Beitrags-Präsentation

Code	*Kategorie*
0	trifft nicht zu
1	reiner Text
2	Bebilderter Beitrag (Beitrag mit Bild, Karikatur, Tabelle oder Grafik)
3	nur Foto
4	nur Karikatur
9	andere

Dimension 6 :
Teil od. Rubrik des Zeitungsartikels

Code	*Kategorie*
01	Ausland/Politik
02	Wirtschaft
03	Feuilleton

04	Lokales
05	Sport
06	24. Olympiade 1988 in Seoul
07	Vermischte Meldungen
08	Sonderrubrik (Wochenende, Ereignisse und Gestalten, Roman u.ä.)
99	andere

Dimension 7 :
Darstellungsformen

Code	*Kategorie*
01	Agentur-Nachricht einer/mehrerer Agenturen (dpa, ap, UPI etc.)
02	Leitartikel
03	Kommentar, Glosse
04	Eigene Nachricht
05	Mischform (Agentur + eigener Bericht)
06	Korrespondentenbericht
07	Dokumentation: Originalmaterial oder -aufnahmen ohne oder mit nur geringfügiger Bearbeitung
08	Leserbrief
09	Interview
10	Reportage
11	Features
12	Rezension
99	andere

Dimension 8:
Betonung des Artikels

Code	*Kategorie*
0	keine Heraushebung
1	umrahmt
2	Fettdruck
3	Farbe

Dimension 9 :
Anlaß der Berichterstattung

Code	*Kategorie*
00	nicht feststellbar
01	Pressekonferenz
02	Kongress, Tagung, Versammlung, Parteitag etc.
03	Bericht (Rechenschaft-. Untersuchungsbericht, Bilanzen etc.)
04	Ereignis (nicht für die Medien inszeniert)
05	Rede, Vortrag, Podiumsgespräch

06	Reaktion auf Medienbericht
07	voraussehbares Ereignis / Kalenderereignis (z.B. alle Jahre wieder)
08	24. Olympiade 1988

Dimension 10 :
Länge des Artikels

Eine angefangene Zeile gilt als ganze Zeile. Die Überschrift wird nicht mitgezählt. Bei mehreren Unterartikeln ist die Gesamtzeilensumme einzutragen, Zwischenüberschriften werden nicht mitgezählt.

Code	Zeilenanzahl des Artikels
0	nur Bild/nur Karikatur
1	1 - 10 Zeilen
2	11 - 20 Zeilen
3	21 - 50 Zeilen
4	51 - 100 Zeilen
5	101 - 200 Zeilen
6	über 200 Zeilen
7	über ganze Seite

Dimension 11 :
Beachtungsausmaß

Wenn ein Artikel mit der Fortsetzung getrennt erscheint, wird der Code der ursprünglichen übernommen.

Code	*Kategorie*
0	Entfällt bei Illustrationen
1	Hauptaufmacher auf der Titelseite
2	sonstiger mehrspaltiger Beitrag auf der Titelseite
3	sonstiger einspaltiger Beitrag auf der Titelseite
4	sonstiger Beitrag auf der Titelseite und im inneren Teil (Bei mehreren Beiträgen mit gleich großer Schrifttype : Beitrag, dessen Aufmachung die größte Zahl von Spalten umfaßt; treffen beide Kriterien auf mehrere Beiträge zu, so erhalten sie in den gleichen Beachtungsgrad)
5	einspaltig im inneren Teil
6	mehrspaltig im inneren Teil
7	einspaltig innerhalb des Sonderraums für die 24. Olympischen Spiele in Seoul
8	mehrspaltig innerhalb des Sonderraums für 24. Olympischen Spiele in Seoul

Dimension 12 :

Verfasser des Zeitungsartikels

Code	*Kategorie*
0	nicht ersichtlich
1	Agenturnachrichten
2	Voller Name
3	Abkürzung eines Namens (z.B. ro. Th.)

Dimension 13 :
Ereignisort und Herkunft der Berichterstattung

0	keine Angaben / nicht ersichtlich
1	Ereignisort ist identisch/übereinstimmend mit Herkunft der Berichterstat tung
2	Ereignisort ist nicht identisch/übereinstimmend mit Herkunft der Berichterstattung

Dimension 14 :
Bezug der Berichterstattung

Code	*Kategorie*
01	Südkorea
02	Nordkorea
03	Süd- und Nordkorea
04	Südkorea und USA
05	Südkorea und Deutschland
06	Südkorea und Schweiz
07	Südkorea und Österreich
08	Südkorea und UdSSR(GUS, Rußland)
09	Südkorea und China
10	Südkorea und Japan
11	Südkorea, Japan und China
12	Südkorea und andere Länder
13	Nordkorea und USA
14	Nordkorea und Deutschland
15	Nordkorea und Schweiz
16	Nordkorea und Österreich
17	Nordkorea und UdSSR(GUS, Rußland)
18	Nordkorea und China
19	Nordkorea und Japan
20	Nordkorea und andere Länder
21	Korea in Ostasien/Südostasien
22	beide Korea und USA

23	beide Korea und Deutschland
24	beide Korea und Schweiz
25	beide Korea und Österreich
26	beide Korea und UdSSR(GUS, Rußland)
27	beide Korea und China
28	beide Korea und Japan
29	beide Korea und andere Länder
30	Korea steht nicht im Mittelpunkt des Artikels, aber er wird indirekt In Vergleichen angesprochen oder angeführt

Dimension 15 :
Inhaltsbereich des Artikels

Code	*Kategorie*
0	nicht einzuordnen
1	nur aktueller Bericht
2	oder auch Hintergrund
3	Verweis auf früheres Geschehen
4	allgemeine Information/Vorstellung

Dimension 16 :
Hauptgewicht der Berichterstattung

Code	*Kategorie*
0	nicht einzuordnen
1	auf eine oder mehrere Personen
2	auf ein oder mehrere Ereignisse
3	auf ein Thema oder mehrere Themen

Dimension 17 :
Sensationsgehalt der Berichterstattung

Code	*Kategorie*
0	nicht ersichtlich
1	weder Bad-, noch Good News
2	Bad News (Gewalt, Verbrechen, Katastrophe, politische Unruhen, Machtkampf, Mahlskandal, negative Wirtschaftsentwicklung, Misserfolg etc.)
3	Good News (politische Entwicklungen, Erfreuliches etc.)
4	beide obigen Aspekte
5	angeblich(wörtlich) Good News, aber wesentlich Bad News (Thema selbst ist Bad News)

6	angeblich(wörtlich) Bad News, aber wesentlich Good News (Thema selbst ist Good News)

Dimension 18 :
Aktualität

Code	*Kategorie*
00	keine Angaben / nicht ersichtlich / nicht einzuordnen
01	heute
02	gestern
03	vorgestern
04	nicht aktuell (drei oder mehrere Tage zurück)
05	Prognose / Vorschau
06	von dauerhafter Bedeutung
07	Geschichte (ferne Vergangenheit)
08	"alle Jahre wieder" (z.B. saisonbedingt)
09	einmalige Sondernachrichten/Sonderinformation/Sondervorstellung

Dimension 19 :
Widersprüche oder Inkongruenzen zwischen Artikel und Überschrift

Code	*Kategorie*
0	Nein; Überschrift enthält keine Zusammenfassung
1	Nein; Überschrift enthält das Wesentliche, Resumee, Zusammenfassung
2	Ja, Überschrift enthält eine Folgerung, die der Artikel vorbereitet
3	Ja, Überschrift "hebt ab", verstärkt Tendenz
4	Ja, Überschrift schwächt Tendenz ab
5	anderer Kommentar / Wertung

Dimension 20 :
Handlungsanweisende Institution oder Person

Kodiert wird, wer als Hauptträger der Handlung oder Meinungsäußerung als Mittelpunkt des Sachverhalts erscheint. Ist nicht zu entscheiden, wer von mehreren der Hauptträger der Handlung ist, welcher am meisten im Mittelpunkt steht, so wird die höhere Prominenz eingestuft. Falls der Hauptakteur dann immer noch nicht zu erkennen ist, gilt: Hauptakteur ist der in der Meldung zuerst Genannte.

Code	*Kategorie*
0000	**Kein Handlungsträger**
	Legislative (00--)

0001 Parlament
0002 Parlamentsmitglied
0003 Regierungspartei/en
0004 Oppositionspartei/Oppositionsparteiführer

Exekutive **(01--)**

0101 Präsident
0102 Regierung
0103 Regierungssprecher
0104 Premierminister
0105 Kabinettsitzung
0106 Minister
0107 Ministerien
0108 Ämter
0109 Behörden
0110 Botschaften
0111 Zentralbank

Judikative **(02--)**

0201 Verfassungsgericht
0202 Gerichte
0203 sonstige Justizbehörde

Supranationale Organisationen **(03--)**

0301 UN
0302 UN-Sicherheitrat
0303 UNO
0304 UNESCO
0305 OECD
0306 Weltbank
0307 GATT
0308 IMF
0309 IOC

Militärs **(04--)**

0401 Verteidigungsministerium
0402 Verteidigungsminister
0403 gemeinsame koreanisch-amerikanische Kommandantur

Wirtschaft allgemein (05--)

0501 Arbeitsgeberverband
0502 Gewerkschaften
0503 Streik/Lohn
0504 Einzeln. Arbeitgeber
0505 Arbeitsnehmervertreter
0506 Einzeln. Arbeitnehmer

0507 Konjunktur, Kredit
0508 Arbeitslosigkeit
0509 Unternehmen, Konzern

<u>Sonstige Organisationen/Institutionen</u> (06--)

0601 Kirche
0602 Wohlfahrtverbände
0603 Ausländerorganisation
0604 Interessengruppen
0605 Initiativen
0606 Vereine
0607 Verbände
0608 Schulen/Kindergärten
0609 Universitäten
0610 Studenten
0699 sonstige Organisationen/Institutionen

<u>Medien</u> (07--)

0701 Presse
0702 Rundfunk
0703 Fernsehen
0799 Anderes

<u>Sonstige / Individuen / personale Systeme / öffentliche Meinung</u> (08--)

0801 Idole und Stars
0802 Wissenschaftler und Experten
0803 prominente Künstler
0804 prominente Sportler
0805 prominente Politiker
0806 sonstige Prominenz
0807 Personen im Zusammenhang mit einer bestimmten Situation (z.B.: Täter, Opfer, Augenzeuge)
0808 kleine(r) Mann/Frau, Mann aus dem Volk
0809 der Autor (von Leserbriefen) ("Ich")
0810 "Das koreanische Volk"
0811 Zeitung selbst
0812 Redakteur
0813 andere Zeitung
0814 anderer Kommunikator
0815 anderer Staat

<u>Anderer Staaten</u> (09--)

0901 USA
0902 Japan
0903 China
0904 UdSSR (GUS, Rußland)

0905 Deutschland
0906 Schweiz
0907 Österreich

9999 Handlungsträger nicht angebbar

Dimension 21 :
Handlungsziel

Wen betreffen Handlungsanweisungen? (Hier wird das wichtigste Handlungsziel codiert)

Code	*Kategorie*
0000	**Kein Handlungsziel**
	Legislative (00--)
0001	Parlament
0002	Parlamentsmitglied
0003	Regierungspartei/en
0004	Oppositionspartei/Oppositionsparteiführer
	Exekutive (01--)
0101	Präsident
0102	Regierung
0103	Regierungssprecher
0104	Premierminister
0105	**Kabinettsitzung**
0106	Minister
0107	Ministerien
0108	Ämter
0109	Behörden
0110	Botschaften
0111	Zentralbank
	Judikative (02--)
0201	Verfassungsgericht
0202	Gerichte
0203	sonstige Justizbehörde
	Supranationale Organisationen (03--)
0301	UN
0302	UN-Sicherheitrat
0303	UNO
0304	UNESCO
0305	OECD

0306 Weltbank
0307 GATT
0308 IMF
0309 IOC

Militärs **(04--)**

0401 Verteidigungsministerium
0402 Verteidigungsminister
0403 gemeinsame koreanisch-amerikanische Kommandantur

Wirtschaft allgemein **(05--)**

0501 Arbeitsgeberverband
0502 Gewerkschaften
0503 Streik/Lohn
0504 Einzelne Arbeitgeber
0505 Arbeitsnehmervertreter
0506 Einzelne Arbeitnehmer
0507 Konjunktur, Kredit
0508 Arbeitslosigkeit
0509 Unternehmen, Konzern

Sonstige Organisationen/Institutionen **(06--)**

0601 Kirche
0602 Wohlfahrtverbände
0603 Ausländerorganisation
0604 Interessengruppen
0605 Initiativen
0606 Vereine
0607 Verbände
0608 Schulen/Kindergärten
0609 Universitäten
0610 Studenten
0699 sonstige Organisationen/Institutionen

Medien **(07--)**

0701 Presse
0702 Rundfunk
0703 Fernsehen
0799 Anderes

Sonstige / Individuen / personale Systeme / öffentliche Meinung **(08--)**

0801 Idole und Stars
0802 Wissenschaftler und Experten
0803 prominente Künstler
0804 prominente Sportler
0805 prominente Politiker

0806 sonstige Prominenz
0807 Personen im Zusammenhang mit einer bestimmten Situation (z.B.: Täter, Opfer, Augenzeuge)
0808 kleine(r) Mann/Frau, Mann aus dem Volk
0809 der Autor (von Leserbriefen) ("Ich")
0810 "Das koreanische Volk"
0811 Zeitung selbst
0812 Redakteur
0813 andere Zeitung
0814 anderer Kommunikator
0815 anderer Staat

Anderer Staaten (09--)

0901 USA
0902 Japan
0903 China
0904 UdSSR (GUS, Rußland)
0905 Deutschland
0906 Schweiz
0907 Österreich

9999 Handlungsträger nicht angebbar

Dimension 22 :
Thema des Zeitungsartikels

(Mehrfachwahl ist möglich)

Code *Kategorie*
0000 nicht einzuordnen

Innenpolitik (01--)

0101 Wahlen/Wahlgesetz/Wahlergebnis/Wahlkandidat etc.
0102 Wahlskandal/Wahlbeeinflussung/Ungültigkeit der Wahl/Wahlvergehen etc.
0103 Machtübernahme/Machtabtretung/Machtkampf etc.
0104 politische Unruhe/Demonstration gegen Regierung oder Präsident (Regierungschef)
0105 Rücktritt des Präsidenten
0106 Schwindelei / illegalerweise verdientes Geld / politische Skandal des Präsidenten oder Ex-Präsidenten
0107 Revolution / revolutionäre Situation
0108 neue Regierung / neue Republik / neuer Präsident
0109 Regierungsumbildung und Rücktritt eines oder mehrerer Politiker

0110 Aktivitäten von Politikern, Institutionen, Prasidenten
0111 Geheimdienst
0112 politische Unterdrückung
0113 militärische Regierung / Führer der militärischen Regierung
0114 politische Konflikte zwischen Regierungs- und Oppositionspartei
0115 Regierungspartei oder Vorsitzender der Regierungspartei
0116 Oppositionsführer oder Oppositionspartei
0117 Vorstellung von bedeutenden Personen
0118 Kim Il-Sung / Kim Jong Il / Erblichkeit der Regierungsgewalt
0119 Ideologie / politisches System / Prinzip oder Merkmal der Herrschaft
0120 Anti-Amerikanismus
0199 andere

Nord- und Südkorea (02--)

0201 Verhandlung zur Wiedervereinigng
0202 politische Verhandlung/Beziehung
0203 wirtschaftliche Verhandlung/Beziehung
0204 militärische Verhandlung
0205 Kundgebung gegen Nord- oder Südkorea
0206 Verhandlung für gemeinsames Olympiateam
0207 Boykott Nordkoreas der 24. Olympiade 1988 in Seoul / südkoreanische Reaktion
0208 Schußwechsel Zwischen Nord- und Südkorea
0209 kriegerische Auseinandersetzungen zwischen Nord- und Südkorea
0210 Entführung eines Fischerboots nach Nordkorea
0211 Besuch von südkoreanischen Politikern in Nordkorea oder umgekehrt
0212 Spannungen zwischen Nord- und Südkorea
0213 Rote-Kreuz-Konfrenz (Nord- und Südkorea Diaog)
0214 Spionage
0215 "Pueblo"-Krise (Kriese nach der Kaperung eines US-Schiffes)
0216 "Team-Spirit" (das gemeinsame Militärmanöver zwischen Südkorea und USA)
0217 IAEA (Atomenergie-Organisation) / Verhandlungen über Atomwaffen und/ oder Atomkraftwerke
0218 Wirtschaftliche Hilfe von Nordkorea in Südkorea
0219 Wirtschaftliche Hilfe von Südkorea in Nordkorea
0220 Vergleich zwischen Nord- und Südkorea (z.B. GDP, GNP, Kriegsbudget etc.)
0299 andere

Außenpolitik (03--)

0301 Besuch des Präsidenten Koreas in anderen Ländern
0302 Besuch des Präsidenten anderer Länder in Korea
0303 Besuch von koreanischen Politikern in anderen Ländern
0304 Besuch von Politikern anderer Länder in Korea
0305 ausländische finanzielle Unterstützung

0306 außenpolitischer Skandal
0307 zwischenstaatliche wirtschaftliche/kulturelle Abkommen
0308 zwischenstaatliche diplomatische Beziehung
0309 zwischenstaatliche Verteidigungsstrategie
0310 Truppenentsendung ins Ausland / Rückzug der Truppen aus dem Ausland
0399 andere

Verteidigung/Militär/Abrüstung (04--)

0401 kriegsähnliche Handlungen
0402 Verteidigungspolitik
0403 IAEA (Atomenergie-Organisation) / Verhandlungen über Atomwaffen und/ oder Atomkraftwerke
0404 "Team-Spirit" (das gemeinsame Militärmanöver zwischen Sudkorea und USA)
0405 Export und Import von Rüstungsgütern
0406 Abrüstung
0407 Paraden
0408 Manöver
0499 andere

Wirtschaft/Industrie/Handels (05--)

0501 Wirtschaftslage
0502 Wirtschaftspolitik
0503 Außenhandelspolitik
0504 Export und Import
0505 Nachrichten über bestimmte Unternehmen
0506 Arbeitsrecht
0507 Arbeitsplatz, Arbeitsprobleme
0508 Streik
0509 industrielle Aktivitäten
0510 Zoll
0511 neue Techniken od. Erfindungen
0512 Produkte und Güter
0513 Beistand durch andere Länder
0514 Währung und Finanzen
0515 Verkehr
0516 Touristik
0517 Autos
0599 andere

Soziales (06--)

0601 Bildung, Erziehung
0602 Umwelt
0603 Sozialversicherung, Renten
0604 Beruf

0605 Waisen und Adoption
0606 Armut
0607 Sozialphänomen
0608 soziale Hilfe aus anderen Ländern
0609 Sozialpolitik
0610 Bevölkerung, Bevölkerungsplan
0611 Gesundheit
0612 Menschenrechte
0613 Diskriminierung
0599 andere

Sport außer Olympiade 1988 (07--)

0701 Leistungssport
0702 Breitensport
0703 Sportwettkämpfe (Fußball, Tennis)
0704 Sportpolitik
0705 Sportveranstaltung
0799 andere

Kultur (08--)

0801 Hobby, Freizeit
0802 Reise, Erholung
0803 Kunst, künstlerische Veranstaltung
0804 Jubiläen
0805 (Zeit) Geschichte
0806 Sekte (Pseudoreligion)
0807 Religion/Kirche
0808 Literatur
0809 Musik
0810 Theater
0811 Sprache
0812 Massenmedien
0813 Filme
0814 Mode
0815 Wohnen, Essen
0816 Sitten und Gebräuche in Korea
0899 andere

Recht und Ordnung (09--)

0901 Verfassung
0902 Gesetzgebung & Justiz
0903 Polizeimaßnahmen
0904 Prozesse
0905 Rechtsprechung
0906 Urteile und Strafen
0999 andere

Menschliche Interessen (10--)

1001 Unglücke, Unfälle, Katastrophen, Unwetter
1002 Kriminalität
1003 Todesurteil
1004 andere Gerichtsreportage
1005 Kuriosa aller Art (Tod, Geburt, Hochzeit, Scheidung, Sex u.ä.)
1006 Sensation
1007 Gesellschaftsklatsch
1099 andere

Unterhaltung (11--)

1101 Primärangebote
1102 Lebenshilfe, Ratschläge
1199 andere

Tips/Hinweise (12--)

1201 Veranstaltungshinweise
1202 Verbrauchertips
1203 Rundfunkprogram
1204 Wetterbericht
1299 andere

Olympiade 1988 (13--)

1301 Mitteilung des Beginns der Olympiade von Seoul, Eröffnungsfeier und Schlußfeier der Olympischen Spiele
1302 Sicherheitmaßnahmen
1303 wirtschaftliche Bedeutung der Oympischen Spiele , Veränderung der wirtschaftlichen Lage Koreas durch die Olympischen Spiele
1304 Politik des Internationalen Olympischen Kommitees (IOC)
1305 Olympische Politik Südkoreas gegenüber Nordkorea, einschließlich Zu- u. Absage der Teilnahme von Nordkorea
1306 Situation der Vorbereitung der Olympischen Spiele 1988 in Seoul
1307 Ausrüstung der olympischen Spiele
1308 Skandale während des olympischen Zeitraums (Aufruhr von Teilnehmern, Doping, unfairer Wettkampf u.a.)
1309 einfache Mitteilung bezüglich der Olympischen Spiele (Spielergebnis, Spielszene, Preisverleihungsszene u.ä)
1310 Vorstellung von Sportler(-innen)
1399 sonstiges

Dimension 23 :
Kontext des Themas

Kontext des Themas in Bezug auf den Ereignisort

Code	*Kategorie*
00	nicht einzuordnen
01	lokal
02	regional
03	national
04	bilateral
05	mehrere Staaten einer Region betreffend
06	welträumig / international
07	mehrere der obigen Codes

Dimension 24 :
Anzahl der Toten/Verletzten

Code	*Kategorie*	
00	keine	Toten / Verletzte
01	1-5	Tote / Verletzte
02	6-10	Tote / Verletzte
03	11-25	Tote / Verletzte
04	26-50	Tote / Verletzte
05	51-100	Tote / Verletzte
06	101-200	Tote / Verletzte
07	201-500	Tote / Verletzte
08	501-1000	Tote / Verletzte
09	1001-2000	Tote / Verletzte
10	mehr als 2000	Tote / Verletzte

Dimension 25 :
Reichweite

Code	*Kategorie*
0	nicht ersichtlich / nicht einzuordnen
1	**geringste Betroffenenreichweite** *Einzelpersonen sind direkt betroffen. Auch kleinere Gruppen wie z. B. eine Familie, Insassen eines Autos, eine Kartenrunde, etc.*
2	**geringe Betroffenenreichweite** *Betroffen sind jeweils einzelne oder mehrere mittlere bis große Personengruppen wie z.B. Schulen, Kindergärten, Betriebe, Besucher der Ausstellung, Vereine, etc.*
3	**große Betroffenenreichweite** *Betroffen sind soziale Kategorien wie Berufs- und Interessengruppen oder regionale Teile davon sowie Betriebe allgemein (z.B. Beamte Studenten, Bürger einer Stadt, Parteimitglieder, Arbeiter, Arbeitslose, Gewerkschaftler, Ausländer)*

4 **größte Betroffenenreichweite**
Betroffen sind alle Bürger Nordkoreas, südkoreas oder anderer Länder oder mehrerer Länder, die Gesellschaft, der Staat insgesamt. Außerdem alle Altersgruppen oder Geschlechter gruppen.

Dimension 26 :
Überraschungswert des Ereignisses

Code *Kategorie*

0 nicht ersichtlich / nicht einzuordnen

1 **keine Überraschung**
Ereignis ist ankündbar (z.B. Eröffnungen, Baumaßnahmen, Personalwechsel, Jahrestagung, Geburtstag. Außerdem alle Propositionen, die keinen Hinweis auf Erwartungswidrigkeit enthalten (auch im Kontext nicht) und keinen Hinweis auf Unsicherheit oder Offenheit des Ausgangs. Statistiken hier codieren, sofern kein Hinweis auf Erwartungswidrigkeit. Hinweis auf Veränderung gegenüber Vorjahr sind noch nicht als erwartungswidrig zu interpretieren. Alle statischen Situationsanalysen hier codieren.

2 **Geringe Überraschung**
Ereignis ist nicht ankündbar. Situation ist offen. Nicht ankündbar sind auch Inhalte von Reden, Stellungnahmen oder Statements, auch wenn diese selbst ankündbar sind. Weder aus der Proposition selbst noch aus dem Kontext geht hervor, daß spezifische Erwartungen hinsichtlich des Ereignisses bestanden, denen dieses Ereignis widerspricht.

3 **Große Überraschung**
Ereignis widerspricht Erwartung. Proposition oder Kontext müssen Hinweis auf Erwartungswidrigkeit enthalten. Entweder es werden verbale Indikatoren genannt, oder die ursprünglichen Erwartungen werden geschildert.

Dimension 27 :
Prominenz

Unter Prominenz wird der Grad der Bekanntheit einer Person verstanden, unabhängig von ihrer politischen Macht

Code *Kategorie*

0 keine Person genannt / nicht einzuordnen

1 **Unbekannte Persönlichkeit** nur in Experten-Kreisen bekannte Persönlichkeit oder nicht einzuschätzende Person

2 **Auf regionaler Ebene bekannte Persönlichkeit** aus Politik, Sport, Kultur, Unterhaltung. *In der Regel sind die hier zu codierenden Personen nicht aus den überregionalen Medien bekannt, sondern höchstens aus den*

Lokal-Medien (z.B. nur unter Kunstkennern oder Sportinteressierten bekannte Kommunalpolitiker, untergeordnete Repräsentanten gesellschaftlicher Gruppen, Verbände und der Parteien)

3 **Auf nationaler Ebene bekannte Persönlichkeit** aus Politik, Sport, Kultur, Unterhaltung. *In der Regel werden hier Personen codiert, die aus den Medien bekannt sind, deren Bekanntheit sich aber auf den koreanischen Bereich beschränkt (z.B. führende Repräsentanten der verschiedenen politischen und institutionellen Bereiche, gesellschaftlicher Gruppen, Verbände und der Parteien)*

4 **Auf internationaler Ebene bekannte Persönlichkeit** aus Politik, Sport, Kultur, Unterhaltung *(z.B. Staats und Regierungschef, oberste Repräsentanten supranationaler Organisation)*

Dimension 28 :
Personalisierung

Personalisierung bezeichnet die Bedeutung, die Personen im Gegensatz zu Gruppen oder Institutionen in einer Aussage haben. Die Variable betrifft die Frage, ob der Akteur und der Erfahrende als Einzelpersonen, evt, sogar unabhängig von ihrer Funktion dargestellt werden oder mit den Gruppen- oder Institutionennamen bezeichnet werden bzw. gar nicht genannt werden.

Code *Kategorie*

0 **Geringste Personalisierung / keine Personalisierung**
Es wird keine Person genannt. Entweder kommen nur Gruppen oder Institutionen vor oder es läßt sich überhaupt kein Handlungsträger ermitteln (z.B. "man", abstrakte Zustands beschreibungen, Naturberichte, etc.) In Propositionen, wo ein Personalpronomen durch den vorher genannten Akteur oder Erfahrenden ersetzt wird, wird der Code der ursprünglichen Nennung übernommen.

1 **Geringe Personalisierung**
Personen werden zwar genannt, werden aber (auch zusätzlich zu ihrem Namen) mit ihrem Amt oder ihrer Funktion (als Sprecher oder Vertreter einer Institution) bezeichnet. Im Vordergrund steht die Gruppe oder Institution, für die die Person handelt. Wenn die jeweiligen Namen so bekannt sind, daß die Angabe der Funktion überflüssig ist, wird auch die reine Namensnennung hier codiert. In Propositionen, wo ein Personalpronomen durch den vorher genannten Akteur oder Erfahrenden ersetzt wird, wird der Code der ursprünglichen Nennung übernommen.

2 **Große Personalisierung**
Personen ohne bestimmte Funktion und Personen, die zwar Funktionen und Ämter haben können (das darf vorher im Beitrag auch erwähnt worden sein), aber explizit als Akteure oder Erfahrende in einer von ihrer Funktion unabhängig Handlung genannt werden. Nicht das Amt, sondern die Person muß im Vordergrund stehen. Ein Indikator dafür sind

Emotionen.

Dimension 29 :
Sachlichkeit

Es geht darum, ob in der Meldung eher Handlungen und faktisches Geschehen oder eher Stellungnahmen wiedergegeben werden. Falls sich faktisches Geschehen und Stellungnahmen in etwa die Waage halten, ist entscheidend, was im ersten Abschnitt der Meldung geschildert wird.

Code	*Kategorie*
0	Grad der Sachlichkeit oder Tendenz ist nicht feststellbar, die Meldung ist keiner der folgenden Ausprägungen zuzuordnen.
1	Nachricht ist im wesentlichen sachlich abgefaßt, ohne daß Bewertungen (deutliche Werturteile, offensichtliche Meinungsäußerungen) wiedergegeben werden. (z.B. Export-Import-Statistik Koreas, reiner Bericht über einen Verkehrsunfall).
2	Nachricht ist im wesentlichen sachlich abgefaßt, enthält aber Bewertungen von Akteuren, Handlungsträgern (direktes oder indirektes Zitat). z.B. Kritik von Kim Dae-jung an der Regierung, Reaktion der Opposition über eine Kabinettumbildung von Präsident Syngman Rhee).
3	Nachricht ist im wesentlichen sachlich abgefaßt, enthält(darüber hinaus) Bewertungen von Journalisten z.B. durch qualifizierende Attribute, offensichtliche Werturteile, deutliche oder versteckte Meinungsäußerungen).
4	Nachricht ist tendenziös abgefaßt, besteht im wesentlichen aus Bewertungen (es ist besonders auf Reportagen, Features u.ä. zu achten). z.B. Reportage über die Olympiade, Feature über Korea.

Dimension 30 :
Vollständigkeit der Berichterstattung

Wird der Hintergrund der Nachricht hinreichend erklärt ?

Code	*Kategorie*
0	nicht einzuordnen / nicht ersichtlich
1	sehr ausreichend
2	genügend
3	mittelmäßig
4	unzureichend
5	mangelhaft

Dimension 31 :

Bewertung der Berichterstattung

Code	*Kategorie*
0	nicht einzuordnen
1	stark negativ ----------------(*Weiter kodieren mit Dimension 32)*
2	leicht negativ ----------------(*Weiter kodieren mit Dimension 32)*
3	neutral -------------------------*(nicht mehr kodieren)*
4	leicht positv ----------------(*Weiter kodieren mit Dimension 33)*
5	stark positv --------------- (*Weiter kodieren mit Dimension 33)*

Dimension 32 :
Formulierung der negativen Bewertung

Code	*Kategorie*
00	keine negative Bewertung
01	Verwendung von Superlativen
02	Vorhaltung, Kritik
03	nicht normengerechtes Verhalten
04	Verletzung von Werten
05	Assoziationen zu anderen negativen Eigenschaften/Objekten/negativen Stereotypen
06	Generalisierung (wer das macht...)
07	Vergleich mit anderen Personen/Situationen
08	deutliche Beschimpfung

Dimension 33 :
Formulierung der positiven(ausgeglichenen) Bewertung

Code	*Kategorie*
00	keine positive oder ausgeglichene Bewertung
01	Verwendung von Superlativen
02	Akklamation, Beifall, Zustimmung
03	Verweis auf normengerechtes Verhalten
04	Anerkennung allgemeiner Werte etc.
05	Assoziation zu anderen positiven Eigenschaften/Objekten/positiven Stereotyp
06	rhetorische Frage
07	Vergleich mit anderen Personen/Situation
08	deutliches Lob

FSC
www.fsc.org
MIX
Papier | Fördert gute Waldnutzung
FSC® C083411

Kolibri 360 GmbH
Ferdinand-Jühlke-Straße 7
99095 Erfurt, Deutschland
produktsicherheit@kolibri360.de

Druck:
CPI Druckdienstleistungen GmbH
im Auftrag der
Kolibri 360 GmbH
Ferdinand-Jühlke-Str. 7
99095 Erfurt